21世纪高等教育计算机规划教材

物联网概论

Internet of Things

张光河　主编

刘芳华　沈坤花　邓召基　编

U0378852

人民邮电出版社

北　京

图书在版编目（CIP）数据

物联网概论 / 张光河主编；刘芳华，沈坤花，邓召
基编. -- 北京：人民邮电出版社，2014.9（2023.7 重印）
21世纪高等教育计算机规划教材
ISBN 978-7-115-36115-8

Ⅰ．①物… Ⅱ．①张… ②刘… ③沈… ④邓… Ⅲ．
①互联网络－应用－高等学校－教材②智能技术－应用－
高等学校－教材 Ⅳ．①TP393.4②TP18

中国版本图书馆CIP数据核字(2014)第147025号

内 容 提 要

本书是"卓越工程师培养计划"研究课题的重要成果之一。全书按照普通高等院校物联网专业本科生的
教学要求，并根据"物联网概论"课程教学纲编写而成。

本书共分为 7 章：

第 1 章为绪论，对物联网的由来、定义、发展概况、架构、关键技术及应用领域进行了简要介绍；

第 2 章介绍了物联网架构及发展动力，包括感知层、网络层和应用层三层架构，并介绍了基于三层
架构的扩展架构，还从政府、工业界、教育界和应用需求几个方面介绍了物联网的发展动力；

第 3 章主要介绍了感知层的两大支撑技术——传感器和 RFID 技术，还介绍了其他相关感知技术；

第 4 章重点介绍了物联网网络层中最为重要的无线通信技术、移动通信技术和无线传感器网络技术；

第 5 章介绍了应用层，作为与终端用户直接打交道的物联网的最高层，它必须与行业结合得非常紧
密；

第 6 章介绍了物联网的应用前景及面临的挑战，最后展望了其未来；

第 7 章为实验章节，供有实验条件的学校参考使用。

本书每章之后附有习题，可用于学生日常学习时检验自己的学习情况或教师在教学过程中布置练习
时使用。

本书可作为普通高等院校《物联网概论》或《物联网应用与技术》等相近课程的教材，也可供物联
网、计算机及相关专业的教学人员、科研人员或相关人员使用。高职高专类学校也可以选用本教材，使
用时可以根据学校和学生的实际情况略去某些章节。

◆ 主　　编　张光河
　　编　　　刘芳华　沈坤花　邓召基
　　责任编辑　刘　博
　　责任印制　彭志环　焦志炜

◆ 人民邮电出版社出版发行　　北京市丰台区成寿寺路 11 号
　　邮编　100164　电子邮件　315@ptpress.com.cn
　　网址　http://www.ptpress.com.cn
　　北京科印技术咨询服务有限公司数码印刷分部印刷

◆ 开本　787×1092　1/16
　　印张　13.25　　　　　　　　2014 年 9 月第 1 版
　　字数　349 千字　　　　　　2023 年 7 月北京第 8 次印刷

定价：35.00 元

读者服务热线：(010)81055256　印装质量热线：(010)81055316
反盗版热线：(010)81055315
广告经营许可证：京东市监广登字20170147号

前　言

　　本书根据普通高等院校物联网专业本科生的教学要求，并按照"物联网概论"教学大纲的规定，同时在参考兄弟院校使用的经典教材和教案的基础上编写而成。全书系统地讲解了物联网技术所涉及的基础知识、基本概念和基本方法，将物联网这一全新技术的最新发展情况全面地展现在读者眼前。作者在总结近几年"物联网概论"课程教学经验的基础上，结合本课程及专业的发展趋势、物联网技术最新发展的情况及后续课程的情况，安排了本书的内容。

　　物联网概论是物联网专业的入门级课程，本课程可以相对独立地分为物联网的基本概念、物联网的体系架构、物联网的关键技术和物联网的应用前景等几部分。其特点是涉及知识面比较广泛，内容比较丰富，无论是硬件还是软件，其发展都可以用日新月异来形容。本书始终坚持突出基础知识、基本概念和基本方法，以注重培养具有实践能力的人才为目标，力求介绍基础知识时由浅入深、由易到难，行文时力求言简意赅、清晰明了。作者从执教以来一直从事本科生和研究生物联网技术相关课程的教学工作，因此本教材从选题到定稿，均将近年来学生对教学过程中所使用的教材和讲义的反馈融合其中，并将作者近年来参与"卓越工程师培养计划"的教学科研成果和心得尽可能地反映和体现在本教材之中。

　　作者在设计和挑选教材内容时，做了以下处理。

　　（1）考虑到对于大多数高校而言，物联网专业是全新的专业，物联网概论是一门全新的课程，很多授课教师并未在这一领域得到很好的培训，因此在第 1 章使用了较大的篇幅让使用本教材的教师和学生对物联网的由来有一个全面的认识和理解。

　　（2）由于目前学术界和工业界对物联网的架构并没有达成一致的意见，因此在第 2 章介绍物联网架构时，采用了大部分学者认可的三层架构，教师在授课过程中可以根据物联网的实际发展情况作相应的补充。

　　（3）尽管感知层中用于信息采集的装置很多，但作为引导学生入门的教材，作者在第 3 章中只重点介绍了 RFID 和传感器两大支撑技术，教师教学过程中可根据学生的学习能力补充相应的材料，引导学生更加深入全面地了解感知技术。

　　（4）物联网的网络层还在进一步发展之中，尤其是移动通信和无线通信的未来还有很大的发展空间，作者在第 4 章中无线通信部分只重点介绍了 IEEE 802.15 系列协议，而在移动通信方面也只介绍到了第四代技术，关于这两方面的后续发展，只能在本教材再版时加入。

　　（5）物联网的应用目前才刚刚开始，无论是标准，还是安全，都没有得到完全解决，因此想要大规模地推广还有待研究人员的进一步努力。作者在第 5 章中并没有对工业和信息化部发布的《物联网"十二五"发展规划》中提出重点发展的物联网九大应用进行全部介绍，教师可以引导学生对自己有兴趣的物联网应用进一步深入了解。

（6）物联网作为一门新兴的技术，其前途是光明的，而想要真正广泛应用，道路必定是艰辛的。对于有志于在此领域有所作为的学生，尤其是准备攻读硕士或博士研究生的学生，应该深入了解物联网推广时所面临的挑战，争取早日突破关键技术和核心技术。

本书内容重点突出，语言精练易懂，便于自学，可作为高等院校物联网、计算机及相关专业的教材，也可以作为工程技术人员的参考书。本书无前导课程，本科阶段其后续课程包括传感器原理与应用、RFID 原理与应用、无线传感器网络等。

本书的第 7 章得到了大唐移动通信有限公司物联网教学产品研发部门的大力支持。在此深表感谢。参加本书编写的还有刘芳华老师和大唐移动的沈坤花工程师。本书由大唐移动邓召基工程师担任主审，在此深表感谢！感谢在本书编写过程中给予过支持和帮助的刘收银、项斌、邓洋洋、龙西仔和庄惠婷等同学！感谢在成书过程中很多不知道名字的同学所给予的支持和帮助！

作者在编写本教材的过程中，参阅了大量的相关教材和专著，也在网上查找了很多资料，在此向各位原著者致敬和致谢！

由于作者水平有限，加上时间仓促，书中难免存在不妥或错误，恳请读者批评指正！

作者邮箱：guanghezhang@163.com

作者个人主页：www.guanghezhang.com

作　者

2014 年 6 月

目 录

第1章
绪 论

物联网（Internet of Things，IOT）被看作是信息领域的一次重大发展与变革。本章主要从一个整体的角度来介绍物联网，让初学者对该领域有一个初步的了解和认识。物联网这一新生事物并不是凭空产生的，它是信息技术发展到一定阶段之后，为了更好地满足不断发展的用户需求的必然产物。

本章从信息技术的概念出发，简要介绍了物联网的由来、定义、发展概况以及架构，并介绍了物联网架构中感知层、网络层和应用层的关键技术，最后介绍了物联网在现实生活中的典型应用。

1.1　物联网的由来

物联网是一个比较新的专业术语，物联网这一技术正在被广泛地应用于各行各业。2009 年 8 月，温家宝总理"感知中国"的讲话把我国物联网领域的研究和应用开发推向了高潮。为贯彻落实科学发展观，切实落实温家宝总理对发展物联网技术与产业的指示精神，无锡物联网产业研究院于 2009 年 11 月 4 日正式批复成立，该研究院依托于国家传感网工程技术研究中心，隶属于无锡地方政府，是自收自支、独立运作的事业法人机构。

自温总理提出"感知中国"以来，物联网被正式列为国家五大新兴战略性产业之一，并写入了"政府工作报告"。物联网在中国受到了全社会极大的关注，其受关注程度是在美国、欧盟，以及其他各国（和地区）不可比拟的。用句时髦的话说，物联网这一名称是具有中国特色的。

从哲学的角度来看，任何事物都不是孤立存在的，物联网也一样，我们认为物联网的产生也有其必然性和偶然性，有其产生的实际背景和现实基础。本节介绍物联网的由来，并不打算从后巴别塔时代语言成为人类进行思想交流和信息传播不可缺少的工具这一历史时刻讲起，而是从信息技术这一现实基础开始介绍。

1.1.1　信息技术简介

信息技术（Information Technology，IT）对我们来说并不陌生，因为我们中的绝大部分人就算不直接参与 IT 行业，也还是会与 IT 相关的行业打交道。可以这么说，当今社会尽管不是所有的行业，但一定是绝大部分行业都与 IT 结合得非常紧密。

IT 是指用于管理和处理信息所采用的各种技术的总称，它主要是应用计算机科学和通信技术来设计、开发、安装和实施信息系统及应用软件。IT 也常被称为信息和通信技术（Information and

Communications Technology，ICT），主要包括计算机技术、通信技术和传感技术。接下来对这三项技术作一个简单的介绍：

1. 计算机技术

1946 年 2 月 14 日，人类历史上公认的第一台现代电子计算机"埃尼阿克"（The Electronic Numerical Integrator And Calculator，ENIAC）诞生，承担开发任务的"莫尔小组"由 4 位科学家和工程师埃克特、莫克利、戈尔斯坦和博克斯组成，总工程师埃克特当时只有 24 岁。研制这台计算机的初衷是将其用于第二次世界大战，但直到第二次世界大战结束一年后才完成。它长 30.48m，宽 1m，占地面积为 170m^2，有 30 个操作台，约相当于 10 间普通房间的大小，重达 30t，耗电量为 150kW，造价是 48 万美元。"埃尼阿克"使用 18000 个电子管、70000 个电阻、10000 个电容、1500 个继电器和 6000 多个开关，每秒执行 5000 次加法或 400 次乘法运算，是继电器计算机的 1000 倍、手工计算的 20 万倍。"埃尼阿克"的成功，是计算机发展史上的一座纪念碑，使人类在发展计算技术方面达到了一个新的起点和高度。然而，这一时代的计算机主要还是以军事和科学计算为主，其价格昂贵、体积大、功耗高、可靠性差、速度慢（一般为每秒运算数千次至数万次），与普通百姓的生活关系不是太大。

计算机经历了第 I 代电子管数字机、第 II 代晶体管数字机、第 III 代集成电路数字机和第 IV 代大规模集成电路机的发展，个人计算机（Personal Computer，PC）横空出世，经过英特尔和微软公司的联手打造，整合英特尔的中央处理器和微软的 Windows 操作系统的 WinIntel 系列 PC 逐步进入到公众的视野并融入寻常百姓的生活。

个人计算机自从诞生至今，它的应用已渗透到社会的各个领域，包括办公自动化、企事业计算机辅助管理与决策、情报检索、图书馆管理、电影电视动画设计、会计电算化等。它正在以其超强的计算能力、独特的运算方式以及强大的娱乐功能日益改变着传统的工作、学习和生活方式，推动着社会的发展。经过这么多年的推广和普及，PC 已经成为信息管理、过程控制、辅助技术应用、机器翻译、人工智能和多媒体应用等领域不可或缺的设备，这是物联网产生的现实基础之一。

2. 通信技术

人类历史经历了农业社会、工业社会，正逐步进入信息社会。信息是无时无处不存在的。在日常生活中，我们从电视或收音机里观看或收听的天气预报就是信息。通信技术的任务就是要实现高速度、高质量、准确、及时、安全可靠地传递和交换各种形式的信息。

19 世纪以前，人类传递信息主要依靠人力、畜力，也曾使用信鸽或借助烽火等方式来实现信息传递，但这些通信方式效率极低，在不同程度上受到距离及各种障碍的限制。1844 年，美国人莫尔斯（S. B. Morse）发明了莫尔斯电码，并在电报机上传递了第一条电报，大大缩小了通信时空的差距。1876 年贝尔发明了电话，首次使相距数百米的两个人可以直接清晰地进行通话。通信技术在 20 世纪得到飞速发展，21 世纪的通信技术将向着宽带化、智能化、个人化的综合业务数字网技术的方向发展。

通信的基础设施是终端设备、传输设备和交换设备，它们共同构成了通信网。终端设备包括电话机、传真机、电报机、数据终端和图像终端等。有线通信的传输设备有电缆、海底电缆、光缆和海底光缆等。无线通信的传输设备有微波收信机、微波发信机、通信卫星等。交换设备处在通信网络的中心，是实现用户终端设备中信号交换、接续（从交换机中接线的操作之一）的装置，如电话交换机、电报交换机等。

随着社会的发展，人们对信息传递和交换的要求越来越高，通信技术得到了迅猛的发展。现代通信技术的进步，主要表现在数字程控交换技术、光纤通信、卫星通信等方面，而覆盖全球的个人通信则是通信技术的发展方向。接下来简要介绍这几项技术。

（1）电话的交换技术

举一个简单的例子。两部电话机用一对导线连接起来，就能实现两个用户间的通话。若 3 个用户，要实现任意两个用户间的通话，就需要 3 对导线；5 个用户时，需要 10 对导线；10 个用户时，需要 45 对导线；N 个用户时，需要 $N(N-1)/2$ 对导线。

这种连线方式很不经济，因为随着用户数的增多，所需的导线的数量呈指数级增长。工程人员所能想到的较为经济的接线方式是将每个用户的电话机用一对导线连接到各用户共同使用的一个交换设备上，该交换设备位于各用户的中心，完成这一功能的这个设备就叫交换机。

最初的交换机也叫人工交换机，是由接线员来完成用户之间的连接的，这一过程如下：将每部电话机都接一根线到电话局的一个大电路板上。当用户 A 希望和用户 B 通话时，就请求电话局的接线员接通用户 B 的电话。接线员用一根导线，一头插在用户 A 接到电路板上的孔，另一头插到用户 B 的孔，这就是"接续"，相当于临时给用户 A 和用户 B 拉了一条电话线，这时双方就可以通话了。当通话完毕后，接线员将电线拆下，这就是"拆线"。整个过程就是"人工交换"，它实际上就是一个"合上开关"和"断开开关"的过程。这一阶段的电话交换技术被认为是人工交换阶段。

第二阶段的电话交换技术是机电式自动交换。世界上第一部自动交换机是 1898 年由美国人 A.B.史端乔（Almon B. Strowger）发明的，这是一台步进式自动电话交换机（Step By Step Telephone Exchange），1892 年，世界上第一个步进式自动电话局在美国印第安纳州拉波特设立，因此，自动电话交换机得到迅速发展，在世界各国装用，并相继生产了许多改进的机型。1926 年，瑞典研制出了第一台纵横电话交换机（Crossbar Telephone Switching System），并在松兹瓦尔（Sundsvall）设立了第一个纵横实验电话局，拥有 3500 个使用者。从 20 世纪 30 年代起，美国等国家也开始大力研制和发展纵横式交换机，到 50 年代，纵横式交换机已达到成熟阶段。由于纵横式交换机采用了机械动作轻微的纵横接线器并采用了间接控制技术，使它克服了步进式交换机的许多缺点。特别是它能适用于长途自动交换，因此五十年代以后，纵横式交换机在各国得到了大量的推广和应用。不过，无论是"步进制交换机"，还是"纵横制交换机"，它们都属于机电制式自动交换机，是靠物理接触的方式传递信号，设备容易磨损。

最新的电话交换技术被认为是电子式自动交换。随着近代电子技术的飞速发展，人们开始把电子元件应用到交换机中，逐步取代速度慢、体积大的电磁元件。于是出现了准电子电话交换机（Quasi-Electronic Telephone Switching System）。电脑、大规模集成电路的发展及应用，使自动交换机的发展产生了重大转变。

计算机产生以后，人们将交换机的各项功能编成程序，并存放在计算机的存储器中。这种用存储程序的方式构成控制系统的交换机，就称为存储程序控制交换机。1960 年，美国贝尔系统试用储存程序控制交换机（Stored Program Controlled Switching，程控交换机）成功，并于 1965 年 5 月开始运作世界上第一部程控电话交换机。该机采用电脑作为中央控制设备，由电脑来控制接续工作，该交换机属于程控空间分隔电话交换机（Store-Program Control Space Division Telephone Exchange），它意味着电话自动交换控制技术已从机电式控制发展到电子式程序控制。1970 年，法国设立了世界上第一部程控数字电话交换机（Store-Program Control Digital Telephone Switching System）。随后，美国、加拿大、瑞典、英国等国相继使用程控数字交换机。

程控交换机实质上就是计算机控制的交换机，它实现了交换机的全电子化。数字交换与传输相结合，可以构成综合数字网（Integrated Digital Network，IDN），还可以开发成综合业务数字网

（Integrated Services Digital Network，ISDN）。程控交换机与机电制交换机相比还有许多优点：接续速度快；容量大、阻塞概率低；节省建筑投资；减少维护人员；为用户提供新的业务，除提供电话外还可提供数据、传真、可视电话、可视数据等。

基础知识：模拟信号和数字信号

在通信网中传输或交换的信号有两类：模拟信号和数字信号。相应的传输或交换方式分别称为模拟信号方式和数字信号方式。模拟信号是连续的，例如，电话用户说话的声音引起电话机送话器中振动膜片的振动，振动膜片的振动导致了大小正负变化电流的产生。电流的这种变化，模拟了声波的振幅和频率。这种装载着声音信息的电流就是模拟信号，它在用户与交换机之间以及交换机内部未经任何加工地交换或传输下去，这就是模拟信号方式；数字信号是不连续的，例如，打电话的人说话的模拟信号传到交换机以后，交换机并不急于交换到被叫者，而是先将这个模拟信号通过编码器转变成一系列的"0"和"1"，这种由"0"和"1"组成的信号称之为数字信号。举一个更为通俗的例子来解释上述两个概念，像我们平时使用的可以通过调节旋钮来控制灯泡亮度的功率为 40 瓦的台灯，在我们调节灯光亮度的过程中就产生了一段模拟信号，其功率值会在0~40 变化，这属于模拟信号；而对于普通的不可调节亮度的功率为 40W 台灯，只有开和关两种状态，这样其功率要么是 0，要么就是 40，只有这两种状态，这属于数字信号。

（2）光纤通信

光纤是光导纤维的简称，它是一种传播光波的线路，利用光纤中传播的光波作载波传递信息的通信方式就叫光纤通信，它最大的优点是通信容量大。根据通信原理，通信容量与电磁波的频率成正比。微波的频率在 300MHz ~ 300GHz，光波的频率范围是 430（红色）~ 750THz（紫罗兰色），目前使用的光波频率比微波频率高 1000 ~ 10000 倍，相应的光波通信容量要比微波通信容量大 1000 ~ 10000 倍。2009 年 10 月 6 日，原香港中文大学校长、"光纤之父"高锟，因为在 1966 年从理论上论证了光导纤维作为光通信介质的可能性，被宣布获得这一年度的诺贝尔物理学奖，他也因为在这一领域的成就和贡献被尊称为"现代光通信之父"。

（3）卫星通信

卫星通信以微波为载波，微波是指波长为 1mm ~ 1m 或频率为 300MHz ~ 300GHz 范围内的电磁波，它是直线传播的。微波传输的优点是不需要敷设或架设线路，但是如果想要在地球上进行长距离的微波通信，由于地球是球形的，必须每隔 50km 就修建一座微波站，用于接力传输信号。例如，我们可以在百度地图上查到从北京到广州的直线距离大约 1884.9km，若用微波进行通信，不考虑实际施工的环境和难度，则必须在北京和广州之间至少修建 37 座微波中继站。如此多的传输环节，不仅严重影响通信的质量，而且建造和维护中继站都需要巨大的投资，因此这一方式的可行性较差。

建立卫星通信系统，就可以避开微波通信中需要众多中继站的问题。一个卫星通信系统由通信卫星和地球站（或称卫星地面站）组成。卫星通信就是利用卫星作为中继站来转发微波，实现两个或多个地球站之间的通信。通常使用在地球赤道上空约 3.6×10^4km 的圆形轨道上绕地球运行的同步通信卫星来辅助通信，它的运行轨道平面与赤道平面的夹角保持为零度，其运行一周的时间与地球自转一周的时间同为 24 小时。将一颗通信卫星送入同步轨道是一项十分复杂的技术，既需要有先进的火箭技术，又需要有精确的遥测遥控技术。利用通信卫星作为中继站，可以实现固定通信，也可以实现移动通信。

（4）移动通信

移动物体之间或移动物体与固定物体之间的通信均可称为移动通信，换言之，只要参与通信的一方是移动的物体，就可称为移动通信。移动物体可以是人、汽车、船只、飞机和卫星等具有移动特征的客观事物。移动通信种类繁多，可分为陆地移动通信、海上移动通信、航空移动通信等。移动通信使人们能够在移动过程中进行通信，以适应现代社会中快节奏、人员流动性强的需要。移动通信经历了三代，目前第四代移动通信系统正在推广中。

第一代（1st-generation，1G）移动通信系统是模拟式语音移动通信。由于该系统易受外界电波干扰，语音品质欠佳等原因，便逐渐被第二代（2nd-generation，2G）数字语音通信系统所取代，但该系统是无法直接传送如电子邮件等信息，只具有语音通话和一些简单信息传送的手机通信技术规格。第三代（3rd-generation，3G）移动通信技术，是指支持高速数据传输的蜂窝移动通信技术，3G 服务能够同时传送声音及数据信息，速率一般在几百 kbit/s 以上。

（5）计算机通信

计算机通信是一种以数据通信形式出现，在计算机与计算机之间或计算机与终端设备之间进行信息传递的方式。它是现代计算机技术与通信技术相融合的产物，在军队指挥自动化系统、武器控制系统、信息处理系统、决策分析系统、情报检索系统以及办公自动化系统等领域得到了广泛应用。

计算机通信按照传输连接方式的不同，可分为直接式和间接式两种。直接式是指将两部计算机直接相联进行通信，可以是点对点通信，也可以是多点之间通信。间接式是指通信双方必须通过交换网络进行传输。

按照通信覆盖地域的广度，计算机通信通常分为局域式、城域式和广域式三类。局域式是指在一局部的地域范围内（例如一个机关、学校、军营等）建立计算机通信，局域式计算机通信覆盖地区的直径在数千米以内；城域式是指在一个城市范围内所建立的计算机通信，其通信覆盖地区的直径在数十千米以内；广域式是指在一个广泛的地域范围内所建立的计算机通信，通信范围可以超越城市和国家，以至于全球，广域计算机通信覆盖地区的直径一般在数十千米到数千千米乃至上万千米。

1969 年，美国国防部国防高级研究计划署资助建立了一个名为"阿帕网"（Advanced Research Projects Agency Network，ARPANET）的网络，这个网络把位于盐湖城的犹他州州立大学的计算机主机连接起来，位于各个接点的大型计算机采用分组交换技术，通过专门的通信交换机和专门的通信线路相互连接，这一网络是因特网的前身。1972 年全世界计算机和通信业的专家学者在华盛顿举行了第一届国际计算机通信会议，就在不同的计算机网络之间进行通信达成协议，会议决定成立 Internet 工作组，负责建立一种能保证计算机之间进行网络通信的标准规范（即"通信协议"）。1973 年，美国国防部也开始研究如何实现各种不同网络之间的互联问题，互联网就是在这一大背景下产生之后互联网在各行各业被广泛应用。

通用计算机，尤其是个人计算机的广泛普及和使用，促进了它在各行各业的应用。个人计算机与各行业的深度融合，产生了许多新兴的学科分支，诞生了各种新行业。例如，通过电脑和网络在网上开店、购物，被称为电子商务；政府机构应用现代信息和通信技术，将管理和服务通过网络技术进行集成，在互联网上实现政府组织结构和工作流程的优化重组，超越时间和空间及部门之间的分隔限制，向社会提供优质和全方位的、规范而透明的、符合国际水准的管理和服务被称为电子政务；通过面向社会公众开放的通信通道或开放型公众网络，以及为特定自助服务设施或客户建立的专用网络等方式，向客户提供的离柜金融服务被称为电子银行。

3. 传感技术

传感技术是指如何从自然信源获取信息，并对之进行处理（变换）和识别的一门多学科交叉的现代科学与工程技术。它涉及传感器（又称换能器）、信息处理和识别的规划设计、开发、制造或建造、测试、应用及评价改进等活动。传感技术同计算机技术与通信技术一起被称为信息技术的三大支柱，传感技术用于信息的采集，计算机技术用于信息的处理，通信技术用于信息的传输，这三大技术结合起来就完成了信息的采集、处理和传输，实现了信息从采集到使用的全过程。

我们从仿生学观点出发，如果把计算机看成处理和识别信息的"大脑"，把通信系统看成传递信息的"神经系统"的话，那么传感器就是"感觉器官"。获取信息靠各类传感器，目前已经有获取各种物理量、化学量或生物量的传感器。之所以说这一技术是多学科交叉的，是因为在整个信息感知的过程中，会涉及很多不同的学科知识。比如，测量一个化学量，可能会用到化学反应，或者是离子浓度这些参数，这就需要定量计算的化学知识；制作传感器的材料十分重要，因为不同的材料对不同的物理量、化学量或生物量敏感程度并不一样，所以材料学科也与此相关。而按照信息论的凸性定理，传感器的功能与品质决定了传感系统获取自然信息的信息量和信息质量，是高品质传感技术系统构造的先决条件。

传感技术是现代科学技术发展的基础条件，应该受到足够的重视。一方面为了提高制造企业的生产率（或降低运行时间）和产品质量；另一方面为了降低产品成本，工业界对传感技术的基本要求是能可靠地应用于现场，完成规定的功能。

1.1.2　物联网的产生

物联网被看作是信息领域的一次重大发展与变革，早在 1995 年，比尔·盖茨就已经在其《未来之路》一书中提到了物联网的概念，但由于当时射频识别（Radio Frequency Identification，RFID）技术（又称电子标签、无线射频识别）、传感器技术、通信技术和无线网络技术的限制，只能停留在概念中，无法将其变为现实；1998 年，美国麻省理工学院（Massachusetts Institute of Technology，MIT）创造性地提出了当时被称作 EPC 系统的物联网构想；而"物联网"这个词，国内外普遍公认的是 MIT 的 Auto-ID 中心主任 Kevin Ashton 教授 1999 年在研究 RFID 时最早提出来的，它被建立在物品编码、RFID 技术和互联网的基础之上，其核心思想是基于 RFID 技术和电子代码（EPC）等技术，在互联网的基础上，构造一个实现全球物品信息实时共享的实物互联网，即物联网。

RFID 是指通过无线电信号识别特定目标并读写相关数据，而无需识别系统与特定目标之间建立机械或光学接触。这里有一点需要特别注意，根据上述传感技术的定义（即指如何从自然信源获取信息，并对之进行处理（变换）和识别的一门多学科交叉的现代科学与工程技术），我们可以知道，RFID 也是传感技术的一种，而并不是什么特别的东西。

2005 年 11 月 17 日，在突尼斯举行的信息社会世界峰会上，国际电信联盟发布的《ITU 互联网报告 2005：物联网》报告正式提出"物联网"的概念。该报告指出，无所不在的"物联网"通信时代即将到来，世界上所有的物体从轮胎到牙刷、从房屋到纸巾都可以通过因特网主动进行交换。

欧盟 2008 年发布的《The European Technology Platform on Smart Systems Integration，EPoSS IoT 2020》报告中也提到了物联网，但此时物联网的定义已经发生了变化，覆盖的范围也有了较大的拓展，不再只是指基于 RFID 技术的物联网，即与 1999 年 Kevin Ashton 提出的物联网已经不太一样了。

2009 年 1 月 28 日，奥巴马就任美国总统之后，与美国工商业领袖举行了一次圆桌会议，IBM

首席执行官彭明盛首次提出"智慧地球"这一概念，就是把传感器嵌入和装备到电网、铁路、桥梁、隧道、公路、建筑、供水系统、大坝、油气管道等各种物体中，并且进行普遍连接，形成所谓的"物联网"，然后将"物联网"与现有的互联网整合起来，实现人类社会与物理系统的整合。IBM 首席执行官建议奥巴马政府投资新一代的智慧型基础设施，基础设施其实就是指物联网，之后，奥巴马政府将新能源和物联网列为振兴美国经济的两大武器。

其实 IBM 首席执行官描述的这种科幻般的场景，在现实生活中早已有了模型，那就是微软公司创始人比尔·盖茨的高科技豪宅。这幢位于美国梅迪纳市华盛顿湖畔的住宅建于 20 世纪 90 年代。整座建筑物埋设了几万米长的电缆和光纤，几乎所有设施都通过网络连接在一起。比如大门外装有天气感知器，可以根据各项气象指标通知空调系统，控制室内温度和通风情况。再比如，主人在回家途中只要打个电话发布指令，家里的浴缸便开始放水调温，做好为主人洗去一路风尘的准备。尤其特殊的是，每个来到这里的客人都会领到一个含有电子标签的胸针，其中储存有每个人对特定的温度、湿度以及灯光、音乐等的喜好。无论你走进哪个房间，这个电子标签便会通过传感系统与周围设备交流，房间内的温度会调整到你感觉舒适的程度，扬声器会响起你喜爱的旋律，投影仪则会在墙壁上投射出你熟悉的画作。

全球零售业巨头沃尔玛大力推广的 RFID 战略则让物联网离普通人的生活更近。沃尔玛将物联网技术应用于送货、店面和后仓商品的传递，以及管理货架。对沃尔玛来说，大力推广物联网射频识别系统，不仅可以方便顾客购物，还有利于对商品运输、仓储、配送、上架、最终销售，甚至退货处理等环节实施监控，大大降低物流成本，提升物流供应链管理水平。此外，通过应用数据挖掘的知识，这一系统还可以帮助沃尔玛了解顾客的消费偏好、习惯和模式，创造新的商业和营销模式。

2009 年 8 月 7 日，温家宝总理听完我国传感网发展和运用的汇报后说，至少三件事情可以尽快去做：一是把传感系统和 3G 中的时分双工（Time Division Duplexing，TDD）技术结合起来；二是在国家重大科技专项中，加快推进传感网发展；三是尽快建立中国的传感信息中心，或者叫"感知中国"中心。至此物联网正式进入大众眼球，随后温总理又在多个场合提及要将物联网纳入中国未来发展规划中。工业和信息化部部长李毅中 2009 年 12 月 21 日表示，加快培育物联网产业，制定技术产业发展规划和应用推进计划，发展关键传感器件、装备、系统及服务，推进国家传感信息中心建设，促进物联网与互联网、移动互联网的融合发展。

在物联网这一名词被正式提出之前，个人计算机和互联网的应用就已经普及并深入人们的日常生活，与人们的衣食住行都息息相关，而现在我们的日常生活更是无法离开网络。比如我们会在当当网上购买书籍杂志，在淘宝网上购买衣服鞋子，在京东上购买电子产品等。在这一背景下，人们不断增长的物质文化需求希望科学家和技术人员努力把更多的物品联网，并接入因特网，使人们的生活更加便利。

物联网是信息技术发展积累到一定阶段的必然产物，若没有信息技术这么多年的积累，物联网也就成了无源之水、无本之木，只是一个抽象的概念而已。但是，物联网之所以被世界各国作为战略产业来优先扶植并发展，还与另一重大事件相关，那就是 2007—2009 年的环球金融危机（世界金融危机，也称次贷危机或信用危机）。

从 2007 年开始的美国次贷危机，逐步发展成全面金融危机，而且向实体经济渗透，向全球蔓延，给世界经济带来严重影响。在这一背景下，世界各国都希望有一场信息技术革命能带领世界经济走出低谷，因此，美国、欧盟、中国、日本、韩国等都将物联网作为一个新兴产业重点扶持并大力发展。从某种程度上可以这么说，若不是这一次的世界金融危机对经济的严重影响，物联网产业也许没有那么快浮出水面，成为世界各国优先发展的战略产业。

总的说来，物联网的产生是有其技术基础、物质基础和政治背景的，技术基础包括以下几方面。

（1）计算机技术和电子技术的进一步发展，尤其是制造工艺水平的进一步提高，超大规模集成电路向微型化、低功耗、高可靠方向发展。

（2）通信技术取得长足的进步，有线通信技术作为基础设施已经普及，绝大部分住宅小区、商场、写字楼的主干网都以光纤通信为主；无线和移动通信技术从第一代发展到第四代，越来越多的设备和终端支持无线及移动通信，不再受到时间和空间的限制及线缆的束缚，可以随时随地随意地联网，这使人们的日常生活自动化、智能化。

（3）个人电脑、终端设备和互联网得到普及，尤其是各个行业和领域的智能终端设备得到广泛应用，传感技术进一步提高并与各种智能终端结合。例如，现在人们使用的智能手机一般都配有加速度传感器、摄像头、触摸屏，这些都是感知世界的元器件。

物联网产生的物质基础则是人们生活水平不断提高，智能终端和网络被人们广泛使用，这促使人们想将这些智能终端和设备连接起来，并接入因特网使生活更加便利。

物联网产生的政治背景则是各国希望通过物联网产业的发展带动亿万元级的产业链的形成，从而拉动经济的发展，使经济得到复苏和振兴。

1.2 物联网的定义

自从 1999 年物联网的概念被提出到现在，物联网本身还在不断的发展之中，目前国内外，无论是学术界还是工业界，对物联网都还没有一个公认的标准定义。

有人认为物联网就是"物物相连的互联网"。这有两层意思：第一，物联网的核心和基础仍然是互联网，是在互联网基础上延伸和扩展的网络；第二，其用户端延伸和扩展到了任何物品与物品之间，进行信息交换和通信。

也有学者认为物联网是智能感知、识别技术与普通科学和泛在网络相融合的应用。物联网被称为继计算机、互联网之后世界信息产业发展的第三次浪潮。尽管目前国内外对物联网是什么还没有达成共识，但是从物联网的本质分析，物联网具备互联网的特征，比互联网的功能更细、更强、更全，物联网大体有以下三个方面的特征。

（1）具有互联网的特征，在一个信息互联互通的网络中，"物"在互联网上的互联互通。

（2）自动识别和通信的特征，物联网的"物"一定要具有自动识别和物物通信的功能。

（3）智能化特征，网络系统具有自动化、自我反馈与智能控制的特点。

以下摘抄几个比较典型的物联网的定义，让大家对物联网有一个初步的了解和感性的认识。

（1）通过射频识别、红外感应器、全球定位系统、激光扫描器等信息传感设备，按约定的协议，把任何物品与互联网相连接，进行信息交换和通信，以实现智能化识别、定位、跟踪、监控和管理的一种网络概念。

（2）中国移动通信对物联网的定义：物联网是指通过传感器、射频识别技术、全球定位系统等，实时采集任何需要监控、连接、互动的物体或过程的声、光、热、电、力学、化学、生物、位置等各种需要的信息，与互联网结合形成的一个巨大网络。其目的是实现物与物、物与人、所有的物品与网络的连接，方便识别、管理和控制。

（3）百度百科对物联网的定义：物联网指的是将无处不在的末端设备和设施，包括具备"内在智能"的传感器、移动终端、工业系统、楼控系统、家庭智能设施、视频监控系统等和"外在智能"的，如贴上 RFID 标签的各种资产、携带无线终端的个人与车辆等"智能化实体"或"智能尘埃"，通过各种无线和/或有线的长距离和/或短距离通信网络实现互联互通（M2M）、应用大集成（Grand Integration）以及基于云计算的 SaaS 营运等模式，在内网、专网和/或互联网环境下，采用适当的信息安全保障机制，提供安全可控乃至个性化的实时在线监测、定位追溯、报警联动、调度指挥、预案管理、远程控制、安全防范、远程维保、在线升级、统计报表、决策支持、领导桌面（集中展示的 Cockpit Dashboard）等管理和服务功能，实现对"万物"的"高效、节能、安全、环保"的"管、控、营"一体化。

（4）维基百科对物联网的定义：物联网是一个基于互联网、传统电信网等信息承载体，让所有能够被独立寻址的普通物理对象实现互联互通的网络。在物联网上，每个人都可以应用电子标签将真实的物体上网联结，在物联网上都可以查找出它们的具体位置。通过物联网可以用中心计算机对机器、设备、人员进行集中管理、控制，也可以对家庭设备、汽车进行遥控，以及实现搜寻位置、防止物品被盗等各种应用。

（5）2010 年 3 月，我国政府工作报告所附的注释中物联网定义：物联网指通过信息传感设备，按照约定的协议，把任何物品与互联网连接起来，进行信息交换和通信，以实现智能化识别、定位、跟踪、监控和管理的一种网络。它是在互联网基础上延伸和扩展的网络。

特别要注意的是物联网中的"物"，不是普通意义上的万事万物，这里的物要满足以下条件：

（1）要有相应信息的接收器；

（2）要有数据传输通路；

（3）要有一定的存储功能；

（4）要有处理运算单元（CPU）；

（5）要有操作系统；

（6）要有专门的应用程序；

（7）要有数据发送器；

（8）遵循物联网的通信协议；

（9）在世界网络中有可被识别的唯一编号。

视实际行业和应用场景的不同，上述有些条件可不满足，例如：温度传感器可以没有操作系统，只需要有相应的硬件采集电路和相应的处理程序，若采集后需要向外传输，则需要增加发送和接收器，存储电路，通信模块，传输程序，甚至需要显示设备等。通过以上分析，发现物联网的核心是物与物以及人与物之间的信息交互，其基本特征可简要概括为全面感知、可靠传送和智能处理，见表 1-1。

表 1-1　　　　　　　　　　　　　　物联网的三个特征

特征	特征描述
全面感知	利用射频识别、二维码、传感器等感知、捕获、测量技术随时随地对物体进行信息采集和捕获
可靠传送	通过将物体接入信息网络、依托各种通信网络，随时随地进行可靠的信息交互和共享
智能处理	利用各种智能计算技术，对海量的感知数据和信息进行分析并处理，实现智能化的决策和控制

1.3　物联网的发展概况

物联网的发展，从一开始就是基于现有的信息技术的，并不是凭空产生的，也不像某些学者或专家认为的只是一个被炒作的概念。它通过使用感知技术采集信息，计算机技术处理信息，网络技术传输信息，并将三者结合起来完成信息的采集、处理和传输。

美国国际商业机器公司（International Business Machines Corporation，IBM）前首席执行官郭士纳提出"计算模式每隔15年发生一次变革"这个被称为"15年周期定律"的观点。1965年前后发生的变革以大型机为标志，1980年前后发生的变革以个人计算机的推广和普及为标志，1995年前后则发生了互联网革命。每一次的技术变革又都引起企业、产业甚至国家间竞争格局的重大动荡和变化，而2010年发生的变革极有可能出现在物联网领域，上述发展历程如图1-1所示。

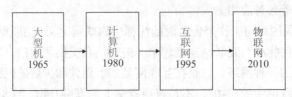

图 1-1　信息技术中 15 年周期定律

近年以来，美国、欧盟、日本和韩国等纷纷出台物联网发展计划，进行相关技术和产业的前瞻布局，我国"十二五"规划中也将物联网作为战略性新兴产业予以重点关注和推进。

1. 美国的物联网发展

美国非常重视物联网的战略地位，它在物联网技术研究、开发和应用方面一直居世界领先地位，在美国国家情报委员会（National Intelligence Council，NIC）发表的《2025年对美国利益潜在影响的关键技术》报告中，将物联网列为六种关键技术之一。美国国防部在2005年将"智能微尘"（Smart Dust）列为重点研发项目。美国国家科学基金会的"全球网络环境研究"（Global Environment for Network Investigations，GENI）把在下一代互联网上组建传感器子网作为其中一项重要的内容。2009年2月17日，奥巴马总统签署生效的《2009年美国恢复与再投资法案》提出在智能电网、卫生医疗信息技术应用和教育信息技术进行大量投资，这些投资建设与物联网技术直接相关。物联网与新能源一道，成为美国摆脱金融危机振兴经济的两大核心武器。

美国在物联网的发展方面也具有优势地位，EPCglobal标准已经在国际上取得主动，许多国家采纳了这一标准架构。RFID技术最早在美国军方使用，无线传感网络也首先用在作战时的单兵联络。美国首先开展新一代物联网、网格计算等新技术的研究，包括新近开发的各种无线传感技术标准都由美国企业所掌控。在智能微机电系统（Micro-Electro-Mechanical Systems，MEMS）传感器开发方面，美国也领先一步。例如，佛罗里达大学和飞思卡尔半导体公司开发的低功耗、低成本的MEMS运动传感器、罗格斯大学（Rutgers，The State University of New Jersey，罗格斯，新泽西州立大学）开发的多模无线传感器（MUSE）多芯片模块、伊利诺伊大学香槟分校（Urbaba-Champaign）开发的热红外、无线传感器等，这些技术都将为物联网发展奠定良好的基础。

在国家战略层面上，美国在更大方位地进行信息化战略部署，推进信息技术领域的企业重组，巩固信息技术领域的垄断地位；在争取继续完全控制下一代互联网（IPv6）的根服务器的同时，在全球推行 EPC 标准体系，力图主导全球物联网的发展，确保美国在国际上的信息控制地位。

2. 欧盟的物联网发展

欧洲在信息化发展中落后美国一步，但欧洲始终不甘落后。2005 年 4 月，欧盟执委会正式公布了未来 5 年欧盟信息通信政策框架"i2010"，提出为迎接数字融合时代的来临，必须整合不同的通信网络、内容服务、终端设备，以提供一致性的管理架构来适应全球化的数字经济，发展更具市场导向、弹性及面向未来的技术。2006 年 9 月，当值欧盟理事会主席国芬兰和欧盟委员会共同发起举办了欧洲信息社会大会，主题为"i2010——创建一个无处不在的欧洲信息社会"。

自 2007 年至 2013 年，欧盟预计投入研发经费共计 532 亿欧元，推动欧洲最重要的第 7 期欧盟科研架构（The European Union's Seventh Framework Programme，EU-FP7）研究补助计划。在此计划中，信息通信技术研发是最大的一个领域。为了推动物联网的发展，欧盟电信标准化协会下的欧洲 RFID 研究项目组的名称也变更为欧洲物联网研究项目组，致力于物联网标准化相关的研究。

欧盟是世界范围内第一个系统提出物联网发展和管理计划的机构。2009 年 6 月，欧盟委员会向欧盟议会、欧洲理事会、欧洲经济和社会委员会及地区委员会递交了《物联网——欧州行动计划》，以确保欧洲在构建物联网的过程中起主导作用。2009 年 10 月，欧盟委员会以政策文件的形式对外发布了物联网战略，提出要让欧洲在基于互联网的智能基础设施发展上领先全球，除了通过 ICT 研发计划投资 4 亿欧元，启动 90 多个研发项目提高网络智能化水平外，欧盟委员会还将于 2011—2013 年间每年新增 2 亿欧元进一步加强研发力度，同时拿出 3 亿欧元专款，支持物联网相关公司合作短期项目建设。

欧盟信息社会和媒体司 2009 年 5 月公布了《未来互联网 2020：一个业界专家组的愿景》报告，报告强调："我们呼吁决策者、制造商、实业家、技术专家、企业家、发明家和研究人员为创造一个欧盟式的互联网经济制定一个具体计划，以满足欧盟公众的需求和宏愿。欧洲现在必须采取行动，必须共同采取行动来引领新的互联网时代。"

3. 日本的物联网发展

日本的物联网发展有与欧美国家一争高下的决心，日本政府于 2000 年首先提出了"IT 基本法"，其后又提出了 E-Japan 战略，计划建成一个"任何时间、任何地点、任何人、任何物"都可以上网的环境。

日本泛在网络发展的优势在于其有较好的嵌入式智能设备和无线传感器网络技术基础，泛在识别（Ubiquitous ID，UID）的物联网标准体系就是建立在日本开发的 TRON（The Real-time Operating system Nucleus，实时操作系统内核）的广泛应用基础上。

日本是第一个提出"泛在"战略的国家。2004 年，日本信息通信产业的主管机关总务省（Ministry of Posts and Telecommunications，MIC）提出 U-Japan 战略。2009 年 7 月，日本 IT 战略本部提出 I-Japan 战略 2015，目标是实现以国民为中心的数字安心、活力社会。在 I-Japan 战略中，强化了物联网在交通、医疗、教育和环境监测等领域的应用。

4. 韩国的物联网发展

2006 年韩国提出了为期十年的 U-Korea 战略。在 U-IT839 计划中，确定了八项需要重点推进的业务，物联网是 U-Home（泛在家庭网络）、Telematics/Location-based（汽车通信平台/基于位置的服务）等业务的实施重点。

2009 年 10 月，韩国通信委员会通过了《物联网基础设施构建基本规划》，将物联网市场确定为新增长动力，确定了构建物联网基础设施、发展物联网服务、研发物联网技术、营造物联网扩散环境 4 大领域、12 项详细课题。

5. 中国的物联网发展

随着物联网迅速发展及欧美各国相继制定出符合本身物联网发展的国家战略，2009 年，温家宝总理在无锡考察时对物联网的发展提出了三点要求之后，我国开始把物联网作为我国未来重要的发展战略。

在 2009 年 12 月的国务院经济工作会议上，明确提出了要在电力、交通、安防和金融行业推进物联网的相关应用。我国已在无线智能传感器网络通信技术、微型传感器、传感器终端机和移动基站等方面取得重大进展，目前已拥有从材料、技术、器件、系统到网络的完整产业链。我国传感网标准体系已形成初步框架，向国际标准化组织提交的多项标准提案已被采纳，中国与德国、美国、韩国一起，成为国际标准制定的主导国之一。

我国已有部分物联网应用案例，如物联网传感器产品已率先在上海浦东国际机场防入侵系统中得到应用，系统铺设了 3 万多个传感节点，覆盖了地面、栅栏和低空探测，可以防止人员的翻越、偷渡、恐怖袭击等攻击性入侵；济南园博园所有的园区里功能性照明都采用了由 ZigBee 无线技术组成的无线路灯控制系统。

表 1-2 列出了自 2005 年起物联网发展历程中的重大事件，主要包括国际电信联盟、美国、欧盟、日本、韩国和中国的情况。

表 1-2　　　　　　　　　　物联网发展历程中的重大事件

时间	事件
2005 年	国际电信联盟发布了《ITU 互联网报告 2005：物联网》报告，提出了物联网的概念，并且指出无所不在的物联网通信时代即将到来。然而，报告对物联网缺乏一个清晰的定义，但覆盖范围比之前有较大的拓展
2009 年年初	美国国际商业机器公司（IBM）提出了"智慧地球"的概念，认为信息产业下一阶段的任务是把新一代信息技术充分运用在各行各业之中，具体就是把传感器嵌入和装备到电脑、铁路、桥梁、隧道、公路、建筑、供水系统、大坝、油气管道等各种物体中，并且进行普遍连接，形成物联网
2009 年 6 月	欧盟委员会向欧盟理事会、欧洲经济和社会委员会及地区委员会递交了《欧盟物联网行动计划》，其目的是希望欧洲通过构建新型物联网管理框架来引领世界物联网发展
2009 年 8 月	日本提出"智慧泛在"构想，将传感网列为国家重要战略，致力于建立个性化的物联网智能服务体系
2009 年 8 月	国务院总理温家宝来到中科院无锡高新微纳传感网工程技术研发中心考察，指出关于物联网可以尽快去做三件事情：一是把传感系统和 3G 中的 TDD 技术结合起来；二是在国家重大科技专项中，加快推进传感网发展；三是尽快建立中国的传感信息中心，或者叫"感知中国"中心
2009 年 10 月	韩国通信委员会通过《物联网基础设施构建基本规划》，将物联网确定为新增长动力，树立了"通过构建世界最先进的物联网基础设施，打造未来广播通信融合领域一流信息强国"的目标
2010 年 3 月	国务院总理温家宝在《政府工作报告》中，将"加快物联网的研发应用"明确纳入重点产业振兴，表明物联网已经被提升为国家战略，中国开启物联网元年

对于物联网未来发展，从技术方面来看，有几个值得关注的发展趋势。

（1）接入或潜在接入物联网的设备和终端的数目越来越多，体积越来越小，如何管理数量巨大的设备和终端是研究人员需要解决的技术难题。

（2）物体通过移动网络连接，永久性地被使用者所携带并可定位，因此定位技术的研究吸引了大量研究人员的注意力。

（3）在未来的应用里，大量的终端设备需要接入物联网，这些终端设备在互联互通时，需要兼容不同类型的传输协议，其处理过程比较复杂。

（4）大量用于物联网信息采集的终端、低功耗问题也是让本领域专家十分头痛的难题之一。

（5）如此数量巨大的物联网终端设备的安全、信息在传输和存储过程中的安全都是十分重要的研究课题。

1.4 物联网的架构

关于物联网的架构，学术界到目前为止尚未达成共识，争论不断。学术界和工业界的研究人员大多参照互联网分层的方法提出针对物联网的分层思路，主要有以下几种典型的分层方法。

（1）三层：将物联网分为感知层、网络层和应用层或分为感知层、传输层和应用层三层。

（2）四层：将物联网分为感知层、传输层、智能处理层和应用层或分为感知层、网络层、平台层和应用层四层。

（3）五层：将物联网分为感知控制层、网络互联层、资源管理层、信息处理层、应用层或分为感知层、接入层、网络层、支撑层、应用层五层。

（4）六层：将物联网分为感知子层、汇聚子层、接入子层、通用网络层、应用业务层和应用服务层。

（5）八层：IBM 中国研发机构与政府、企业、国内科研机构合作，推出了一个八层物联网参考架构，包括传感器/执行器层、传感层、传感网关层、广域网络层、应用网关层、服务平台层、应用层以及分析与优化层。这个参考架构是 IBM 多年来在物联网领域实践经验的积累和提炼，是一个具有中国特色的开放架构。

目前大家广泛接受的物联网架构是将物联网分为三个层次，即自下而上依次是感知层、网络层和应用层。这三层与信息技术的三大部分传感技术、通信技术和计算机技术是相对应的，传感技术主要用于物联网的感知层，通信技术主要用于物联网的网络层，计算机技术则保证了应用层能提供诸多服务。

感知层主要由终端设备完成信息的感知和数据的采集，终端设备如条码识读器、RFID 读写器、单个传感器、传感器网络和摄像头等；网络层则负责信息和数据的传输，它将感知层采集到的数据传输到应用层，传输时主要使用无线通信技术，在必要的时候也可以使用有线通信技术，如以太网通信技术，串口通信和 USB 通信等方式；应用层则是具体的行业应用，如物联网在绿色农业上的应用，实现大棚内温度的采集与湿度的控制，物联网在工业控制及制造上的应用，实现工业制造复杂环境下的无人值守，物联网在医疗行业上的应用，实现体温或血压的采集等，具体如图 1-2 所示。

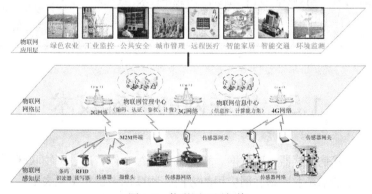

图 1-2　物联网三层架构

从体系结构的角度上来看，物联网可分为软件和硬件两大部分。软件部分主要为物联网的应用层，包括应用软件和支撑系统两大部分；硬件部分包括网络层和感知层中对应的传输部分和感知部分硬件设备及终端。软件部分上层大都基于互联网的 TCP/IP 通信协议，而下层则是各种不同类型的短距离通信协议，包括有线和无线两大类，而硬件部分则有路由器、交换机、GPRS 模块、传感器、RFID 设备等。

表 1-3 介绍了物联网的主要技术，分析了其知识点、知识单元、知识体系，要求掌握的实用软件、硬件技术和平台，理解物联网的学科基础，从而理解物联网的本质要求。

表 1-3　　　　　　　　　　　　　物联网各层相关技术简介

	感知层	网络层	应用层
主要技术	EPC 编码和 RFID 技术、传感技术	有线网络技术、无线传感器网络技术、短距离通信技术，如 ZigBee、蓝牙、Wi-Fi、UWB、现场总线	数据处理技术、数据融合与智能计算技术、中间件技术、计算机编程技术
知识点	EPC 编码标准，RFID 及传感器的工作原理	数据传输协议、算法、原理	数据存储、读写和安全
知识单元	产品编码标准，RFID 标签、阅读器、天线、中间件，传感器数据采集、处理及传输模块	组网技术，定位技术，时间同步技术，路由协议，MAC 协议，数据融合，ZigBee 协议	数据库技术、智能技术、信息安全技术、编程技术
知识体系	通过产品编码和射频识别技术，完成对产品的信息读取、处理和管理；通过传感器技术，完成对信息的采集、处理和传输	技术框架，通信协议，技术标准	计算系统、人工智能系统、分布智能系统
软件	RFID 及传感器中间件（产品信息转换软件、数据库等）	NS2、IAR、KEIL、Wave	数据库系统、中间件平台、计算平台
硬件	RFID 应答器、阅读器、天线组成的 RFID 系统，传感器采集单元、数据处理单元和数据传输单元组成的传感器结点	CC2430、EM25、JENNIC、LTD、FREESCALE、BEE、Sensor Node	PC 和各种嵌入式终端，智能终端
相关课程	编码原理、通信原理、数据库、电子电路、信息采集与处理	无线传感器网络技术、无线通信技术、蓝牙技术基础、ZigBee 技术、移动通信技术	微机原理、计算机网络、数据库技术、信息安全、编程技术

1.5　物联网的关键技术

简单说，物联网就是传感器、互联网、智能服务的综合体，通过将物联网与各领域和行业相结合提供各智能服务是未来发展物联网应用的方向，物联网关键技术见表 1-4。

表 1-4   物联网关键技术描述

RFID 和 EPC 技术	在物联网中通过 EPC 编码，RFID 标签上存储着规范而具有互用性的信息，通过无线数据通信网络把它们自动采集到中央信息系统，实现物品的识别
传感控制技术	在物联网中，传感控制技术是关于从自然信源获得信息，并对之进行处理、变换和识别的一门多学科交叉的现代科学与工程技术，它涉及传感器、信息处理和识别的规划设计、开发、制造、测试、应用及评价改进等活动
无线网络技术	在物联网中，物品与人的无障碍交流，离不开高速、可进行大批量数据传输的无线网络，无线网络既包括允许用户建立远距离无线连接的全球语音和数据网络，也包括近距离的蓝牙技术、ZigBee 和红外技术等
组网技术	组网技术就是网络组建技术，可分为有线、无线组网。在物联网中，组网技术起到"桥梁"的作用，其中应用最多的是无线自组网技术，它能将分散的节点在一定范围之内自动组成一个网络，来增加各采集节点获取信息的渠道，在该范围内各节点采集到的信息可以统一处理、统一传送，或者经过节点之间的相互"联系"后，它们协商传送各自的部分信息
人工智能技术	人工智能是研究使计算机来模拟人的某些思维过程和智能行为（如学习、推理、思考、规划等）的技术，在物联网中，人工智能技术主要负责分析信息，从而实现计算机自动处理

物联网并不是独立的，它是典型的跨学科技术的综合体，包括计算机、通信、电子等学科。以下简单介绍物联网感知层、网络层和应用层最为常用的相关支撑技术，如射频识别（RFID）、产品电子代码（EPC）、传感器、ZigBee 通信协议、串口通信、USB 等。

1.5.1　感知层的关键技术

感知层由各种感知设备组成，它是物联网识别物体、采集信息的来源，其主要功能是识别物体，采集信息。下面将简要介绍传感技术、RFID 技术、MEMS 技术和智能嵌入技术等。

1. 传感技术

传感技术是研究从自然信源获取信息并对之进行处理变换和识别的一门多学科交叉的现代科学。它涉及传感器、信息处理和识别的规划设计、开发、制造、测试、应用及评价改进等活动。传感技术的核心即传感器，它是负责实现物联网中物物和物人之间信息交互的必要组成部分。传感技术是现代科学技术发展的基础条件，应该受到足够重视。

传感器是一种检测装置，能感受到被测量的信息，并能将检测到的信息，按一定规律变换成电信号或其他所需形式的信息输出，以满足信息的传输、处理、存储、显示、记录和控制等要求。传感器是实现自动检测和自动控制的首要环节，是物联网感知层信息采集的核心技术之一，获取各种物理量、化学量或生物量信息都要依靠各类传感器。

传感器的功能和品质决定了传感系统获取自然信息的信息质量，信息质量是高品质传感技术系统构造的关键指标。信息处理包括信号的预处理、后置处理、特征提取与选择等。识别的主要任务是对经过处理的信息进行辨识和分类，它利用被识别或诊断对象特征信息间的关联关系模型，对输入的特征信息集进行辨识、比较、分类和判断。因此传感技术是遵循信息论和系统论的，它包含了众多的高新技术、被众多的产业广泛采用。

近年来，微机电系统（Micro Electro Mechanical Systems，MEMS）技术的发展为传感器的微型化提供了可能，微处理技术的发展促进了传感器的智能化，通过 MEMS 技术和射频（Radio

Frequency，RF）通信技术的融合促进了无线传感器技术及传感器网络的发展。传统的传感器正逐步实现微型化、智能化、信息化和网络化。

2．射频识别（RFID）技术

射频识别（RFID）技术是 20 世纪 90 年代开始兴起的一种非接触式自动识别技术，该技术的商用促进了物联网的发展。它通过射频信号等一些先进手段自动识别目标对象并获取相关数据，有利于人们在不同状态下对各类物体进行识别和管理。射频识别系统通常由 RFID（也称为电子标签）和阅读器组成。

RFID 可以快速读写、长期跟踪管理，被认为是 21 世纪最有发展前途的信息技术之一。电子标签内存有一定格式的、标识物体信息的电子数据，它是未来几年代替条形码对物体进行识别、走进物联网时代的关键技术之一。作为一种自动识别技术，RFID 通过无线射频方式进行非接触双向数据通信对目标加以识别，与传统的识别方式相比，RFID 技术无须直接接触、无须光学可视、无须人工干预即可完成信息输入和处理，且操作方便快捷。它能够广泛应用于生产、物流、交通、运输、医疗、防伪、跟踪、设备和资产管理等需要收集和处理数据的应用领域，并被认为是条形码标签的未来替代品，是物联网感知层信息采集的核心技术之一。

EPC 是 1999 年由美国麻省理工学院提出的。EPC 的载体是电子标签，它需要借助互联网实现信息的传递。EPC 旨在为每一件单品建立全球的、开放的标识标准，在全球范围内实现对单件产品的跟踪与追溯，从而有效提高供应链管理水平、降低物流成本，是一个完整、复杂、综合的系统。

RFID 目前有很多频段，其中 13.56MHz 频段和 900MHz 频段的无源射频识别标签应用最为常见，这一频段的设备多用于近距离识别，如车辆管理和产品防伪等领域。阅读器和电子标签可按通信协议互传信息，即阅读器向电子标签发送命令，电子标签根据命令将内存的标识性数据回传给阅读器。RFID 技术和互联网、通信等技术相结合可实现全球范围内物品跟踪和信息共享。但这一技术在发展过程中也遇到了一些问题，如芯片成本、RFID 反碰撞防冲突、RFID 工作频率的选择及安全隐私等问题都在一定程度上制约了该技术的发展。

3．MEMS

微机电系统（Micro Electro Mechanical Systems，MEMS，也译为"微电子机械加工"）是指利用大规模集成电路制造工艺经过微米级加工得到的集微型传感器、执行器以及信号处理和控制电路、接口电路、通信和电源于一体的微型机电系统。MEMS 技术属于物联网的信息采集层技术，MEMS 技术近几年的飞速发展为传感器节点的智能化、小型化、功率的不断降低创造了成熟的条件，目前已经在全球形成百亿美元规模的庞大市场。近几年更是出现了集成度更高的纳米机电系统（Nano Electro Mechanical System，NEMS），具有微型化、多功能、高集成度和适合大批量生产等特点。

4．智能嵌入技术

嵌入式系统是以应用为中心，以计算机技术为基础，并且软硬件可裁剪，适用于应用系统，对功能、可靠性、成本、体积、功耗有严格要求的应用计算机系统。它一般由嵌入式微处理器、外围硬件设备、嵌入式操作系统以及用户的应用程序四个部分组成，用于实现对其他设备的控制和管理等功能。目前大多数嵌入式系统还处于单独应用的阶段，以微控制单元（Micro Controller Unit，MCU）为核心，一些监测、伺服、指示设备配合实现一定的功能。Internet 已成为当今社会重要的基础信息设施之一，是信息流通的重要渠道，如果嵌入式系统能够连接到 Internet 上面，则可以方便、低廉地将信息传送到几乎世界上的任何一个地方。

1.5.2 网络层的关键技术

网络层是基于现有的通信网和互联网基础上建立起来的，其关键技术既包含了现有的通信技术，如：2G/3G 移动通信技术、有线宽带技术、公共交换电话网络（Public Switched Telephone Network，PSTN）技术、Wi-Fi 技术等，也包含终端技术，如：连接传感网与通信网结合的网关设备，为各种行业终端提供通信能力的通信模块等。网络层由各种私有网络、互联网、有线和无线通信网、网络管理系统和平台等组成，相当于人的神经中枢和大脑，负责传递和处理感知层获取的信息。泛在的网络能力不仅使得用户能随时随地获得服务，更重要的是通过有线与无线技术的结合，和多种网络技术的协同，为用户提供智能选择接入网络的模式。

网络层的关键技术包括终端接入技术、物联网网关、通信模块、智能终端等，下面简要介绍相关的技术。

1. 终端接入技术

物联网终端的种类非常多，包括物联网网关、通信模块以及大量的行业终端，其中尤以行业终端的种类最为丰富。从终端接入的角度来看，物联网网关、通信模块和智能终端是目前关注的重点。

2. 物联网网关

物联网网关是连接传感网与通信网的关键设备，其主要功能有数据汇聚、数据传输、协议适配、节点管理等。物联网环境下，物联网网关是一个标准的网元设备，它一方面汇聚各种采用不同技术的异构传感网，将传感网的数据通过通信网远程传输；另一方面，物联网网关与远程运营平台对接，为用户提供可管理、有保障的服务。

3. 通信模块

通信模块是安装在终端内的独立组件，用来进行信息的远距离传输，是终端进行数据通信的独立功能块。通信模块是物联网应用终端的基础。物联网的行业终端种类繁多，体积、处理能力、对外接口等各不相同，通信模块将成为物联网智能服务通道的统一承载体，嵌入各种行业终端，为各行各业提供物联网的智能通道服务。

4. 智能终端

智能终端满足了物联网的各类智能化应用需求，具备一定数据处理能力的终端节点，除数据采集外，还具有一定运算、处理与执行的能力。智能终端与应用需求紧密相关，如在电梯监控领域应用的智能监控终端，除具备电梯运行参数采集功能外，还具备实时分析预警功能，智能监控终端能在电梯运行过程中对电梯状况进行实时分析，在电梯故障发生前将警报信息发送到远程管理员手中，起到远程智能管理的作用。

5. ZigBee 技术

ZigBee 技术是一种近距离、低复杂度、低功能、低速率、低成本的双向无线通信技术。它主要用于短距离、低功耗且传输速率不高的各种电子设备之间进行数据传输，典型的有周期性数据、间歇性数据和低反应时间数据的传输应用。

与蓝牙（Bluetooth）技术类似，它是一种新兴的短距离无线技术，用于传感控制应用，是一种高可靠的无线数据传输网络，类似于码分多址（Code Division Multiple Access，CDMA）和全球移动通信系统（Global System for Mobile Communications，GSM），数据传输模式类似于移动网络基站。通信距离从标准的 75cm 到几百米、几千米不等，并且理论上可以无限扩展。

6. 串口通信技术

串口是计算机上一种通用的设备通信的协议，可以使用一根线发送数据的同时用另一根线接收数据，很简单并且能够实现远距离通信。大多数计算机包含两个 RS-232 的串口。串口同时也是仪器仪表设备常用的通信协议，很多兼容的设备也带有 RS-232 串口。在无线通信协议尚不稳定可靠的前提下，串口通信协议目前可以用于可靠地获取感知层中各种感知设备的数据，这是它作为物联网支撑技术之一的原因。

7. USB 技术

USB 是英文 Universal Serial Bus（通用串行总线）的缩写，是一个外部总线标准，用于规范计算机与外部设备的连接和通信。USB 接口支持设备的即插即用和热插拔功能，它是在 1994 年年底由英特尔、康柏、IBM、Microsoft 等多家公司联合提出的。从 1994 年 11 月 11 日发布了 USB V0.7 版本以后，USB 版本经历了多年的发展，现在已经发展为 3.0 版本，成为当前计算机中的标准扩展接口。当前计算机主板中主要是采用 USB1.1 和 USB2.0，USB3.0 也正在普及和推广当中，各 USB 版本间能很好地兼容。

USB 用一个 4 针（USB3.0 标准为 9 针）插头作为标准插头，采用菊花链形式可以把所有的外部设备连接起来，最多可以连接 127 个外部设备，并且不会损失带宽。USB 需要主机硬件、操作系统和外部设备三个方面的支持才能工作。当前的主板一般都采用支持 USB 功能的控制芯片组，主板上安装有 USB 插座，并且还预留有 USB 插针，可以通过连线接到机箱前面，作为前置 USB 接口以方便使用。

USB 具有传输速度快（USB1.1 是 12Mbit/s，USB2.0 是 480Mbit/s，USB3.0 是 5Gbit/s），使用方便，支持热插拔，连接灵活，独立供电等优点，可以连接鼠标、键盘、打印机、扫描仪、摄像头、闪存盘、MP3 机、手机、数码相机、移动硬盘、外置光驱、USB 网卡、ADSL Modem、Cable Modem 等几乎所有的外部设备。USB 已成为当今个人电脑和大量智能设备必配的接口之一。

8. 以太网

以太网最早由施乐（Xerox）公司创建，在 1980 年开发成为了一个标准。以太网是目前在局域网中应用最广泛的通信协议之一，包括标准的以太网（10Mbit/s）、快速以太网（100Mbit/s）和 10G（10Gbit/s）以太网，采用的是载波监听多路访问/冲突检测机制（Carrier Sense Multiple Access/Collision Detect，CSMA/CD），它们都符合 IEEE 802.3。

9. 互联网

互联网可认为始于 1969 年的"阿帕网"，它可以被认为是广域网、局域网及单机按照一定的通信协议组成的国际计算机网络。互联网比较正式的定义是指将两台计算机或者是两台以上的计算机终端、客户端、服务端通过计算机信息技术的手段互相联系起来的结果，借助于互联网，人们可以与远在千里之外的朋友相互发送邮件或聊天，物理位置不同的人可以通过互联网来共同完成一项工作。

10. 移动互联网

移动互联网就是将移动通信和互联网两者结合起来，成为一体，移动互联网是以宽带 IP 为技术核心，可同时提供话音、传真、数据、图像、多媒体等高品质基础网络。它通常是世界上绝大部分国家信息化建设的重要组成部分。在最近几年里，移动通信和互联网成为当今世界发展最快、市场潜力最大、前景最诱人的两个大业务，它们的增长速度是绝大多数本领域的专家学者未曾预料到的。

11. 无线传感器网络技术

无线传感器网络技术广泛应用于军事、国家安全、环境科学、交通管理、灾害预测、医疗卫生、制造业、城市信息化建设等领域，是典型的具有交叉学科性质的军民两用战略技术，主要包括传感器和无线通信技术两大部分。它由众多功能相同或不同的无线传感器节点通过无线通信的方式组成，每一个传感器节点由数据采集模块、数据处理和控制模块、通信模块和供电模块等组成，通信技术主要指 IEEE 802.15 系列短距离通信协议，如蓝牙、超宽带（Ultra Wide Band，UWB）和 ZigBee 等。

1.5.3 应用层的关键技术

应用层的关键技术包括平台服务技术、M2M（Machine to Machine）平台和其他各种服务平台。

1. 平台服务技术

一个理想的物联网应用体系架构，应当有一套共性能力的平台，共同为各行各业提供通用的服务，如数据集中管理、通信管理、基本能力调用（如定位等）、业务流程定制、设备维护服务等。

2. M2M 平台

M2M 平台是提供对终端进行管理和监控，并为行业应用系统提供行业应用数据转发等功能的中间平台。M2M 平台将实现终端接入控制、终端监测控制、终端私有协议适配、行业应用系统接入、行业应用私有协议适配、行业应用数据转发、应用生成环境、应用运行环境、业务运营管理等功能。M2M 平台是为机器对机器通信提供智能管道的运营平台，能够控制终端合理使用网络，监控终端流量和发布预警，辅助快速定位故障，提供方便的终端远程维护工具。

3. 各种服务平台

以智能计算技术为基础，搭建物联网服务平台，为各种不同的物联网应用提供统一的服务平台，提供海量的计算和存储资源，提供统一的数据存储格式和数据处理及分析手段，大大简化应用的交付过程，降低交付成本。随着智能计算与物联网的融合，将使物联网呈现出以下特征：多样化的数据采集端、无处不在的传输网络和智能的后台处理等。

1.6 物联网的应用领域

物联网用途广泛，遍及公共服务、物流零售、智能交通、农业生产、家居生活、环境监控、医疗护理、航空航天等多行业多领域，可以说涵盖了我们身边的工业、环境和社会的各个领域，与衣食住行密切相关。

我国物联网"十二五"规划已经锁定十大领域，下面简要介绍物联网在每个应用领域的应用及规划情况。

1. 智能电网

采用物联网技术可以全面有效地对电力传输的整个系统，从电厂、大坝、变电站、高压输电线路直至用户终端进行智能化处理，包括对电力系统运行状态的实时监控和自动故障处理，确定电网整体的健康水平，触发可能导致电网故障发展的早期预警，确定是否需要立即进行检查或采取相应的措施，分析电网电压降低、电能质量差、过载和其他不希望的系统状态，并基于这些分析，采取适当的控制行动。例如，智能电网与路灯智能管理终端联系，终端再将这些信息发送给电力公司，从而不需要抄表员，就可以掌握居民的用电缴费情况。

目前智能电网的主要应用项目有电力设备远程监控、电力设备运营状态监测、电力调度应用等。

2. 智能交通

将物联网应用于交通领域，可以使交通智能化。例如，司机可以通过车载信息智能终端享受全方位的综合服务，包括动态导航服务、位置服务、车辆保障服务、安全驾驶服务、娱乐服务、咨询服务等。通过广泛使用交通信息采集、车辆环境监控、汽车驾驶导航、不停车收费等技术有利于提高道路的利用率，改善不良驾驶习惯，减少车辆拥堵，实现节能减排，同时也有利于提高出行效率，促进和谐交通。

智能交通主要应用于车辆信息通信、车队管理、商品货物检测、互动式汽车导航、车辆追踪与定位等。

3. 智慧物流

物联网极大地促进了物流的智能化发展。在物流领域，通过物联网的技术手段将物流智能化。在国家新近出台的《十大振兴产业规划细则》中已经明确规定物流快递也作为未来重点发展的行业之一，快递业以其行业特征被视为是最适合同物联网结合的产业之一，国外已经有了很多尝试并取得了一定成绩。例如发展较快的智能快递，是指在物联网广泛应用的基础上，利用先进的信息采集、信息处理、信息流通和信息管理技术，在需要寄递的信件和包裹上嵌入电子标签、条形码等能够存储物品信息的标识，利用无线网络通信的方式将相关信息及时发送到后台处理系统，从而达到对物品快速收寄、分发、运输、投递以及实施跟踪、监控等专业化管理的目的，并最终按照承诺时限递送到收件人或指定地点。

4. 智能家居

智能家居是利用先进的计算机、嵌入式系统和通信网络，将家庭中的各种设备（如照明、环境控制、安防系统和网络家电）通过家庭网络连接到一起。一方面，智能家居让用户更方便管理家庭设备；另一方面，智能家居内的各种设备相互间可以通信，且不需要人为操作，自组织地为用户服务。

智能家居主要用于智能化地控制室内的灯光、电视、空调、冰箱、窗帘和其他日常使用的电子设备，如智能会议室和智能小区等。

5. 金融与服务业（智能金融）

物联网的诞生，把商务活动延伸和扩展到任何物品上，真正实现了突破空间与时间的限制。物联网负责信息采集、交换和通信，使商务活动的参与主体可以在任何时间、任何地点实时获取和采集商业信息，这使得"移动支付"、"移动购物"、"手机钱包"、"手机银行"、"电子机票"等概念层出不穷。通过将国家、省、市、县、乡镇的金融机构联网，建立一个各金融部门信息共享平台，可有效遏制传统金融市场因缺乏有效监管而带来的风险蔓延，维护国家经济安全和金融稳定。

6. 精细农牧业（智慧农业）

把物联网应用到农业生产，可以根据用户的需求，为农业综合生态信息自动检测、对环境进行控制和智能化管理提供科学依据。例如，可以实时采集大棚内温度、湿度信号以及光照、土壤温度、二氧化碳浓度、叶面湿度、露点温度等环境参数，经由无线信号收发模块传输数据，实现对大棚温度的远程控制，自动开启或者关闭指定设备。又如：在牛、羊等牲畜体内植入传感芯片，放牧时可以对其进行跟踪，实现无人化放牧。

7. 医疗健康（智慧医疗）

将物联网技术应用于医疗健康领域，可以解决医疗资源紧张、医疗费用昂贵、老龄化压力等各种问题。例如，借助实用的医疗传感设备，可以实时感知、处理和分析重大的医疗事件，从而快速、有效地做出响应。乡村卫生所、乡镇医院和社区医院可以无缝地连接到中心医院，从而实时地获取专家建议、安排转诊和接受培训。通过联网整合并共享各个医疗单位的医疗信息记录，从而构建一个综合的专业医疗网络。

8. 工业与自动化控制（智慧工业）

以感知和智能为特征的新技术的出现和相互融合，使得未来信息技术的发展由人类信息主导的互联网，向物与物互联信息主导的物联网转变。面向工业自动化的物联网技术是以泛在网络为基础、以泛在感知为核心、以泛在服务为目的、以泛在智能拓展和提升为目标的综合性一体化信息处理技术，并且是物联网的关键组成部分。物联网大大加快了工业化进程，显著提高了人类的物质生活水平，并在推进我国流程工业、制造业的产业结构调整，促进工业企业节能降耗，提高产品品质，提高经济效益等方面发挥巨大推动作用。

9. 环境与安全监测（智能安防）

公共安全问题是人们越来越关注的问题。我们可以利用物联网开发出高度智能化的安防产品或系统，进行智能分析判断及控制，最大限度地降低因传感器问题及外部干扰造成的误报，并且能够实现高精度定位，完成由面到点的实体防御及精确打击，进行高度智能化的人机对话，弥补传统安防系统的缺陷，确保人们的生命和财产安全。

此外，在环境与安全监测方面，物联网还可以用于烟花爆竹销售点检测、危险品运输车辆监管、火灾事故监控、气候灾害预警、智能城管、平安城市建设；还可以用于对残障人员、弱势群体（老人、儿童等）、宠物进行跟踪定位，防止走失等；还可以用于井盖、变压器等公共财产的跟踪定位，防止公共财产的丢失。

10. 国防军事

物联网被许多军事专家称为"一个未探明储量的金矿"。可以设想，在国防科研、军工企业及武器平台等各个环节与要素设置标签读取装置，通过无线和有线网络将其连接起来，那么每个国防要素及作战单元甚至整个国家军事力量都将处于全信息和全数字化状态。大到卫星、导弹、飞机、舰船、坦克、火炮等装备系统，小到单兵作战准备，从通信技侦系统到后勤保障系统，从军事科学试验到军事装备工程，其应用遍及战争准备、战争实施的每一个环节。可以说，物联网扩大了未来作战的时域、空域和频域，将对国防建设各个领域产生深远影响，必将引发划时代的军事技术革命和作战方式的变革。

1.7 小 结

物联网是信息技术发展到一定阶段的必然产物，它是随着互联网、传感器等发展而发展的。其原始理念是在计算机与互联网的基础上，利用射频识别技术、无线数据通信等技术，构造一个实现全球物品信息实时共享的实物互联网。

15 年周期定律预示物联网可能是继计算机、互联网、移动通信网之后的又一次信息产业浪潮。物联网可分为硬件和软件两大部分，包括感知控制层、网络传输层和应用服务层，其中每一部分既相互独立，又密不可分。目前介入物联网领域主要的国际标准组织有 IEEE、ISO、ETSI、ITU-T、3GPP、3GPP2 等，不同的标准组织基本都按照各自的体系进行研究，采用的概念也各不相同。

RFID 和 EPC 技术、传感控制技术、无线网络技术、组网技术以及人工智能技术是物联网发展应用的关键技术，而其推广应用的主要难点体现在技术标准问题、数据安全问题、IP 地址问题、终端问题等。

物联网目前典型的应用主要体现在物联网与传统行业的深度融合而产生的新兴行业，如智能电网、智能交通、智能物流、智能家居等领域。

总之，通过本章的学习，应对物联网的概念定义、基本组成结构、关键技术和主要问题以及未来发展可能的应用领域有一个基本了解，并建立物联网整体概念，为后续各章节的学习打下良好的基础。

习题一

一、选择题

1. 下列不属于信息技术的是（   ）。

A. 传感技术   B. 计算机技术   C. 通信技术   D. 电子技术

2. （   ）年2月14日，人类历史上公认的第一台现代电子计算机诞生。

A. 1946   B. 1948   C. 1949   D. 1945

3. 全球零售业巨头（   ）大力推广的RFID战略让物联网离普通人的生活更近。

A. 沃尔玛   B. 家乐福   C. 麦德龙   D. 华润

4. 在不使用交换机的前提下，若4个用户要实现任意两个用户间的通话，就需要（   ）对导线。

A. 3   B. 4   C. 5   D. 6

5. IBM前首席执行官郭士纳提出的"15年周期定律"中，1995年前后计算模式变革的标志是（   ）。

A. 大型机   B. 个人计算机   C. 互联网   D. Windows 95

6.物联网的概念是在(   )年首次提出的。

A. 1999   B. 2005   C. 2009   D. 2010

7. "感知中国"是由(   )于2009年8月在无锡视察时提出的。

A. 胡锦涛   B. 吴邦国   C. 温家宝   D. 李克强

8. 下面（   ）不属于感知层的关键技术。

A. 大型机   B. 个人计算机   C.互联网   D. Windows 95

9. 下面与物联网三层架构的任意层无关的是（   ）。

A. 感知层   B. 网络层   C. 应用层   D. 物理层

10.下面（   ）不属于物联网"十二五"规划的应用领域。

A. 智慧工业   B. 智慧农业   C. 智慧物流   D. 智慧地球

二、填空题

1. 到目前为止，计算机已经经历了＿＿＿＿＿、晶体管数字机、＿＿＿＿＿和＿＿＿＿＿四代的发展。

2. 物联网被称为继＿＿＿＿＿、＿＿＿＿＿之后世界信息产业发展的第三次浪潮。

3. 物联网感知层的两大关键支持技术是RFID技术和＿＿＿＿＿。

4. 智能电网的主要应用项目有＿＿＿＿＿、＿＿＿＿＿、＿＿＿＿＿等项目。

5. 智能家居主要用于智能化地控制＿＿＿＿＿、＿＿＿＿＿、＿＿＿＿＿等产品。

三、简答题

1. 简述物联网的发展历史。

2. 简述15年周期定律。

3. 名词解释：IOT，RFID，EPC，ZigBee。

4. 简述物联网的框架结构。

5. 分析物联网的关键技术。

6. 举例说明物联网的应用领域及发展前景。

第2章
物联网架构及发展动力

经过第 1 章的学习，我们对物联网已经有一个初步的认识和了解，本章分为两大部分，第一部分是在上一章的基础之上详细介绍物联网的架构，包括业界目前被较多专家学者认可的典型的三层架构和相对较为合理的扩展架构。在第 1 章我们已经介绍过作为一个新生事物，物联网并不是从天上掉下来的，而是信息技术发展到一个阶段的必然产物，同时也介绍了其产生的社会背景；第二部分则是针对这一观点的详细阐述，介绍了推动物联网向前发展的各种力量，让读者更加清楚明白地了解为什么物联网会带动一个亿万元的产业。

2.1　物联网的架构

物联网可以简单地被描述为由感知设备或传感设备获取环境的物理信息，借助于通信网络进行传输，通过计算平台进行信息处理的复杂系统。目前学术界和工业界对物联网还尚未有一个普遍认可的定义，因此也没有一致认可的物联网的层次架构。然而大部分学者都认为物联网可以分为典型的三层架构：感知层、网络层和应用层。

感知层是物联网的皮肤和五官，用于识别物体，采集信息。感知层包括传感器技术、RFID 技术和其他技术，如：温度传感器、湿度传感器和烟雾传感器等，RFID 标签和读写器，条形码和识读器、摄像头和红外感知设备等，主要作用是识别物体，采集信息。

网络层是物联网的神经系统和大脑，主要用于信息传递和处理。网络层包括短距离通信协议、长距离通信协议和各种通信设施，互联网的融合网络、网络管理中心和信息处理中心等支撑系统。

应用层是物联网实际的行业应用所涉及的层次，它与行业的具体需求相结合，实现广泛智能化。应用层是物联网专业技术与各行业的深度融合，实现行业智能化。如物联网和农业融合就产生了智慧农业；物联网和交通融合，就产生了智慧交通。这些应用可以让人们不因时间和空间的限制访问不到信息，将会给人们的生活带来极大的便利。

在物联网的各层之间，信息并不是单向传递的，同层或跨层之间也有信息交互、逻辑控制等操作，所传递的信息多种多样，这其中最为关键是感知层采集的原始信息。

2.1.1　感知层

感知层主要负责识别物体、采集原始信息。感知层通常需要使用一些物品识别技术，如传感器技术、条码技术等，主要作用是识别物体并采集信息。

2.1.1.1 传感器技术

人是通过视觉、嗅觉、听觉及触觉等来感知外界的信息，感知的信息被输入大脑进行分析判断和处理，大脑再指挥人做出相应的动作，这是人类认识世界和改造世界必须具有的最基本的能力。但是仅通过人的五官感知外界的信息非常有限，例如，人无法利用触觉来感知超过几十甚至上千摄氏度的温度，而且也不可能辨别温度的微小变化，这就需要电子设备的帮助。同样，利用电子仪器如计算机控制的自动化装置来代替人的劳动时，计算机类似于人的大脑，但仅有大脑却没有感知外界信息的"五官"显然是不够的，计算机也还需要"五官"进行信息的采集，这由传感器来完成。目前，传感器技术已渗透到国民经济的各个领域，在工农业生产、科学研究及改善人民生活等方面，起着越来越重要的作用。

传感器是一种检测装置，能感受到被测的信息，并能将检测感受到的信息，按一定规律变换成为电信号或其他所需形式的信息输出，以满足信息的传输、处理、存储、显示、记录和控制等要求，它是实现自动检测和自动控制的首要环节。传感器可以独立存在，也可以与其他设备以一体方式呈现，但无论哪种方式，它都是物联网中的感知和输入部分。在未来的物联网中，传感器及其组成的传感器网络将在数据采集前端发挥重要的作用。

传感器的分类方法多种多样，比较常用的有按传感器的物理量、工作原理、输出信号的性质这3种方式来分类。此外，还可以按照是否具有信息处理功能将传感器分为普通传感器和智能传感器。普通传感器采集的信息需要计算机进行处理；智能传感器带有微处理器，本身具有采集、处理、交换信息的能力，具备高数据精度、高可靠性与高稳定性、高信噪比与高分辨力、自适应性强、低性价比等特点。

传感器是采集信息的关键器件，它是物联网中不可缺少的信息采集手段，也是采用微电子技术改造传统产业的重要方法，对提高经济效益、科学研究与生产技术的水平有着举足轻重的作用。传感器技术水平高低不但直接影响信息技术水平，而且还影响信息技术的发展与应用。

2.1.1.2 条码技术

条形码是将宽度不等的多个黑条和空白，按照一定的编码规则排列，用以表达一组信息的图形标识符。"条"指对光线反射率较低的部分，"空"指对光线反射率较高的部分，这些条和空组成的数据表达一定的信息，并能够用特定的设备识读，转换成与计算机兼容的二进制和十进制信息。一维码（1-dimensionalar code）和二维码（2-dimensionalar code）都属于条形码。

1. 一维码

通常对于每一种物品，它的编码是唯一的，对于普通的一维条码来说，还要通过数据库建立条码与商品信息的对应关系，当条码的数据传到计算机上时，由计算机上的应用程序对数据进行操作和处理。因此，普通的一维条码在使用过程中仅作为识别信息，它的使用价值是通过在计算机系统的数据库中提取相应的信息而体现的。

一个完整的一维码的组成按次序依次为静区（前）、起始符、数据符、（中间分割符，主要用于 EAN码）、（校验符）、终止符、静区（后），如图 2-1 所示。

静区：指条码左右两端外侧与空的反射率相同的限定区域。它能使阅读器进入准备阅读的状态，当两个条码相距距离较近时，静区则有助于对它们加以区分，静

图 2-1　一维码

区的宽度通常应不小于 6mm（或 10 倍模块宽度）。

起始/终止符：指位于条码开始和结束的若干条与空，标志条码的开始和结束，同时提供了码制识别信息和阅读方向的信息。

数据符：位于条码中间的条、空结构，它包含条码所表达的特定信息。

构成条码的基本单位是模块，模块是指条码中最窄的条或空，模块的宽度通常以 mm 或 mil（千分之一英寸）为单位。构成条码的一个条或空称为一个单元，一个单元包含的模块数是由编码方式决定的，有些码制中，如 EAN 码，所有单元由一个或多个模块组成；而另一些码制，如 39 码中，所有单元只有两种宽度，即宽单元和窄单元，其中的窄单元即为一个模块。

典型的一维条码有 Code39 码（标准 39 码）、Codabar 码（库德巴码）、Code25 码（标准 25 码）、ITF25 码（交叉 25 码）、Matrix25 码（矩阵 25 码）、UPC-A 码、UPC-E 码、EAN-13 码（EAN-13 国际商品条码）、EAN-8 码（EAN-8 国际商品条码）、中国邮政码（矩阵 25 码的一种变体）、Code-B 码、MSI 码、Code11 码、Code93 码、ISBN 码、ISSN 码、Code128 码（Code128 码包括 EAN128 码）、Code39EMS（EMS 专用的 39 码）等。

目前，国际上广泛使用的条码种类有 EAN、UPC 码（商品条码，用于在世界范围内唯一标识一种商品，我们在超市中最常见的就是这种条码）、Code39 码（可表示数字和字母，在管理领域应用最广）、ITF25 码（在物流管理中应用较多）、Codabar 码（多用于医疗、图书领域）、Code93 码、Code128 码等。其中，EAN 码是当今世界上广为使用的商品条码，已成为电子数据交换（Electronic Data Interchange，EDI）的基础；UPC 码主要为美国和加拿大使用；在各类条码应用系统中，Code39 码因其可采用数字与字母共同组成的形式而在各行业内部管理上被广泛使用；在血库、图书馆和照相馆的业务中，Codabar 码也被广泛使用。

2．二维码

二维条形码最早发明于日本，它是用某种特定的几何图形按一定规律在平面（二维方向）上分布的黑白相间的图形来记录数据符号信息的，在代码编制上巧妙地利用构成计算机内部逻辑基础的“0”、“1”比特流的概念，使用若干个与二进制相对应的几何形体来表示文字数值信息，通过图像输入设备或光电扫描设备自动识读以实现信息自动处理。它具有条码技术的一些共性：每种码制有其特定的字符集；每个字符占有一定的宽度；具有一定的校验功能等。同时还具有对不同行的信息进行自动识别的功能及处理图形旋转变化等特点。

二维码技术是物联网感知层中最基本和关键的技术之一。目前，二维条码主要有 PDF417 码、Code49 码、Code16K 码、Data Matrix 码、MaxiCode 码等，可以分为堆叠式/行排式二维条码和矩阵式二维条码。堆叠式/行排式二维条码形态上是由多行短截的一维条码堆叠而成；矩阵式二维条码以矩阵的形式组成，在矩阵相应元素位置上用“点”表示二进制“1”，用“空”表示二进制“0”，由“点”和“空”的排列组成代码。

二维码的特点归纳如下。

（1）高密度编码，信息容量大。二维码能够在横向和纵向两个方位同时表达信息，因此能在很小的面积内表达大量的信息，可容纳多达 1850 个大写字母或 2710 个数字或 1108 个字节或 500 多个汉字，比普通条码信息容量约高几十倍。

（2）编码范围广。二维码可以把图片、声音、文字、签字、指纹等可以数字化的信息进行编码，并用条码表示。

（3）容错能力强，具有纠错功能。二维码因穿孔、污损等引起局部损坏时，甚至损坏面积达 50%时，仍可以正确得到识读。

（4）译码可靠性高。比普通条码译码错误率（百万分之二）要低得多，误码率不超过千万分之一。

（5）可引入加密措施，保密性、防伪性好。

（6）成本低，易制作，持久耐用。

（7）条码符号形状、尺寸大小比例可变。

（8）二维码可以使用激光或 CCD 摄像设备识读，十分方便。

二维条码依靠其庞大的信息携带量，能够把过去使用一维条码时存储于后台数据库中的信息包含在条码中，可以直接通过阅读条码得到相应的信息，并且二维条码还有错误修正技术及防伪功能，增加了数据的安全性，图 2-2 为二维码示例。

图 2-2 二维码示例

二维条码作为一种新的信息存储和传递技术，从诞生之时就受到了国际社会的广泛关注，其主要优点是成本低，读写器简单（可以利用普通手机摄像头），主要缺点是信息一旦写入不可更改（但是配合 Server 端技术可以克服这一困难）。经过近几年的努力，现已应用在国防、公共安全、交通运输、医疗保健、工业、商业、金融、海关、政府管理等多个领域。

美国亚利桑纳州等十多个州的驾驶证、美国军人证、军人医疗证等在几年前就已采用了 PDF417 技术。将证件上的个人信息及照片编在二维条码中，不但可以实现身份证的自动识读，而且可以有效地防止伪冒证件事件发生。菲律宾、埃及、巴林等许多国家也已在身份证或驾驶证上采用了二维条码，我国香港特区护照上也采用了二维条码技术。

在海关报关单、长途货运单、税务报表、保险登记表上也都有使用二维条码技术来解决数据输入及防止伪造、删改表格的例子。在我国部分地区注册会计师证和汽车销售及售后服务等方面，二维条码得到了初步的应用，广州亚运会食品溯源也应用二维码技术，当前正在兴起的基于位置的服务（Location Based Service，LBS）的业务中，二维码技术可以用于签到，有非常广阔的应用前景。

2.1.1.3 RFID

RFID 是射频识别的英文缩写，是 20 世纪 90 年代开始兴起的一种自动识别技术，它利用射频信号通过空间电磁耦合实现无接触信息传递，并通过所传递的信息实现物体识别。RFID 既可以看作是一种设备标识技术，也可以归为短距离传输技术。

RFID 是物联网感知层的一个关键技术。RFID 标签中存储着规范而具有互用性的信息，通过有线或无线的方式把它们自动采集到中央信息系统，实现物品（商品）的识别，进而通过开放式的计算机网络实现信息交换和共享，实现对物品的"透明"管理。

1. RFID 系统组成

RFID 系统主要由三部分组成：电子标签（Tag）、读写器（Reader）和天线（Antenna）。其中，电子标签芯片具有数据存储区，用于存储待识别物品的标识信息；读写器是将约定格式的待识别物品的标识信息写入电子标签的存储区中（写入功能），或在读写器的阅读范围内以无接触的方式将电子标签内保存的信息读取出来（读出功能）；天线用于发射和接收射频信号，往往内置在电子标签和读写器中。

2. RFID 技术的工作原理

电子标签进入读写器产生的磁场后，凭借感应电流所获得的能量发送出存储在芯片中的产品信息（无源标签或被动标签），或者主动发送某一频率的信号（有源标签或主动标签）；读写器读取信息并解码后，送至中央信息系统进行相关数据处理。

3. RFID 的频率

（1）低频 125~134kHz，如德州仪器（Texas Instruments，TI）的芯片为 134.2kHz，优点是穿透力强且耐用，缺点是价格贵，数据传输速度慢，读取范围为 50cm，主要用于门禁控制、生物识别、车辆门锁。

（2）高频 13.56MHz，读取范围 1m，广泛用于电子标签应用，可以防冲撞，同时读多个标签，支持写入，传输较快，价格不高，主要应用于门禁控制、智能卡、单品级标签、图书馆、资产管理，我国移动支付就是采用该频段。

（3）超高频 866~956MHz，读取范围为 3~10m，数据传输速度快，无干扰，传输距离长，主要用于物流、行李处理、收费系统、零售、资产管理。

（4）微波 2.4GHz 或 5.8GHz，读取范围 3~10m，主要用于物品追踪、收费系统。

4. RFID 的应用领域

由于 RFID 具有无须接触、自动化程度高、耐用可靠、识别速度快、适应各种工作环境、可实现高速和多标签同时识别等优势，因此应用领域非常广泛，如物流和供应链管理、门禁安防系统、道路自动收费、航空行李处理、文档追踪/图书馆管理、电子支付、生产制造和装配、物品监视、汽车监控、动物身份标识等。以简单 RFID 系统为基础，结合已有的网络技术、数据库技术、中间件技术等，构筑一个由大量联网的读写器和移动的标签组成的，比 Internet 更为庞大的物联网成为 RFID 技术发展的趋势。

5. RFID 与二维码的比较

RFID 是感知层最有代表性的技术，目前应用最为成熟，产业处于成长期，非常具有投资价值。RFID 技术存储量大，可以多次读写，在低频、高频、超高频、微波频段中有重要的应用。尤其值得关注的是在 13.56MHz 频段，可以开展移动支付业务，但是与二维码技术相比，RFID 技术的成本偏高，一条二维码的成本仅为几分钱，而 RFID 标签因其芯片成本较高，制造工艺复杂，价格较高。表 2-1 所示为这两种标识技术的比较。

表 2-1　　　　　　　　　　　　RFID 与二维码功能比较

功能	RFID	二维码
读取数量	可同时读取多个 RFID 标签	一次只能读取一个二维码
读取条件	RFID 标签不需要光线就可以读取或更新	二维码读取时需要光线
容量	存取资料的容量大	存取资料的容量小
读写能力	电子资料可以重复写	资料不可更新
读取方便性	RFID 标签可以很薄，如在包装内仍可读取资料	二维码读取时需要清晰可见
资料准确性	准确性高	靠人工读取有人为疏失的可能性
坚固性	RFID 标签在严酷、恶劣的环境下仍然可读取资料	当二维码污损将无法读取，无耐久性
高速读取	在高速运动中仍可读取	移动中读取有所限制

2.1.2　网络层

物联网网络层是在现有网络的基础上建立起来的，它与目前主流的移动通信网、国际互联网、企业内部网、各类专网等网络一样，主要承担着数据传输的任务，特别是当三网融合后，有线电视网也能承担数据传输的任务。

在物联网中，要求网络层能够把感知层感知到的数据无障碍、高可靠性、高安全性地进行传送，它解决的是将感知层所获得的数据在一定范围内进行传输的问题。同时，物联网的网络层将承担比现有网络更大的数据量和面临更高的服务质量要求，所以现有网络尚不能满足物联网的需求，这就意味着物联网需要对现有网络进行融合和扩展，利用新技术以实现更加广泛和高效的互联功能。

由于普遍认为物联网是基于因特网发展起来的，而互联网已经建立在基础的通信设施之上，从历史的发展经验来看，工业界不太可能为物联网建立一整套全新的信息传输网络，而是会借助于互联网来完成信息的传输。也就是说，感知层信息的传输分为两个阶段，第一个阶段是感知层的信息通过短距离通信介质传输到互联网上；第二个阶段才是通过互联网传输到终端用户或信息使用者处。

2.1.2.1　第一阶段传输

这里主要介绍短距离无线传输所涉及的技术，如蓝牙、超宽带、ZigBee、智能网关和无线传感器网络。

1. 蓝牙

蓝牙（Bluetooth）作为短距离的无线传输技术，是一种无线数据与话音通信的开放性全球规范，能在包括移动电话、掌上电脑（Personal Digital Assistant，PDA）、无线耳机、笔记本电脑、相关外设等众多设备之间进行无线信息交换。蓝牙采用分散式网络结构以及快跳频和短包技术，支持点对点及多点之间通信，工作在全球通用的 2.4GHz ISM（Industrial Scientific Medical 即工业、科学、医学）频段，其数据速率为 1Mbit/s，采用时分双工传输方案实现全双工传输。

蓝牙实质内容是为固定设备和移动设备的通信环境建立通用的短距离无线接口，将通信技术与计算机技术进一步结合起来，使各种设备在无电线或电缆相互连接的情况下，能在短距离范围内实现相互通信或操作。蓝牙适用于全球范围，其特点如下。

（1）低功耗、低成本、抗干扰能力强。

（2）同时可传输话音和数据。蓝牙采用电路交换和分组交换技术，支持异步数据信道、三路语音信道以及异步数据与同步语音同时传输的信道。

（3）可以建立临时性的对等连接。

（4）开放的接口标准。为了推广蓝牙技术，蓝牙技术联盟（Bluetooth Special Interest Group，Bluetooth SIG）将蓝牙的技术标准全部公开，全世界范围内的任何单位和个人都可以进行蓝牙产品的开发，只要最终通过 Bluetooth SIG 的蓝牙产品兼容性测试，就可以推向市场。

蓝牙作为一种电缆替代技术，主要有以下 3 类应用：语音/数据接入、外围设备互连和个人局域网（Personal Area Network，PAN）。在物联网的感知层，蓝牙主要是用于数据接入。蓝牙技术能够有效地简化移动通信终端设备之间的通信，也能够成功地简化设备与互联网之间的通信，从而使数据传输变得更加迅速高效，为无线通信拓宽了道路。

2. 超宽带

现代意义上的超宽带（UWB）数据传输技术，又称脉冲无线电（Impulse Radio，IR）技术，出现于 1960 年，它最早也是应用于军事领域，用来进行雷达探测以及目标定位，当时主要研究受时域脉冲响应控制的微波网络的瞬态动作。

通过 Harmuth、Ross 和 Robbins 等公司的先行研究，UWB 技术在 20 世纪 70 年代获得了重要的发展，其中多数集中在雷达系统应用中，包括探地雷达系统。到 80 年代后期，该技术开始被称为"无载波"无线电，或脉冲无线电。美国国防部在 1989 年首次使用了"超宽带"这一术语。为了研究 UWB 在民用领域使用的可行性，自 1998 年起，美国联邦通信委员会（Federal Communictions Commission，FCC）开始广泛征求业界关于超宽带无线设备对原有窄带无线通信系统的干扰及其相互共容的问题的意见，在有美国军方和航空界等众多不同意见的情况下，FCC 仍开放了 UWB 技术在短距离无线通信领域的应用许可，2002 年美国允许其进入民用领域，作为室内通信使用的技术，该技术工作频率范围是 3.1～10.6 GHz。

UWB 是一种无载波通信技术，即它不采用载波，而采用时间间隔极短（小于 1ns）的脉冲进行通信的方式，利用纳秒至皮秒级的非正弦波窄脉冲传输数据。有人称它为无线电领域的一次革命性进展，认为它将成为未来短距离无线通信的主流技术。UWB 的主要特点有以下几个。

（1）数据传输速率快，可轻易达到 100Mbit/s 以上。

（2）占用频带很宽，UWB 信号不使用载波，而是通过发送很窄的脉冲信号来传输数据，所发送的脉冲信号一般是在纳秒级别左右，拥有很宽的带宽。

（3）功耗低，UWB 只在有需要时才通过发送脉冲信号来传递数据，不需要时则进入休眠状态，这样就极大地减少了耗电量。

（4）成本低廉，UWB 信号不需要载波，因此其电路简单，只需要有能够产生脉冲信号并能对其进行调制的电路即可。

2003 年 12 月，IEEE 在美国新墨西哥州的阿尔布克尔市进行了有关 UWB 标准的大讨论。那时关于 UWB 技术有两种相互竞争的标准，一方是以 Intel 与德州仪器为首支持的 MBOA 标准，另一方是以摩托罗拉为首的 DS-UWB 标准，双方在这场讨论中各不相让，两者的分歧体现在 UWB 技术的实现方式上，前者采用多频带方式，后者为单频带方式，这两个阵营均表示将单独推动各自的技术。虽然标准尘埃未定，但摩托罗拉已有了追随者，三星在国际消费电子展上展示了全球第一套可同时播放三个不同视频流的无线广播系统，这套系统就采用了摩托罗拉公司的 Xtreme Spectrum 芯片。该芯片组是摩托罗拉的第二代产品，已有样片提供，其数据传输速度最高可达 114Mbit/s，而功耗不超过 200mW。在另一阵营中，Intel 公司在其开发商论坛上展示了该公司第一个采用 90nm 技术工艺处理的 UWB 芯片；同时，该公司还首次展示多家公司联合支持的、采用 UWB 芯片的、应用范围超过 10m 的 480Mbit/s 无线 USB 技术。在 2004 年 5 月中旬由 IEEE802.15.3a 工作组主持召开的标准大讨论会议上，对这两种技术进行投票，MBOA 获得 60% 的支持，DS-UWB 获取 40%的支持，两者都没有达到成为标准必须获得 75%选票的要求，因此标准之争还要持续下去。

3. ZigBee

长期以来，低价位、低速率、短距离、低功率的无线通信市场一直存在着。蓝牙的出现，曾让工业控制、家用自动控制、玩具制造商等业者雀跃不已，但是蓝牙的售价一直居高不下，严重影响了这些厂商的使用意愿。在蓝牙技术的使用过程中，人们发现蓝牙技术尽管有许多优点，但仍存在许多缺陷，对工业控制、家庭自动化控制和工业遥测遥控领域而言，蓝牙技术太复杂，功耗大，距离近，组网规模太小等。但工业自动化对无线数据通信的需求越来越强烈，而且对于工业现场，要求无线传输必须是高可靠的，并能抵抗工业现场的各种电磁干扰。经过人们长期努力，ZigBee 协议在 2004 年正式问世。

表 2-2 所示为 ZigBee 发展的重大里程碑事件。

表 2-2   ZigBee 发展的重大里程碑事件

时间	重大里程碑事件
2001 年 8 月	ZigBee Alliance 成立
2004 年	ZigBee V1.0 诞生，它是 ZigBee 规范的第一个版本。由于推出仓促，存在一些错误
2006 年	推出 ZigBee 2006，比较完善
2007 年年底	ZigBee PRO 推出
2009 年 3 月	ZigBee RF4CE 推出，具备更强的灵活性和远程控制能力
2009 年开始	ZigBee 采用了 IETF 的 IPv6/6Lowpan 标准作为新一代智能电网 Smart Energy（SEP 2.0）的标准，致力于形成全球统一的易于与互联网集成的网络，实现端到端的网络通信。随着美国及全球智能电网的建设，ZigBee 将逐渐被 IPv6/6Lowpan 标准所取代，ZigBee 的底层技术基于 IEEE 802.15.4，即其物理层和媒体访问控制层直接使用了 IEEE 802.15.4 的定义

ZigBee 是一种新兴的近距离、低复杂度、低功耗、低数据速率、低成本的无线网络技术，它是一种介于无线标记技术和蓝牙之间的技术提案，主要用于近距离无线连接。它依据 802.15.4 标准，在数千个微小的传感器之间相互协调实现通信。这些传感器只需要很少的能量，以接力的方式通过无线电波将数据从一个网络节点传到另一个节点，所以它们的通信效率非常高。ZigBee 的名字来源于蜂群使用的赖以生存和发展的通信方式，即蜜蜂靠飞翔和"嗡嗡"（Zig）地抖动翅膀与同伴传递新发现的食物源的位置、距离和方向等信息，也就是说蜜蜂依靠这样的方式构成了群体中的通信网络。

ZigBee 协议从下到上分别为物理层（PHY）、媒体访问控制层（MAC）、传输层（TL）、网络层（NWK）、应用层（APL）等。其中物理层和媒体访问控制层遵循 IEEE 802.15.4 标准的规定。IEEE 802.15.4 规范是一种经济、高效、低数据速率（小于 250kbit/s）、工作在 2.4GHz 和 868/915MHz 的无线技术，用于个人区域网和对等网络，它是 ZigBee 应用层和网络层协议的基础。

ZigBee 采用分组交换和跳频技术，并且可使用 3 个频段，分别是 2.4GHz 的公共通用频段、欧洲的 868MHz 频段和美国的 915MHz 频段。ZigBee 主要应用在短距离范围并且数据传输速率不高的各种电子设备之间。与蓝牙相比，ZigBee 更简单、速率更慢、功率及费用也更低。同时，由于 ZigBee 技术的低速率和通信范围较小的特点，也决定了 ZigBee 技术只适合于承载数据流量较小的业务。

ZigBee 主要特点如下。

（1）数据传输速率低，只有 10～250kbit/s，专注于低传输应用。

（2）低功耗。ZigBee 设备只有激活和睡眠两种状态，而且 ZigBee 网络中通信循环次数非常少，工作周期很短，所以一般来说两节普通 5 号干电池可使用 6 个月以上。

（3）成本低。因为 ZigBee 数据传输速率低，协议简单，所以大大降低了成本。

（4）网络容量大。ZigBee 支持星形、簇形和网状网络结构，每个 ZigBee 网络最多可支持 255 个设备，也就是说每个 ZigBee 设备可以与另外 254 台设备相连接。

（5）有效范围小。有效传输距离 10～75m，具体依据实际发射功率的大小和各种不同的应用模式而定，基本上能够覆盖普通的家庭或办公室环境。

（6）工作频段灵活。使用的频段分别为 2.4GHz、868MHz（欧洲）及 915MHz（美国），均为免执照频段。

（7）可靠性高。采用了碰撞避免机制，同时为需要固定带宽的通信业务预留了专用时隙，避免了发送数据时的竞争和冲突；节点模块之间具有自动动态组网的功能，信息在整个 ZigBee 网络中通过自动路由的方式进行传输，从而保证了信息传输的可靠性。

（8）时延短。ZigBee 针对时延敏感的应用做了优化，通信时延和从休眠状态激活的时延都非常短。

（9）安全性高。ZigBee 提供了数据完整性检查和鉴定功能，采用 AES-128 加密算法，同时根据具体应用可以灵活确定其安全属性。

由于 ZigBee 技术具有成本低、组网灵活等特点，可以嵌入各种设备，在物联网中发挥重要作用。其目标市场包括 PC 外设（鼠标、键盘、游戏操控杆）、消费类电子设备（电视机、CD、VCD、DVD 等设备上的遥控装置）、家庭内智能控制（照明、煤气计量控制及报警等）、玩具（电子宠物）、医护（监视器和传感器）、工业控制（监视器、传感器和自动控制设备）等非常广阔的领域。

4. 智能网关

物联网的智能网关，作为一个新的名词，在未来的物联网时代将会扮演非常重要的角色，它将成为连接感知网络与传统通信网络的纽带，既可以实现广域互联，也可以实现局域互联。作为网关设备，智能网关可以实现感知网络与通信网络，以及不同类型感知网络之间的协议转换，其主要功能有数据汇聚、数据传输、协议适配、节点管理等。

智能网关是一个标准的网元设备，它一方面汇聚各种采用不同技术的异构传感网，将传感网的数据通过通信网络远程传输；另一方面，物联网网关与远程运营平台对接，为用户提供可管理、有保障的服务。此外智能网关还需要具备设备管理的功能，运营商通过智能网关设备可以管理底层的各感知节点，了解各节点的相关信息，并实现远程控制。智能网关具有广泛的接入能力、强大的管理能力和协议转换能力。

（1）广泛的接入能力。目前用于近程通信的技术标准很多，仅常见的 WSNs 技术就包括 Lonworks、ZigBee、6LowPAN、RUBEE 等。各类技术主要针对某一应用展开，之间缺乏兼容性和体系规划。现在国内外已经针对物联网网关进行标准化工作，如 3GPP、传感器工作组，实现各种通信技术标准的互联互通。

（2）强大的管理能力。对于任何大型网络，首先要对网关进行管理，如注册管理、权限管理、状态监管等。网关实现子网内的节点的管理，如获取节点的标识、状态、属性、能量等，以及远程实现唤醒、控制、诊断、升级和维护等。由于子网的技术标准不同，协议的复杂性不同，所以网关具有的管理性能不同。提出基于模块化物联网网关方式来管理不同的感知网络、不同的应用，保证能够使用统一的管理接口技术对末梢网络节点进行统一管理。

（3）协议转换能力。协议转换能力是指从不同的感知网络到接入网络的协议转换、将下层的标准格式的数据统一封装、保证不同的感知网络的协议能够变成统一的数据和信令；将上层下发的数据包解析成感知层协议可以识别的信令和控制指令。

5. 无线传感器网络

微机电系统、片上系统（System on Chip，SoC）、无线通信和低功耗嵌入式技术的飞速发展，孕育出无线传感器网络（Wireless Sensor Networks，WSN），它以低功耗、低成本、分布式和自组织的特点为信息感知带来了一场变革。无线传感器网络是由部署在监测区域内大量的廉价微型传感器节点，通过无线通信的方式形成的一个多跳自组织网络。

无线传感器网络所具有的众多类型的传感器，可探测包括地震、电磁、温度、湿度、噪声、光强度、压力、土壤成分、移动物体的速度和方向等周边环境中多种多样的现象。潜在的应用领域可以归纳为军事、航空、防爆、救灾、环境、医疗、保健、家居、工业、商业等领域。

由于无线传感网在国际上被认为是继互联网之后的第二大网络，2003 年美国《技术评论》杂志评出对人类未来生活产生深远影响的十大新兴技术，传感器网络被列为第一。传感器网络具有大规模、自组织、动态性、可靠性和集成化等特点。

2.1.2.2　第二阶段传输

在物联网信息传输的第二阶段，由于物联网网络层是建立在互联网和移动通信网等现有网络基础上，除具有目前已经比较成熟的如远距离有线、无线通信技术和网络技术外，为实现"物物相连"的需求，物联网网络层将综合使用 IPv6、2G/3G/4G、Wi-Fi 等通信技术将数据传送到互联网上，实现有线与无线的结合、宽带与窄带的结合、感知网与通信网的结合。这一阶段的传输所涉及技术大都属于《计算机网络》课程的内容，在本节中我们并不做详细介绍，只会重点介绍目前大部分《计算机网络》教材中涉及不多的关于移动通信中 3G/4G、Wi-Fi、WiMAX 技术，而其余内容让学生在学习《计算机网络》这一门专业课时去更加深入地了解。

1．移动通信网

移动通信就是移动体之间的通信，或移动体与固定体之间的通信。通过有线或无线介质将这些物体连接起来进行话音等通信服务的网络就是移动通信网。

移动通信网由无线接入网、核心网和骨干网三部分组成。无线接入网主要为移动终端提供接入网络服务，核心网和骨干网主要为各种业务提供交换和传输服务。从通信技术层面看，移动通信网的基本技术可分为传输技术和交换技术两大类。

在物联网中，终端需要以有线或无线方式连接起来，发送或者接收各类数据；同时，考虑到终端连接方便性、信息基础设施的可用性（不是所有地方都有方便的固定接入能力）以及某些应用场景本身需要监控的目标就是在移动状态下。因此，移动通信网络以其覆盖广、建设成本低、部署方便、终端具备移动性等特点将成为物联网重要的接入手段和传输载体，为人与人之间的通信、人与网络之间的通信、物与物之间的通信提供服务。

2．3G

在移动通信网中，3G 是指第三代支持高速数据传输的蜂窝移动通信技术，3G 网络综合了蜂窝、无绳、集群、移动数据、卫星等各种移动通信系统的功能，与固定电信网的业务兼容，能同时提供话音和数据业务。3G 的目标是实现所有地区（城区与野外）的无缝覆盖，从而使用户在任何地方均可以使用系统所提供的各种服务。3G 包括 CDMA2000、WCDMA、TD-SCDMA 3 种主要国际标准，其中 TD-SCDMA 是第一个由中国提出的，以我国知识产权为主的、被国际上广泛接受和认可的无线通信国际标准。

3．4G

4G 是第四代移动通信及其技术的简称。4G LTE 系统能够以 100Mbit/s 的速度下载，比拨号上网快 50 倍，上传的速度也能达到 20Mbit/s，并能够满足几乎所有用户对于无线服务的要求。而 4G LTE Advanced 采用载波聚合技术，下行峰值速度可达 150Mbit/s。此外，4G 可以在 DSL 和有线电视调制解调器没有覆盖的地方部署，然后再扩展到整个地区。很明显，4G 有着不可比拟的优越性。

4G 通信技术是继第三代通信技术后的又一次无线通信技术演进，4G 移动系统网络结构可分为三层：物理网络层、中间环境层、应用网络层。物理网络层提供接入和路由选择功能，它们由无线和核心网的结合共同完成。中间环境层的功能有 QoS 映射、地址变换和完全性管理等。物理网络层与中间环境层及其应用环境之间的接口是开放的，它使发展和提供新的应用及服务变得更为容易，提供无缝高数据率的无线服务，并运行于多个频带。这一服务能自适应多个无线标准及多模终端能力，跨越多个运营者和服务，提供大范围服务。第四代移动通信系统的关键技术包括信道传输；抗干扰性强的高速接入技术、调制和信息传输技术；高性能、小型化和低成本的自适应阵列智能天线；大容量、低成本的无线接口和光接口；软件无线电、网络结构协议等。

第四代移动通信系统主要是以正交频分复用（Orthogonal Frequency Division Multiplexing，OFDM）为技术核心。OFDM 技术的特点是网络结构高度可扩展，具有良好的抗噪声性能和抗多信道干扰能力，可以提供无线数据技术质量更高（速率高、时延小）的服务和更好的性能价格比，能为 4G 无线网提供更好的方案。例如无线区域环路（Wireless Local Loop，WLL）、数字音讯广播（Digital Audio Broadcasting，DAB）等，预计都采用 OFDM 技术。4G 移动通信对加速增长的宽带无线连接的要求提供技术上的回应，对跨越公众的和专用的、室内和室外的多种无线系统和网络保证提供无缝的服务。通过对最合适的可用网络提供用户所需的最佳服务，能应对基于因特网通信所期望的增长，增添新的频段，使频谱资源大扩展，提供不同类型的通信接口，运用路由技术为主的网络架构，以傅利叶变换来发展硬件架构实现第四代网络架构。移动通信会向数据化、高速化、宽带化、频段更高化方向发展，移动数据预计会成为未来移动网的主流业务。

4. Wi-Fi

Wi-Fi（Wireless Fidelity，无线保真技术）传输距离有几百米，可实现各种便携设备（手机、笔记本电脑、PDA 等）在局部区域内的高速无线连接或接入局域网。Wi-Fi 是由接入点（Access Point，AP）和无线网卡组成的无线网络。主流的 Wi-Fi 技术无线标准有 IEEE 802.11b 及 IEEE 802.11g 两种，分别可以提供 11Mbit/s 和 54Mbit/s 两种传输速率。

5. WiMAX

WiMAX（World Interoperability for Microwave Access，全球微波接入互操作性）是一种城域网（Metropolitan Area Network，MAN）无线接入技术，是针对微波和毫米波频段提出的一种空中接口标准，其信号传输半径可以达到 50km，基本上能覆盖到城郊。正是由于这种远距离传输特性，WiMAX 不仅能解决无线接入问题，还能作为有线网络接入（有线电视、数字用户线路，Digital Subscriber Line，DSL）的无线扩展，方便地实现边远地区的网络连接。

2.1.3　应用层

物联网最终目的是要把感知和传输来的信息更好地利用，甚至有学者认为，物联网本身就是一种应用，可见应用在物联网中的地位。

应用层的主要功能是把感知和传输来的信息进行分析和处理，做出正确的控制和决策，实现智能化的管理、应用和服务，这一层解决的是信息处理和人机界面的问题。应用层将网络层传输来的数据通过各类信息系统进行处理，并通过各种设备与人进行交互。这一层也可按形态直观地划分为两个子层：一个是应用业务层；另一个是应用服务层。应用业务层主要进行与业务相关的数据处理，完成跨行业、跨应用、跨系统之间的信息协同、共享、互通的功能，包括电力、医疗、银行、交通、环保、物流、工业、农业、城市管理、家居生活等应用领域，可用于政府、企业、社会组织、家庭、个人等，这正是物联网作为深度信息化网络的重要体现。而应用服务层主要是为终端用户提供所需要的服务程序，这些服务程序视具体的业务需要而不同，例如，有些终端应用程序可以提供桌面版的，也可以提供手机版的和网页版的。物联网的应用可分为监控型（物流监控、污染监控）、查询型（智能检索、远程抄表）、控制型（智能交通、智能家居、路灯控制）、扫描型（手机钱包、高速公路不停车收费）等。目前，软件开发、智能控制技术发展迅速，将会为用户提供丰富多彩的应用。同时，各种行业和家庭应用的开发将会推动物联网的普及，也给整个物联网产业链带来利润。

应用层涉及以下关键技术，包括通用服务平台、M2M 平台、数据挖掘和云服务平台。

1. 通用服务平台

一个理想的物联网应用体系架构，应当有通用服务平台作支撑，共同为各行各业提供通用的服务能力，如数据集中管理、通信管理、基本能力调用（如定位等）和设备维护服务等。

2. M2M 平台

从狭义上来说，M2M 是将数据从一台终端传送到另一台终端，也就是机器与机器的对话，但从广义上 M2M 可代表机器对机器、人对机器、机器对人和移动网络对机器（Mobile to Machine）之间的连接与通信，它涵盖了所有实现在人、机器和系统之间建立通信连接的技术和手段。

M2M 应用市场正在全球范围快速增长，人们纷纷看好 M2M 的发展前景。随着包括通信设备、管理软件等相关技术的深化，M2M 产品成本的下降，M2M 业务将逐渐走向成熟。目前，在美国和加拿大等国已经实现安全监测、机械服务、维修业务、自动售货机、公共交通系统、车队管理、工业流程自动化、电动机械、城市信息化等领域的应用。

我国政府已将 M2M 相关产业正式纳入国家《信息产业科技发展"十一五"规划及 2020 年中长期规划纲要"十一五"规划》重点扶持项目。重点研究以车载通信（包括汽车、船舶等）为代表的智能信息处理和物与物（M2M）通信技术，解决其中的移动通信与网络、定位、多媒体通信、导航关键技术问题；研究 RFID 和传感器网络等无处不在的网络技术，研究 RFID、传感器网络与信息通信网络的无缝结合和应用；形成一大批有示范效应的应用范例，形成国际一流的产品能力和较为完善的产业链。

M2M 不是简单的数据在机器和机器之间的传输，更重要的是，它是机器和机器之间的一种智能化、交互式的通信。也就是说，即使人们没有实时发出信号，机器也会根据既定程序主动进行通信，并根据所得到的数据智能化地做出选择，对相关设备发出正确的指令。可以说，智能化、交互式成为了 M2M 有别于其他应用的典型特征，这一特征下的机器也被赋予了更多的"思想"和"智慧"。

3. 数据挖掘

在人工智能领域，数据挖掘习惯上又称为数据库中的知识发现（Knowledge Discovery in Database，KDD），也有人把数据挖掘视为数据库中知识发现过程的一个基本步骤。知识发现过程由数据准备、数据挖掘、结果表达和解释三个阶段组成。数据挖掘可以与用户或知识库交互。

数据挖掘是通过分析每个数据，从大量数据中寻找其规律的技术，主要有数据准备、规律寻找和规律表示三个步骤。数据准备是从相关的数据源中选取所需的数据并整合成用于数据挖掘的数据集；规律寻找是用某种方法将数据集所含的规律找出来；规律表示是尽可能以用户可理解的方式（如可视化）将找出的规律表示出来。

数据挖掘的任务有关联分析、聚类分析、分类分析、异常分析和演变分析等，并非所有的信息发现任务都被视为数据挖掘。例如，使用数据库管理系统查找个别的记录，或通过因特网的搜索引擎查找特定的 Web 页面，都是信息检索领域的任务。虽然这些任务是重要的，可能涉及使用复杂的算法和数据结构，但是它们主要依赖传统的计算机科学技术和数据的明显特征来创建索引结构，从而有效地组织和检索信息。尽管如此，数据挖掘技术也已用来增强信息检索的能力。

近年来，数据挖掘引起了信息产业界的极大关注，其主要原因是存在大量数据可以被广泛使用,并且迫切需要将这些数据转换成有用的信息和知识。物联网通过感知层采集到了大量的数据,通过网络层交付给应用层,应用层则需要使用数据挖掘技术来找出这些数据的关系。比如在智能农业中找到温度、光照、湿度在农作物生长的不同时期最佳的数值,为农户更好地把握农作物在生长过程中所需要的温度、光照和湿度提供参考;在智能物流中找到商品的产地、运输的路线、中转的位置等数值之间的关系,为公司建立高效的物流网提供理论支撑等。

数据挖掘利用了来自统计学的抽样、估计和假设检验,人工智能、模式识别和机器学习的搜索算法、建模技术和学习理论。数据挖掘也迅速地接纳了来自其他领域的思想,这些领域包括最优化、进化计算、信息论、信号处理、可视化和信息检索。

4. 云服务平台

云计算是继 20 世纪 80 年代大型计算机到客户端-服务器(Client-Server)的大转变之后的又一种巨变,它是继物联网之后的一个新的研究领域。云计算(Cloud Computing)是网格计算(Grid Computing)、分布式计算(Distributed Computing)、并行计算(Parallel Computing)、效用计算(Utility Computing)、网络存储(Network Storage Technologies)、虚拟化(Virtualization)、负载均衡(Load Balance)等传统计算机技术和网络技术发展融合的产物。

云计算基于互联网的相关服务的增加、使用和交付模式,通常涉及通过互联网来提供动态易扩展且经常是虚拟化的资源。云是网络、互联网的一种比喻说法。过去在图中往往用云来表示电信网,后来也用来表示互联网和底层基础设施。狭义云计算指 IT 基础设施的交付和使用模式,指通过网络以按需、易扩展的方式获得所需资源;广义云计算指服务的交付和使用模式,指通过网络以按需、易扩展方式获得所需服务。这种服务可以是 IT 和软件、互联网相关,也可是其他服务。它意味着计算能力也可作为一种商品通过互联网进行流通。

以云计算技术为基础,搭建物联网云服务平台,为各种不同的物联网应用提供统一的服务交付平台,提供海量的计算和存储资源,提供统一的数据存储格式和数据处理及分析手段,大大简化应用的交付过程,降低交付成本。随着云计算与物联网的融合,将会使物联网呈现出多样化的数据采集端、无处不在的传输网络、智能的后台处理的特征。

2.1.4 扩展架构

在物联网的三层架构的基础上,每一层还可以细分,这样就产生了物联网的扩展架构,包括感知子层、汇聚子层、接入子层、通用网络层、应用业务层和应用服务层。其中感知层包括感知子层和汇聚子层,网络层包括接入子层和通用网络层,应用层包括应用业务层和应用服务层,图 2-3 所示为物联网的扩展架构。

1. 感知子层

感知子层主要负责数据采集及简单的处理,感知子层涉及的硬件设备主要包括传感器、条形码(一维和二维)和 RFID 标签等感知设备或终端。

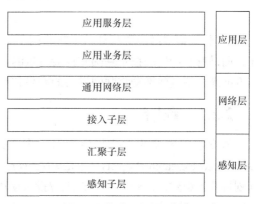

图 2-3 物联网的扩展架构

2. 汇聚子层

汇聚子层位于感知子层的上方,用于处理感知子层中数据采集设备或终端采集上来的信息,在这一子层对这些数据进行处理、封装，准备送给网络层中的接入子层。

3. 接入子层

物联网的接入子层主要负责将感知层送来的数据打包并交付给通用网络层，这一子层要解决不同类型的网络和通信协议统一接入的问题，尤其是短距离通信协议，如蓝牙、超宽带和 ZigBee 协议等。在接入子层有各种不同的通信协议及异构网络，它为这些网络提供一个统一和标准的接口，然后将数据按所要求的格式封装起来，交付给通用网络层。

4. 通用网络层

通用网络层是在现有的通信网和互联网基础上建立起来的，其关键技术既包含了现有的通信技术（如 2G/3G 移动通信技术、有线宽带技术、PSTN 技术、Wi-Fi 技术等），也包含终端技术（如连接传感网与通信网结合的网关设备）及为各种行业终端提供通信能力的通信模块等。通用网络层不仅使得用户能随时随地获得服务，更重要的是通过有线与无线技术的结合，和多种网络技术的协同，为用户提供智能选择接入网络的模式。

5. 应用业务层

丰富的应用层是物联网的最终目标，目前物联网应用的种类虽然比较丰富，然而呈现烟囱式结构，不能共享资源，必须重复建设，不利于物联网应用规模的进一步扩大。因此，对应用层的关注不能仅停留在简单的应用推广和普及上，而要重点关注能为不同应用提供服务的共性能力平台的构建，如基础通信能力调用、统一数据建模、目录服务、内容服务、通信通道管理等。这些共性的能力平台具备快速开放性，基于这些开放能力，运营商可以方便地开发出各类丰富的个性化应用。

6. 应用服务层

应用服务层是物联网应用层扩展架构中的最高层，它主要是为终端用户提供个性化服务。例如，智慧农业这一应用，就是要为种植户提供所监控农田的阳光、温度和湿度等信息，让用户通过手持终端的人机交互程序实时地收集到这些信息，并能根据这些信息对农作物的生长环境做出相应的调整。

2.2 物联网的发展动力

在第 1 章中已经初步分析了物联网不是像某些专家或学者所说的只是一个纯粹的概念的炒作，而是有其产生的技术基础和社会背景的，本节就从政府、工业界、教育界及实际应用需求这几方面来介绍这些推动物联网发展的源泉和动力。

2.2.1 政府

国家宏观政策的支持与引导对一个新兴产业的发展至关重要，如互联网的前身阿帕网（Advanced Research Projects Agency Network，ARPANET），它于 1968 年由美国国防部高级研究计划局开始组建，1969 年第一期工程投入使用。阿帕网最初只有 4 个节点，即只有 4 台主机联网运行，甚至连局域网（Local Area Network，LAN）的技术也还没有出现，用作接口机的 Honeywell DDP516 型小型机的内存只有 12KB，这种联网在今天看来实在是太初级了。1970 年的阿帕网已初具雏形，并且开始向非军用部门开放，许多大学和商业部门开始接入，同时阿帕网在美国东海岸地区建立了首个网络节点。1971 年扩充到 15 个节点。经过几年成功的运行后，已发展成为连接许多大学、研究所和公司的遍及美国领土的计算机网，并能通过卫星通信与英国和挪威连接，使欧洲用户也能通过英国和挪威的节点入网。1975 年 7 月阿帕网移交给美国国防部通信局管理，到 1981 年已有 94 个节点，分布在 88 个不同的地点。

经过数十年的发展，互联网已经对经济产生了重大的影响，并从根本上改变了人们的生活方式，现在每年正在解决数亿人的就业问题。物联网产业是当今世界经济和科技发展的战略制高点之一，据了解，2011 年，我国物联网产业规模超过了 2500 亿元，预计 2015 年将超过 5000 亿元。物联网产业将会培育出一个万亿级市场。

世界各国的政府和组织对物联网这一新兴产业的发展都高度重视、美国、欧盟、中国、日本和韩国等都对物联网这一新兴产业做出了相应的部署。

1. 美国

奥巴马就任美国总统后，2009 年 1 月 28 日与美国工商业领袖举行了一次"圆桌会议"，作为仅有的两名代表之一，IBM 首席执行官彭明盛首次提出"智慧地球"这一概念，建议新政府投资新一代的智慧型基础设施，阐明其短期和长期效益。奥巴马对此给予了积极的回应："经济刺激资金将会投入到宽带网络等新兴技术中去，毫无疑问，这就是美国在 21 世纪保持和夺回竞争优势的方式。"

2009 年，IBM 与美国智库机构向奥巴马政府提出通过信息通信技术（Information Communication Technology, ICT）投资可在短期内创造就业机会，美国政府随即新增 300 亿美元的 ICT 投资，包括智能电网、智能医疗、宽带网络三个领域，鼓励物联网技术发展。美国政府政策主要体现在推动新能源、宽带与医疗三大领域开展物联网技术的应用。

2. 欧盟

2009 年 6 月 18 日，欧盟委员会在比利时首都布鲁塞尔向欧洲议会、欧洲理事会、欧洲经济与社会委员会和地区委员会提交了以《物联网——欧洲行动计划》为题的报告。报告列举了行动计划所包含的 14 项行动。

行动 1：治理委员会将通过所有相关的论坛，启动并推进下述讨论

定义一套基本的物联网治理原则；建立一个足够分散的架构，使得世界各地的行政当局能够在透明度、竞争和问责等方面履行自己的职责。

行动 2：持续地监督隐私和私人数据保护问题

欧盟委员会通过了一项建议，该建议提供了依从隐私和数据保护原则的 RFID 应用指南。2010 年，该委员会还将公布泛在信息社会隐私与信任的指导意见。

行动 3："芯片沉默"

欧盟委员会将开展有关"芯片沉默权利"技术和法律层面的辩论，它将涉及不同的用户在使用不同的名字表达个人想法时，可以随时断开他们的网络。

行动 4：确定潜在的风险

欧盟委员会将会遵从 ENISA（European Union Agency for Network and Information Security 欧洲网络与信息安全局）已开展的上述工作，并将采取包括管制与非管制手段在内的进一步行动，以便提供一个政策框架，使得物联网得以迎接来自信任、接入和安全方面的挑战。

行动 5：物联网是重要的经济与社会资源

物联网是否能发展到像人们预期的那样重要？其发展过程中任何干扰都将给经济和社会带来显著影响。欧盟委员会将密切关注物联网基础设施成为欧洲重要资源的进程，特别是要将其与关键的信息基础设施联系在一起。

行动 6：标准

欧盟委员会将会对现有的以及未来与物联网相关的标准进行评估，必要时将推出附加标准。此外，欧盟委员会还将从所有利益方应在开放、透明和统一的方式下制定物联网标准出发，密切跟踪欧洲标准化组织、国际标准化组织和其他标准化组织与机构等的标准制定。

行动 7：研发

欧盟委员会将会持续资助欧盟第七框架计划中有关物联网方面的研究项目，特别是在微电子学、非硅组件、能源获取技术、泛在定位、无线通信智能系统网络、语义学、隐私与安全、软件模拟人的推理以及新的应用等重要的技术领域。

行动 8：公私合作

欧盟委员会正筹备在以下四个物联网能发挥重要作用的领域与公共与私营部门合作，其中"绿色轿车"、"节能建筑"和"未来工厂"已经被欧盟委员会提议作为经济恢复一揽子计划的一部分，而"未来互联网"旨在进一步整合与未来互联网相关的 ICT 研究工作。

行动 9：创新与试验项目

欧盟委员会将会考虑通过竞争与创新框架计划推出试验项目的方式，来推动物联网应用的进程。这些试验项目将集中于那些社会将会显著受益的物联网应用，如电子健康、电子无障碍、气候变化或者帮助弥合数字鸿沟等。

行动 10：通报制度

欧盟委员会将会定期向欧洲议会、欧洲理事会、欧洲经济和社会委员会、欧洲地区委员会、欧盟第 29 条数据保护工作组（欧洲知名的隐私监督机构——编者注）以及其他相关机构通报物联网的进展。

行动 11：国际对话

欧盟委员会将在物联网所有方面加强与国际合作伙伴现有的对话力度，目的是在联合行动、共享最佳实践和推进各项工作实施上取得共识。

行动 12：RFID 再循环

作为废物管理行业定期检测的一部分，欧盟委员会将开展一项研究，来评估推行再循环标签的难度以及将现有标签作为再循环物的利弊。

行动 13：检验

欧盟统计局将于 2009 年 12 月公布有关 RFID 技术使用的统计数据。对采用物联网相关技术的检测将会提高其信息的透明度，并可以评估这些技术对经济和社会的影响以及欧盟政策的有效性。

行动 14：演进评估

除了上述提及的具体方面外，将多方利益攸关者协调机制置于欧洲层面是十分重要的；据此，可监控物联网的演进，支持欧盟委员会实现行动计划所列的各种行动等。欧盟委员会将使用第七框架计划来指导这项工作，具体而言就是召集欧洲利益攸关者并且确保与世界其他地区定期对话和分享最佳实践。

此外，欧盟信息社会和媒体司 2009 年 5 月公布的《未来互联网 2020：一个业界专家组的愿景》报告指出："欧洲正面临经济衰退、全球竞争、气候变化、人口老龄化等诸多方面的挑战，未来互联网不会是万能灵药，但我们坚信，未来互联网将会是这些方面以及其他方面解决方案的一部分甚至是主要部分。"报告谈及的未来互联网的四个特征：未来互联网基础设施将需要不同的架构，依靠物联网的新 Web 服务经济将会融合数字和物理世界从而带来产生价值的新途径，未来互联网将会包括物品，技术空间和监管空间将会分离。上述 4 个特征中涉及物联网的就有两项。

3．中国

我国政府对物联网发展给予了高度重视。2009 年 8 月 7 日，温家宝来到中科院无锡高新微纳传感网工程技术研发中心考察，听取我国物联网发展和应用的汇报时指出，"要在激烈的国际竞争中，迅速建立中国的传感信息中心或'感知中国'中心"。温家宝说当计算机和互联网产业大规模发展时，我们因为没有掌握核心技术而走过一些弯路，因此要求在物联网的发展中，要早一点谋划未来，早一点攻破核心技术。

2009 年 11 月 3 日，温家宝发表题为《科技引领中国可持续发展》的重要讲话，其中将物联网列为中国五大信息产业战略之一。2010 年 3 月 5 日，温家宝在"两会"工作报告中指出，要加快物联网的研发和应用，物联网被首次写进政府工作报告，它的发展进入国家层面的视野，中国计划在 2020 年之前投入资金 3.86 万亿元用于物联网的研发。

自 2009 年温家宝视察江苏无锡发表重要讲话、开启中国物联网发展新纪元以来，中国政府在各个层面的政策投入，已成为推动中国物联网产业发展的最强动力。2010 年，物联网等新兴战略产业首次写入国务院政府工作报告。接下来，《中共中央关于制定国民经济和社会发展第十二个五年规划的建议》，再次强调"推动物联网关键技术研发和在重点领域的应用示范"。2010 年 3 月 5 日，当年的《政府工作报告》中将"加快物联网的研发应用"明确纳入重点产业振兴，而重点产业振兴是 2010 年"加快转变经济发展方式，调整优化经济结构"的首要任务。

2011 年 4 月，财政部出台《物联网专项基金管理办法》，拿出 5 亿元专项资金，支持物联网技术研发与产业化、标准研究与制定、应用示范与推广以及公共服务平台建设。2011 年 6 月又修订了《基本建设贷款中央财政贴息资金管理办法》，对物联网企业提供了金融支持。

2011 年 12 月，工信部出台《国家物联网"十二五"发展规划》，明确指出"十二五"期间我国物联网在核心技术研发与产业化、关键标准研究与制定、产业链条建立与完善、重大应用示范与推广等方面的发展目标和重点任务。提出了大力攻克核心技术、加快构建标准体系、协调推进产业发展、着力培育骨干企业、积极开展应用示范、合理规划区域布局、加强信息安全保障、提升公共服务能力 8 个主要任务。制定了关键技术创新工程、标准化推进工程、"十区百企"产业发展工程、重点领域应用示范工程、公共服务平台建设工程 5 项重点工程，为物联网的发展指明了方向。

同年，国家发展改革委办公厅发布《关于组织实施 2012 年物联网技术研发及产业化专项的通知》，重点依托交通、公共安全、农业、林业、环保、家居、医疗、工业生产、电力、物流 10 个领域，发改委已启动国家物联网应用示范工程，统筹推进物联网关键技术研发及产业化、标准体系和公共服务平台建设，着力突破核心关键技术，完善产业链，为重点领域物联网应用示范提供有效支撑。

在中央政策导向之下，全国近 30 个省区市已将物联网作为新兴产业重点发展，物联网产业园和产业联盟遍地开花，各地都想借物联网东风拉动产业经济发展，提升社会信息化水平，发展形势可谓风起云涌。可以预见未来中长期内，物联网仍将成为国家推进信息化工作的重点，政策支持力度有望继续加大。总之，国家重视发展工业物联网，有很强的政策支持力度。

4．日本

从 20 世纪 90 年代以来，日本政府连续提出了 E-Japan、U-Japan、I-Japan 等国家信息化发展战略，大规模推动国家信息基础设施建设，希望通过信息技术推动国家经济社会发展，其中 U-Japan 和 I-Japan 两项战略就是有关物联网的战略。2004 年，日本政府提出了 2006—2010 年间的 IT 发展规划"U-Japan"战略，该战略的目标是到 2010 年将日本建成一个"泛在网络社会"。即任何人、任何物体可以在任何时候、任何地点互联，实现人与人、人与物、物与物之间的连接，即 4U

（Ubiquitous、Universal、User-oriented、Unique）。该战略的重点在于提高居民的生活水平。

2008 年，日本政府将 U-Japan 重心转移，从过去重点关注提高居民生活水平拓展到促进地区及产业的发展，即通过 ICT 的广泛应用变革原有产业、开发新应用；通过 ICT 用电子方式联系各产业、各地区和个人，促进地区经济发展；通过 ICT 的广范应用变革生活方式，实现"泛在网络社会"。

2009 年，日本政府提出新一代的国家信息化发展战略"I-Japan"，该战略的目的是让信息技术融入每个领域，重点聚焦三大领域的改革：电子政务管理、医疗健康服务、教育人才培养。日本政府提出通过信息技术实现政府行政改革，使行政流程简单化、标准化、效率化和透明化，同时推进电子病历、远程医疗和远程教育等应用的发展。除此之外，他们还投入大量资金进行研发。

5. 韩国

韩国的信息化发展历程与日本类似，从 20 世纪 90 年代开始，政府出台了一系列推动国家信息发展的产业政策。目前韩国是世界上宽带普及率最高的国家，其数字内容、信息家电、移动通信等发展处于世界先进水平。

2003 年，韩国政府推出"IT839 战略规划"。韩国通信部在其发布的报告《数字时代的人本主义：IT839 战略》中指出，无所不在的网络社会是由智能网络、最先进的计算机技术和其他领先的数字技术设施武装而成的社会形态，在这种网络社会里，所有人可以在任何时刻、任何地点享受到现代科技带来的便利，这种便利不但会给人们生活带来改变，还会推动社会经济快速增长。

2006 年，韩国继日本之后，也提出了自己的"U-Korea"战略，目的是建立无所不在的社会网络。就是在人们生活的社会环境中，建立智能型网络，进行先进的信息基础设施建设，让人们在衣食住行、教育、娱乐各方面都随时随地享受到科技智慧服务，同时，扶持 IT 产业发展新的应用技术，强化产业优势和国家竞争力。该战略聚焦四大关键基础环境建设和五大应用领域，四大关键基础环境建设包括生态工业建设、透明化技术建设、现代化社会建设、平衡全球领导地位，五大应用领域包括亲民政府、安全社会环境、智慧科技园区、U 生活定制化服务、再生经济。

2009 年，韩国政府出台了《物联网基础设施构建基本规划》，将物联网确定为新的市场增长动力，其目标是到 2012 年构建世界上最先进的物联网基础设施，成为未来一流的 ICT 强国。为了实现这一目标，韩国在构建物联网基础设施、研发物联网技术、发展物联网服务、营造物联网扩散环境四大领域进行了详细研究。

2.2.2 工业界

作为一个新兴产业，就算有政府在政策方面的引导，如果没有工业界的大力支持和推动，也很难有所作为。物联网在工业领域具有广阔的应用前景，其发展将在促进工业企业节能降耗，提高产品品质，提高经济效益等方面发挥巨大推动作用。目前，冶金工业、石化工业、汽车工业、供应链管理和智能信息处理等是国内外物联网技术应用的热点领域，具有广阔的应用前景。

本小节将介绍国内外工业界在物联网发展和应用方面的情况。

2.2.2.1 国外工业界在物联网方面的发展和应用

国外众多公司凭借雄厚的资金、全球的客户及销售链、在 IT 行业数年来的技术积累及极强的研发能力，在物联网方面开展了诸多研究，并取得了各项成果，以下介绍一些 IT 公司在物联网方面的研发情况。

1. IBM

IBM 很早就提出"智慧地球"的概念，这也是物联网的雏形，IBM 中国研究院自 1995 年成立以来，作为跨国公司在华建立的第一个研究机构，一直在致力于用创新科技推动产业发展、改善未来人类生活等相关的科技创新和实践。与此同时，秉承"开放、协作、创新"的核心理念，IBM 中国研究院与各界合作伙伴携手创新，在科技创新、技术转化和人才培养等方面硕果累累。

IBM 每年在研发上的投入超过 60 亿美元资金，IBM 中国研究院是 IBM 的重要投资之一。IBM 中国研究院把全球最优质的资源进行集中和整合，带到中国，并与中国的社会各界一道，完成跨学科、跨领域科技知识与经验的融合，共同推动科技的创新和发展。

从 2009 年开始，物联网一词也越来越为人们所重视。物联网建设的推动及成功，需要多方合作形成物联网的生态系统。基于这样的目的，2010 年 9 月 16 日 IBM 在中国建立了首个物联网技术中心，旨在为物联网相关研究提供一个开发创新平台，让合作伙伴们能在一个真实与模拟相结合的环境中研究、孵化技术，加速技术创新和验证。该物联网技术中心将会结合 IBM 中国研究院与全球先进的技术和资源，与社会各界开放合作，支持并加快物联网相关创新型技术与服务的研究、实践及发展。该中心将提升端到端集成解决方案的价值，大幅缩短研发成果的市场投放周期，并可以整体构建业务和商业模式。

在实际运作方面，IBM 物联网技术中心将联合全球研究院领先的研究力量，共同投入，与政府、科研机构、企业以及高校等社会各界一起推动物联网产业向前发展。IBM 在物联网技术中心里面搭建了一些前沿的应用，有医疗方面互联健康的应用，智慧微网的方案展示，室外配备了发电用的小风车和太阳能板，以及与智能楼宇有关的设备，如空调、温度测量、人员定位等相关设备。IBM 与国网电力科学研究院就新能源建设、智能输配电等相关课题的研究也在此技术中心开展。另外，IBM 还将与正文科技、建坤等协作厂商共同推动物联网技术与应用的发展。

2. 英特尔

英特尔公司多位技术专家在 2011 英特尔中国大学峰会上发表主题演讲，分享了英特尔"互联计算"的愿景，详细介绍了代表未来计算发展趋势的先进技术，并指出随着用户对于智能、互联体验需求的增加，个性化计算与绝佳的用户体验正在成为新时期获得成功的关键要素。

英特尔的"互联计算"愿景，即让消费者从 PC（客户端）、服务器（云计算）到移动、车载、便携等所有个性化互联设备，获得熟悉且连贯一致的个性化应用体验。英特尔对全球计算创新的推动，也是要继续引领这几个领域的创新和跨越——从传统计算优势领域，到互联计算新领域。

英特尔架构事业部、嵌入式与通信事业部高级工程师、首席技术官普拉纳·梅塔（Pranav Mehta）指出，到 2015 年，将会有 150 亿个智能设备接入网络，智能、互联的体验将变得无处不在。物联网很重要的特性是智能的设备、基础架构和基础设施之间自动地进行协作，在协作过程中生成知识，并且由知识转变成智慧进而转变成非常明确的行动，来改善和丰富人类的体验。

梅塔用 3 个 S，即 Simple、Security、Scalable 解释了基于英特尔架构的物联网所具备的特性，即简易性、安全性和可扩展性。简易性就是易于开发，易于部署，易于管理；安全性是建立以安全为中心的平台，如果物联网上的设备发生了与安全有关的变化，这个平台立即对这些突发事件进行反应；可扩展性则降低了构建物联网的成本，缩短了新应用的部署时间。

梅塔表示，嵌入式技术不仅为业界提供了巨大的创新机遇，同时为学校的人才培养和技术研究提供了广阔的天地。产业界、学术界与政府需要紧密合作，激励年轻一代认识到物联网的巨大潜能，为未来打造出更加美好的生活。

3. 微软

1994 年 9 月，在微软全球研究与战略执行官克瑞格·蒙迪（Craig Mundie）的主持下建成了微软未来之家，它的设计初衷是探索未来 5 ~ 10 年最前沿的科技在现实生活中的应用。随着现在科技翻天覆地的变化，未来之家也在不断地"升级换代"，淘汰已经成为现实的应用，并不断探索各种概念性技术。

确切地说，未来之家是位于微软雷德蒙总部园区的一座特殊的房子，由客厅、厨房、起居室、餐厅等组成，各种未来的计算技术遍布于房间的各处。在这里，你似乎看不到计算机的存在，而实际上电脑却是无处不在，在桌面、墙壁、植物，甚至装饰画上。你可以用手操控计算机，也可以用声音进行人机对话。未来之家想传达的理念是：在未来的世界，我们可以与计算机以更加自然的方式对话，计算机可以让我们随时获知信息，帮助我们更好地做出决定，各种终端和显示设备可以与我们生活的环境无缝结合。

在 2013 年微软员工大会的同一天，微软研究院的研究人员发布的 Lab of Things（物联实验室）操作系统，旨在让户主更轻松地监视房屋，通过电脑操控或自动控制家中的联网设备。开发者可以下载测试版的 Lab of Things 开发出家庭物联网应用程序，让家中的各种智能电器发挥自己最大的功效。

现在不少家庭中都安装有监控摄像头、智能调温仪、动作感应器，实用效果很不错，但是用户如果独立安装则会遇到不少问题，而且由于各个设备都是独立运行的，如果不是同一个品牌的产品，很难找到一个平台让它们统一运作起来。微软发布的 Lab of Things 操作系统可以为家庭物联网提供集中化虚拟控制板，用来监视、控制家庭中的智能家电，它对现有的智能家电的兼容性好，而且可以像在 Windows 系统下一样开发应用程序。

美国弗吉尼亚大学的研究者 Kamin Whitehouse 利用这个 Lab of Things 操作系统在 20 个家庭中安装了多种传感器进行自动控制，研究自动化家庭的能源消耗问题。根据传感器获得开门关门、水龙头开启关闭、用电量等信息，Whitehouse 在 Lab of Things 操作系统基础上制作的软件分析出了这些家庭的生活习惯，然后在保证家庭正常需求的情况下尽最大可能节约能源。用户只需要打开手机应用程序就可以知道谁在哪个房间，房间的用电量和用水量等情况，不需要使用者具备编程能力。

4. 国外其他公司

除美国外，其他国家各大知名企业也都先后参与开展了物联网方面的技术研究。美国克尔斯博公司是国际上率先进行无线传感器网络研究的先驱之一，旗下的无线传感器网络硬件产品众多（包括 IIRIS，MicaZ，Imote2，TelosB，Cricket 等），为全球超过 2000 所高校以及上千家大型公司提供无线传感器解决方案。

目前，Crossbow 公司与微软、传感器设备巨头霍尼韦尔、硬件设备制造商英特尔、加州大学伯克利分校等都建立了合作关系。此外德州仪器、微处理器制造商 Atmel 等都在传感器网络领域投入极大的资金和科研力量。这些都为无线传感器网络进一步发展以及最终商业化奠定了坚实的基础。

Orange 公司是法国电信子公司，2004 年，Orange 开始进入 M2M 市场，是最早开始关注 M2M 的运营商之一，并推出了 M2M Connect、Cell ID 等多项 M2M 业务。目前，Orange 在 29 个国家拥有移动网络，在 220 个国家和地区拥有无缝的固定网络，在欧洲已经拥有超过 100 万的 M2M SIM 卡，是欧洲 M2M 业务的领导者。Orange 与索爱、Wavecom、eDevice、西门子、阿尔卡特等设备厂商合作，建立了 M2M 业务平台，在此平台的基础上，Orange 推出了多项业务，并且基于 Orange 的通信网络可以实现跨国的 M2M 管理。

Orange 认识到目前 M2M 全球应用存在两大问题，一是生产通信模块的地区往往和使用地区不一样，二是一些业务中（比如车队管理）会经常跨国，尤其对于跨国公司。2009 年 5 月，Orange 于比利时布鲁塞尔，在其子公司 Mobistar 范围内开放国际 M2M 中心（IMC）。IMC 集咨询、技术创新、项目管理和系统集成为一身，将提供全球 M2M 连接服务和实时解决方案。其中连接服务会根据业务、企业的不同而改变，但将与地点无关，重点服务跨国企业和拥有 M2M 技术的原始制造商。另外 IMC 还将为客户制定有针对性的实时解决方案，这对于 Orange 的实时解决方案战略来说，是一个里程碑。Orange 此举除了希望成为 M2M 业务国际化的先锋和行业领导者外，还将为 Orange 带来就业和额外的收入。

沃达丰是全球最大的移动通信运营商之一，其网络直接覆盖 26 个国家，并在另外 31 个国家与其合作伙伴一起提供网络服务，全球用户超过 3 亿。沃达丰拥有完备的企业信息管理系统和客户服务系统，在增加客户、提供服务、创造价值上拥有较强的优势，沃达丰的全球策略是涵盖语音、数据、互联网接入服务，并且提供客户满意的服务。沃达丰进入 M2M 领域很早，从 2002 年就开始推出 M2M 业务，目前是提供 M2M 业务最全面的传统运营商。

2.2.2.2 国内工业界在物联网方面的发展和应用

我国工业规模化及信息化发展，为物联网提供了良好的市场空间和基础条件。我国是世界制造大国，在汽车制造领域，我国已经成为全球第一大汽车生产和消费国，具备汽车行业物联网应用的用户基础。在石化行业，我国石油行业从上游到下游，产业链长，企业规模大，产品结构复杂，因此为智能工业物联网发展提供了市场空间。同时，国内通信服务与通信制造产业能力较强，具备建立工业物联网应用的网络基础。国内 PC 使用量在 1 亿的数量级，而物联网终端需求量远大于此，仅从终端潜在需求的角度即可看出物联网市场空间巨大。

发展物联网为我国的产业化结构调整提供了机遇。改革开放以来，我国大多城市都是以高耗能、高污染的粗放型发展模式来保证经济增长，但随着环境的逐渐恶化，资源的逐渐匮乏，亟需新能源产业或者新的高科技产业集群来支撑下一轮的发展，物联网产业正好提供了这个契机，使整个市场的注意力转移到虚拟网络对经济增长的拉动作用上来。对物联网投资的战略不仅能够保持经济增长，而且能够在新经济增长模式上获得先机。下面是国内部分重点企业在物联网方面的发展情况。

1. 华为

华为是全球领先的下一代电信网络解决方案供应商，目前华为的产品和解决方案已经应用于全球超过 100 个国家以及 28 个全球前 50 强的运营商，服务全球超过 10 亿用户。华为的产品和解决方案涵盖移动、核心网网络、电信增值业务、终端等领域。华为在全球设立了包括印度、美国、瑞典、俄罗斯以及中国的北京、上海、南京等多个研究所，已连续成为世界申请专利最多的企业。华为目前在通信设备领域世界排名第二，仅次于爱立信。

华为在移动宽带的领先优势，已经延伸至模块产品领域。华为 2008 年正式进军模块市场，凭借主打产品 EM770 的出色性能，华为迅速与多家著名电脑厂商达成合作，携手开拓了全球"上网本"的蓝海市场；此外，华为 M2M 模块产品也已在车载、电力、安防监控等行业实现了广泛应用；另一款支持 4 频的产品 EM770W，则是目前世界上少数能支持全球漫游的模块产品之一。而其最新研制的"三防"模块 MU103 具有防潮、防尘、防静电的功能，是目前全球唯一一款工业级 3G 模块产品，其可支持的正常工作温度范围可达-30℃～75℃，为世界领先水平。可以说华为在通信模块领域入行较晚，但凭借雄厚的技术实力，迅速达到行业领先水平。

2. 中兴

中兴通讯在 2013 年 1 月挂牌成立了全资子公司深圳市中兴物联科技有限公司（简称中兴物联）。中兴物联由原来归属于中兴通讯手机体系的物联网业务单元以及中兴移动与物联网相关的两班人马重新组建而成，新成立的中兴物联近 150 人，有 60%属于研发人员。新公司重组之后，定下了未来的发展目标，一是延续母公司中兴通讯在通信领域的领先地位，将中兴物联打造成物联网领域的标杆性企业；二是营收上一个新的台阶，未来三年突破 10 亿元，使拳头产品之一的通信模块进入行业第一阵营。

中兴通讯并非物联网行业的新兵。中兴通讯最早投入物联网的时间可以追溯到 2003 年，2004年就推出了第一款无线通信模块，2006 年开始整体进入物联网领域，2009 年国家重视物联网后，中兴通讯加速推出了物联网端的整体解决方案，在终端领域的核心产品是任何物联网无线终端设备都要使用的通信模块。

其后，中兴通讯迅速进入智能交通、农业、数字城市、企业安防、智能医疗、智能家居等众多物联网应用领域。不过，由于物联网领域更依赖代理商和渠道拓展市场，与中兴通讯原有以运营商为主要销售对象的模式有较大差异，在内部资源配备方面不够灵活，且存在多个经营单位从事同质物联网业务的现象，因此中兴通讯决定在终端领域进行资源整合，成立一家新公司独立运营。

中兴通讯目前将物联网分为交通、物流、医疗、教育、能源、家居、环保、安全八大市场。对于中兴通讯的物联网产品来说，其未来最重要的还是要抓住 3G 和 4G 技术，比如物联网通信模块，目前很多小厂能做 2G 模块及终端设备，但做不了 3G、4G 模块及终端产品，而后者正是中兴通讯的强项。经过长期发展，中兴通讯在物联网领域形成金字塔形的层次结构。处在金字塔顶端的是物联网支撑平台产品，处在第二层的是标准化、规范化的物联网通信模块产品，第三个层次是关键的行业应用方案，第四个层次是物联网的基础网络优化。这样的一个层次结构形成了中兴通讯物联网的端到端的方案。

在物联网的业务支撑平台领域，中兴通讯和中国移动、中国电信长期合作，形成了中兴通讯成熟的物联网平台产品，现在已经大规模走向海外。

在标准化、系列化物联网模块产品方面，中兴通讯提供全球范围内最全的物联网模块产品，支持三大标准制式，包括 TD、CDMA 以及 WCDMA，可以根据不同产品应用形成多种产品形态。中兴通讯的物联网模块在一些行业里面已经占据了突出的市场地位。比如在国内电力行业，现在占有很大的市场份额。又比如移动支付，中兴通讯在全球现在是唯一能够提供从芯片、POS 机、支付平台到支付手机产品在内的全系列产品的供应商。

3. 同方

作为国内从事 M2M 业务的知名企业，同方股份有限公司旗下包括软件股份、eCity 数字城市、能源环境、水务、照明、RFID 等在内的多家子公司和部门，其业务均涉及 M2M 领域。在同方多家子公司中，软件股份作为 M2M 的突出代表，其主营业务就是 M2M——包括 M2M 中间件、M2M垂直行业应用、政务业务平台及 OA。

同方很早就看好 M2M 市场，在实现 M2M 使命方面提出了 DCM(Device,Connect and Manage)核心理念，即通过一些现场总线，把包括 3G 的 GPRS、CDMA 的设备连接起来，做远程监控、智能报警、联动、诊断和维护。而同方的工作内容集中在上层，做新技术应用和整合，同方希望通过横向相通技术来做这种软件销售和运营模式，其目标是成为国内最大的 M2M 行业产品提供商和服务商。可以看出，同方已经对 M2M 未来的发展趋势有了一个预判，不止在纵向市场，同时也希望在横向市场有所发展，这是其推出综合应用平台的基础。

同方开发的 ezONE 是一个高度模块化、构件化和标准化的业务基础平台，其核心构件包括 ezPortal 企业门户、ezFramework 企业框架、ezCMS 内容管理系统、ezWorkflow 工作流系统、ezStudio 开发工具、ezBI 商业智能构件、ezESB 企业服务总线、ezGIS 地理信息系统、ezGateM2M 网关、ezDI 数据集成等模块，功能覆盖整个应用集成领域，10 个系统模块可独立或组合使用。

4．中国移动

中国移动以建设开放、统一、协同的 M2M 业务运营支撑系统为目标，发展宽带、泛在网、融合的无线网络，同时希望借此平台实施标准化的行业应用。中国移动在 2006 年与 Moto、华为、深圳宏电、北京标旗公司进行 M2M 开发合作，2007 年前后开始大力开拓基于 GPRS 的 M2M 行业应用市场，涉及电力、交通、制造、金融等行业，实施省市包括北京、山东、浙江、广东、重庆等地。

中国移动制定了 M2M 发展规划，第一阶段是单一客户的单一应用，在第二阶段，传感器网络由专用网络向公众网络过渡，到了第三阶段，全社会的通信网逐渐建立起来，最后形成一个泛在网。中国移动已经将全网的 M2M 运营中心建在重庆，托付重庆移动运营，重庆移动将以 M2M 技术为契机整合全国资源，借此带动重庆 IT 产业的发展，而重庆移动在 2008 年又成了了国家新设立的 M2M 产业基地的产品研发中心。除此之外，中国移动还建立了专门的 M2M 门户网站 ChinaM2M 来推广其 M2M 业务，可见其对 M2M 产业的重视程度。目前，中国移动的 M2M 业务产品有神州车管家、电梯运营管理系统、企业安防监控管理系统、航标遥测遥控管理系统、路灯监控系统、危险源集中监控系统等。中国移动的 M2M 业务已经得到了很多的应用，其中大部分是集团客户。M2M 的优势首先表现在企业运营的效率提升上，因此对企业客户吸引力要明显大于大众客户。在业务推广中，中国移动开展各种交流会，为企业介绍和展示 M2M 技术和业务，以招揽企业客户。

WMMP（Wireless M2M Protocol）是中国移动开发的基于 GPRS 的应用平台协议，规定了终端与 M2M 平台、M2M 平台与 M2M 应用之间的交互接口。基于这个协议，中国移动开发了 WMMP 控制平台，这是中国移动为了提高自身数据业务服务质量，为客户提供更可靠、更安全稳定的数据服务所推出的一个通信管理平台，主要实现对远端通信设备的远程管理和控制，目前已在多个行业推广应用，并获得良好反馈和经济效益。

5．中国联通

中国联通充分利用综合资源，提供端到端的综合服务。2006 年在浙江、广东、北京、江苏和山东五个地区开发 M2M 业务，Moto、SK、深圳宏电公司为其合作开发商。2007 年后，中国联通基于 CDMA 1X 先后开发了海洋新时空、警务新时空、国防新时空、能源新时空、金融新时空、物流新时空六大行业应用产品，应用领域涉及电力、水利、交通、金融、气象等行业。2009 年中国联通将 CDMA 业务给中国电信以后，便以针对企业的 M2M 应用业务为主。随着中国联通 WCDMA 的部署，中国联通将利用 3G 宽带网络发展 M2M 业务和应用。

6．中国电信

中国电信广州研究院 2005 年受中国电信集团委托开始立项研究 M2M 产业，并在 2005 年年底对中国电信进入 M2M 产业运营模式提出建议。中国电信 2007 年年底开始 M2M 运营平台的建设，于 2008 年年底基本完成除计费系统以外的平台建设。基于这个平台，中国电信目前在全国开始推广全球眼监控、智能家居、水电抄表、远程无人彩票销售系统等业务。但是只有"全球眼"业务是大规模的推广，并提供网上管理界面和专门的网站，其他的都属于集团客户信息化的小范围应用，而智能家居目前还只在通信展上展出过，没有推出相应业务。

中国电信的"全球眼"业务是典型的面向视频监控的宽带 M2M 应用。全球眼网络视频监控业务是由中国电信推出的一项完全基于宽带网的图像远程监控、传输、存储和管理的新型增值业务，该业务系统利用宽带网络将分散、独立的图像采集点进行联网，实现跨区域的统一监控、统一存储、统一管理、资源共享，为各行业的管理决策者提供了一种全新的、直观的、扩大视觉和听觉范围的管理工具。同时，可通过二次应用开发，为各行业的资源再利用提供新的手段。随着 2008 年移动全球眼以及 2009 年 3G 全球眼的推出，全球眼的业务将覆盖到更广阔的区域。

7. 亚太安讯

亚太安讯网络电子技术有限公司是专门从事 GPS 及网络视频安全监控系统的高科技公司，是一家集科研、系统集成、网络运营于一体的高新企业，是 GPS 和安全监控系统完整解决方案的提供商，目前在重大行业信息系统集成化、GPS 卫星定位产品、视频监控产品、红外线夜视产品等领域已具有国内领先的技术实力及市场份额。

亚太安讯的基本业务是 GPS 设备和行业解决方案，其主要产品有 GPS 终端和天线，主要解决方案有公交、出租车和物流行业的 GPS 解决方案。亚太安讯也在向安全防护领域拓展，推出了视频编解码器、视频管理平台等设备，以及整套的安全防护解决方案。视频监控虽然不是亚太安讯的基本业务，但其应用成果已经远多于其 GPS 业务，可以看出亚太安讯在 M2M 纵向市场上的战略调整。

2008 年，亚太安讯与 RCG（宏霸数码）合作，共同开发国内 M2M 市场。RCG 是国际领先的无线射频识别（RFID）技术、生物识别技术及安防解决方案系统提供商，一直专注应用生物识别及 RFID 等各类世界尖端技术领域的信息化建设。在为国际市场提供的诸多数字化系统中，如智能家居、智能交通、智能安防、RFID 等，已渗透和体现出 M2M 技术的应用和理念。RCG 长期的国际城市数字化和信息化技术研究为亚太安讯提供强有力的专业技术保障，尤其在医疗信息化领域，而亚太安讯也为 RCG 开拓中国市场打下了基础。

8. 芯讯通

芯讯通拥有多年的无线模组设计和制造经验，主要产品包括 SIM300、SIM548C、SIM700、SIM5210 等系列，产品通过 ISO 9000、ISO 14000 和 ISO 18000 的审核，符合主要国家和地区的强制认证要求。芯讯通的研发和运作总部位于上海，通过其分布亚洲、欧洲、美洲的办事处和代理商网络，为客户提供及时的服务。

2008 年芯讯通和 Sensorlogic 达成合作协议，共同推广双方的产品解决方案。Sensorlogic 和芯讯通将为 M2M 行业应用客户提供整套行业解决方案，包含了移动设备终端和 M2M 支撑平台，这样就从根本上降低了客户行业应用开发的难度和时间。目前，M2M 行业应用一般需要一年左右的时间来开发、测试和试运行。而这个优化解决方案将在芯讯通的 M2M 移动设备终端内匹配 Sensorlogic 提供的 M2M 托管服务，客户可以在几天内轻松拥有一个高品质、值得信赖的网络版 M2M 行业应用系统，无须经年累月的研发测试。通过此举，芯讯通扩大了业务领域，提高了在 M2M 市场的地位。

2009 年 2 月，芯讯通批准移动软件管理领域的市场领导者 Red Bend 的 vCurrent Mobile 固件无线更新（FOTA）软件应用于其 M2M 产品组合。FOTA 更新已经成为了先进模块应用部署的一个重要组成部分。Red Bend 的 vCurrent Mobile 用于支持 M2M 设备，使模块及时更新，与不断变化的标准和客户需求保持同步，以及通过安全的方式进行更新。FOTA 技术使得制造商能够对软件进行无线升级，而无须派遣专业技术人员提供现场支持，提高了经营效率，降低了成本。通过这项新技术的引进，芯讯通进一步增强了其产品的竞争力。

2.2.3　教育界

作为一个新兴产业，想要其持续快速稳定地发展，必定需要有大量的专业人才源源不断地补充进来，教育界在此是大有可为的。教育界一方面需要自己投入资金和力量进行物联网方面关键技术的创新和突破，另一方面则需要承担起培养专业人才的重任。

我们以物联网的核心支撑技术之一传感器研究为例，来介绍国内外教育界在物联网科学研究方面的情况。

1.　国外

传感器网络的研究起步于 20 世纪 90 年代末，最早用于战场信息的收集。从 21 世纪开始，传感器网络引起学术界、军界和工业界的极大关注，美国和欧洲相继启动了许多关于无线传感网的研究计划，特别是美国通过国家自然基金委、国防部等多种渠道投入巨资支持传感器网络的研究。

2002 年 8 月初，美国国家科学基金委、航空航天局等 12 个重要研究机构在加州大学伯克利分校联合召开了"未来传感系统"国家研讨会，旨在探讨未来传感器系统及其在工程应用中的前沿发展方向。在随后的几年里，加州大学伯克利分校有多个实验室开始了与无线传感网络相关的工作，从不同角度对无线传感网络进行大量开创性的研究。

美国很多大学在无线传感器网络方面开展了大量工作。麻省理工学院获得了美国国防部先进研究项目局（Defense Advanced Research Projects Agency，DARPA）的支持，从事着极低功耗的无线传感器网络方面的研究；奥本大学也获得 DARPA 支持，从事了大量关于自组织传感器网络方面的研究，并完成了一些实验系统的研制；宾汉顿大学计算机系统研究实验室在移动自组织网络协议、传感器网络系统的应用层设计等方面做了很多研究工作；州立克利夫兰大学（俄亥俄州）的移动计算实验室在基于 IP 的移动网络和自组织网络方面结合无线传感器网络技术进行了研究。

此外，新加坡国立大学的无线传感器网络实验室等也开展了无线传感器网络方面的研究。

2.　国内

南京邮电大学无线传感器网络 UbiCell 系列节点集成了传感器、微处理器、无线收发器等多种嵌入式芯片，拥有信息采集、信号处理、数据传输和实时监控等多种功能。UbiCell 医疗节点可实现高精度的脉搏、血氧、体温等人体生理指标的监测。无线多媒体传感器网络节点拥有 30 万像素和 60 帧/s 的图像采集与处理能力，足以满足网络监测与识别的应用需求。

中国科学院计算技术研究所研发的 GAINSJ、GAINZ 等系列传感器节点，其基于 ZigBee 无线通信协议栈，实现星形、成簇、网状网络等多种网络拓扑，用户可以根据协议栈提供的 API 设计自己的应用，组成更复杂的网络。

香港科技大学基于 Telos-B 的平台搭建了一个低功耗的无线传感器网络节点。该节点基于 IEEE 802.15.4 无线收发器芯片和下一代超低功耗、高传输率、无线传感网络应用程序的 Telos-B 平台，具有完善的板上内置天线，传输距离较长。该节点目前主要用于智能车的研究中。

物联网在教育行业已经不只是以一个概念的形式存在，而是在教育整个过程中形成了形形色色的产品和应用服务。物联网的持续快速成长，将为教育行业带来更大的变革。

在 2010 年教育部新近审批设置的专业中，信息网络作为国家战略性新兴产业发展方向得到重点体现，有将近 40 所高校院系获批了包括"物联网工程"、"传感网技术"和"智能电网"三个物联网相关的专业。物联网相关专业是计算机科学与技术、电子科学与技术、通信工程、控制以及软件工程等多个学科相融合的综合性专业学科。与传统单一学科相比，新设立的专业涉及几乎所有信息类相关专业的知识点。因此，如何根据专业特色培养出满足国家重大需求的复合型人才，成为各个高校共同探索的话题。

为了推进物联网及相关专业的建设与发展，在教育部高等学校计算机科学与技术教学指导委员会和教育部高等学校电子信息与电气学科教学指导委员会的共同指导和支持下，由全国首批设立物联网相关专业的高校共同发起的"全国高校物联网及相关专业教学指导小组"于 2010 年 8 月 29 日在天津大学正式成立。

从长远来看，物联网应用前景相当广阔。随着物联网技术的日益成熟，其在教育中的应用会越来越普遍，带来更多的创新应用和服务，最终将提升教育信息化水平，有利于教育质量的提高。

2.2.4 应用需求

近两年来，物联网在国家建设中，已逐渐成为必不可少的工具，下面简要介绍一些领域中物联网方面的应用需求。

1. 食品药品流通行业

在食品药品流通行业综合执法监管方面，物联网技术肩负了将国家法令法规落到实处的重任。目前有些国家已经逐渐在药剂产品上使用独特的序列编码，确保对药剂产品进行确认之后才递交给病人使用，这就减少了造假、欺诈与分发错误的发生，更进一步说，如果一般消费产品也具备了可追溯性，我们就可以更好地解决造假问题并应对危险产品。

2. 城市运行管理方面

在城市运行管理方面，物联网可用于城市水、电、燃气、热力等重点设施和地下管线实施监控，对各类作业车辆、人员的状况进行有效监控，建立户外广告牌匾、棚亭阁、城市地井的管理体系等。通过利用智能终端、通信基站、显示屏等设备，深化城市部件监控，优化数据流程，提高对现场信息的采集、处理和监督，将信息化城市管理部件接入物联网，对城市管理中的所有区域进行统一标识，可以进一步明确网格化的权属责任，加强对城市管理部件状态的实时监控，降低信息化城市管理中对人工巡查的依赖程度，提高问题发现和处置的效率，进而提升网格化管理水平。

3. 生态环境方面

在生态环境方面，物联网可用于大气和土壤治理，森林和水资源保护，应对气候变化和自然灾害，污染排放源的监测、预警、控制，空气质量、城市噪声监测，水库河流、居民楼二次供水的水质检测，森林绿化带、湿地等自然资源的情况监控等。通过智能感知并传输信息，在大气和土壤治理，森林和水资源保护，应对气候变化和自然灾害中，物联网可以发挥巨大的作用，帮助改善生存环境。通过完善智能感知系统，合理调配和使用水利、电力、天然气、燃煤、石油等资源。

4. 公共安全领域

在公共安全领域，物联网可用于监测环境的不稳定性，根据情况及时发出预警，加强对重点地区、重点部位的视频监测监控及预警，加强对危险物品监控、垃圾监控、可燃物排放、有毒气体排放、医疗废物、疾病预防控制等的全流程过程监测和控制，对建筑工地、矿山开采、水灾火警等现场的信息采集、分析和处理，监察执法管理的现场信息监测和智能司法管理等。通过传感技术，物联网可用于监测环境的不稳定性，若监测到不稳定的情况及时发出预警，协助撤离，从而降低天灾对人类生命财产的威胁。

5. 城市交通领域

智能交通系统是指以现代信息技术为核心，利用先进的通讯、计算机、自动控制、传感器技术，实现对交通的实时控制与指挥管理。交通信息采集被认为是智能交通系统的关键子系统，是发展智能交通系统的基础，成为交通智能化的前提。无论是交通控制还是交通违章管理系统，都涉及交通动态信息的采集，交通动态信息采集也就成为交通智能化的首要任务。

在城市交通领域，应用物联网技术，可以节约能源、提高效率、减少交通事故的损失。例如，进行道路交通状况的实时监控可以减少拥堵，提高社会车辆运行效率，不停车收费系统可以提升车辆通行效率，智能停车系统可以节约时间和能源，并降低污染排放等。实时的车辆跟踪系统能够帮助救助部门迅速准确地发现并抵达交通事故现场，及时处理事故并清理现场，在黄金时间内救助伤员，将交通事故的损失降到最低。通过监控摄像头、传感器、通信系统、导航系统等手段掌握交通状况，进行流量预测分析，完善交通引导与信息提示，缓解交通拥堵等事件的发生，并快速响应突发状况；利用车辆传感器、移动通信技术、导航系统、集群通信系统等增强对城市公交车辆的身份识别，以及运营信息的感知能力，降低运营成本、降低安全风险和提高管理效率。

增强对交通"一卡通"数据的分析与监测，优化公共交通服务；对出租车辆加强实时定位、跟踪和信息交互车况等信息进行监测，丰富和完善出租车信息推送服务；通过传感器增强对桥梁道路健康状况、交通流量、环境灾害、安全事故等监测评估；完善停车位智能感知，加强引导与信息显示，基本形成全市停车诱导服务平台；建设和完善城市交通综合计费系统。针对全市的交通企业、从业人员和运行车辆，统一配发电子标签，加强对身份的自动识别，提高管理水平。

目前物联网的应用形式多种多样，而且随着技术的创新和用户壁垒的逐渐消除，应用种类还在不断增加。我们可以从四个方面了解物联网的需求：从个人的角度看，物联网能够提升人们的生活质量，提供更好的工作生活环境，优化我们的生活；从企业角度出发，物联网可以提供更多的商业机遇，提高工作效率，为企业创造效益；就政府而言，物联网的应用已被提升到国家战略层面，以应用为导向带动技术进步，将推动我国物联网发展，抢占新一轮科技革命制高点；就社会而言，物联网让我们避免浪费时间、金钱，节省能源并促进整个世界的可持续发展。

2.3 小 结

本章分两个部分详细介绍了物联网的架构及其发展动力。

第一部分介绍物联网的系统架构。尽管目前在学术界和工业界都没有对物联网的架构达成统一的认识，但物联网的三层架构还是被大部分人接受和认可，即由感知层完成原始信息的采集，网络层进行信息的传输，应用层按最终用户的要求对信息进行处理，并提供人机交互界面。

第二部分介绍物联网的发展动力。作为一个新兴产业，物联网能够发展壮大是需要动力的。首先，政府的有序引导是至关重要的，在政府的这些引导之下，工业界制定了相应的技术标准，开发各种软硬件及应用；科技创业中人才是最为重要的，教育界需要大力培养各种合格的物联网专业人才，以促进这一产业的发展。应用需求是物联网的一大动力，它才是物联网发展的内因，是其发展的根本；政府的政策引导、工业界的跟进和教育界对人才的培养都是外因，是物联网这一新兴产业发展壮大的有利外部条件。

习题二

一、选择题

1. 感知层相当于人体的（ ）。

A. 皮肤和五官　　　　B. 神经　　　　C. 大脑　　　　D. 心脏

2. 网络层主要用于（　　　）。

A. 信息采集　　　　　　B. 信息传递　　　　　　C. 信息传递和处理　　D. 信息存储

3. 应用层是物联网与实际的行业进行融合的层次，它与行业的具体需求相结合，如物联网与农业结合产生（　　　）。

A. 智慧农业　　　　　　B. 智慧工业　　　　　　C. 智慧物流　　　　　　D. 智慧交通

4. "智慧地球"是由（　　　）公司提出的，并得到奥巴马总统的支持。

A. Intel　　　　　　　　B. IBM　　　　　　　　C. TI　　　　　　　　　D. Google

5. 2009 年 6 月 18 日，欧盟委员会在比利时首都布鲁塞尔向欧洲议会、欧洲理事会、欧洲经济与社会委员会和地区委员会提交了以《物联网——欧洲行动计划》为题的报告。报告列举了行动计划所包含的（　　　）项行动。

A. 14　　　　　　　　　B. 15　　　　　　　　　C. 16　　　　　　　　　D. 11

6. 日本提出了（　　　）计划，将物联网列为国家重点战略。

A. E-Japan　　　　　　B. U-Japan　　　　　　C. I-Japan　　　　　　D. H-Japan

7. 被誉为全球未来的三大高科技产业，除了塑料电子学和仿生人体器官之外，还有（　　　）。

A. 传感器网络（物联网）　B. 动漫游戏产业　　　C. 生物工程　　　　　　D. 新型汽车

8. "感知中国"是我国政府为促进（　　　）发展而制定的。

A. 集成电路技术　　　　B. 电力汽车技术　　　　C. 新型材料　　　　　　D. 物联网技术

9. 下列（　　　）不是基于英特尔架构的物联网所具备的特性。

A. 简易性　　　　　　　B. 安全性　　　　　　　C. 可扩展性　　　　　　D. 感知性

10. 物联网在（　　　）可用于大气和土壤治理、森林和水资源保护。

A. 食品流通行业　　　　B. 城市运行管理方面

C. 生态环境方面　　　　D. 公共安全领域

二、填空题

1. 2005 年 11 月 17 日，在突尼斯举行的信息社会世界峰会（WSIS）上，国际电信联盟（ITU）发布了《ITU 互联网报告 2005：物联网》，正式提出了＿＿＿＿＿＿的概念。

2. 中科院早在＿＿＿＿＿年就启动了传感网的研发和标准制定，与其他国家相比，我国的技术研发水平处于世界前列，具有同发优势和重大影响力。

3. 无线传感网是由部署在监测区域内大量的廉价微型的＿＿＿＿＿＿，通过＿＿＿＿＿＿形成的一个多跳自组织网络。

4. "在传感网发展中，要早一点＿＿＿＿＿＿，早一点＿＿＿＿＿＿"是温家宝给无锡物联网产业研究院的寄语。

5. 物联网的网络层中使用了大量的短距离通信协议，其中 IEEE 802.15 无线通信协议包括＿＿＿＿＿，＿＿＿＿＿，＿＿＿＿＿等。

三、简答题

1. 物联网的架构分为几层？每一层都负责哪些功能？

2. 感知层有哪些关键技术？它们之间的关系如何？

3. 网络层有哪些关键技术？它们之间的关系如何？

4. 应用层有哪些关键技术？它们之间的关系如何？

5. 物联网的发展有哪些动力？它们之间的关系如何？

6. 物联网发展的核心动力是什么？它与其他发展的动力关系如何？

第3章
感知层

经过前面两章的学习，我们知道物联网的架构分为三层，感知层是最为重要的一层，它负责原始信息的采集。信息采集主要是通过各种感知设备或终端，并借助于传感技术完成，本章将详细介绍感知层主要的信息采集技术。感知层最为关键的两大信息采集技术是传感器和 RFID 技术（按照传感器的定义，从某种程度上说 RFID 是属于传感器的一种），其他用于信息感知的技术还包括目前广泛应用的条码技术，如一维码和二维码等；生物特征技术，如指纹和虹膜等；集成电路卡和 EPC 产品电子代码等。

3.1 传感器

传感器是一种检测装置，能感受到被测量的信息，并能将检测到的信息，按一定规律变换成为可用的电信号或其他所需形式的信息输出，以满足信息的传输、处理、存储、显示、记录和控制等要求，它是实现自动检测和自动控制的首要环节。本节将介绍常用的传感器和智能传感器，并介绍其应用领域和发展趋势。

3.1.1 传感器概述

3.1.1.1 传感器的定义、组成和分类

1. 传感器的定义

传感器是能感受规定的被测量并按照一定的规律将其转换成可用输出信号的器件或装置，在不同的学科领域，传感器又被称为敏感元件、检测器、转换器等。这些在不同的学科领域中不同的传感器术语，只是根据器件用途对同一类型的器件使用不同的技术描述而已。如在电子技术领域，常把能感受信号的电子元件称为敏感元件，如热敏元件、磁敏元件、光敏元件及气敏元件等，在超声波技术中则强调的是能量的转换，如压电式换能器。

2. 传感器的组成

传感器通常由敏感元件和转换元件组成，其中，敏感元件是指传感器中能直接感受或响应被测量的部分，转换元件是指传感器中将敏感元件感受或响应的被测量转换成适于传输或测量的电信号部分。由于传感器的输出信号一般都很微弱，因此需要有信号调理与转换电路对其进行放大、运算调制等。随着半导体器件与集成技术在传感器中的应用，传感器的信号调理与转换电路可能安装在传感器的壳体里或与敏感元件一起集成在同一芯片上。此外，信号调理转换电路以及传感

器工作必须有辅助的电源，因此，信号调理转换电路以及所需的电源都应作为传感器组成的一部分，传感器组成框图如图 3-1 所示。

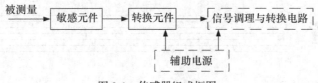

图 3-1　传感器组成框图

3. 传感器的分类

（1）按被测量分类。如果需要测量温度这一物理量，则使用温度传感器；如果需要测量流量、位移、速度等，则使用流量传感器、位移传感器、速度传感器等。传感器按被测物理量分类见表 3-1。

表 3-1　　　　　　　　　　　　　　　传感器按被测量分类

被测量类型	被测量
热工量	温度、热量、比热容、压力、压差、真空度、流量、流速、风速
机械量	位移（线位移、角位移）、尺寸、形状、力、力矩、应力、质量、转速、线速度、振动幅值、频率、加速度、噪声
物性和成分量	气体化学成分、液体化学成分、酸碱度、盐度、浓度、黏度、密度、相对密度
状态量	颜色、透明度、磨损度、材料内部裂纹或缺陷、气体泄漏、表面质量

这种分类方法对使用者是方便的，但由于这种分类方法把用途相同而变换原理不同的传感器分为一类，对研究和学习是不方便的。例如，同是测量加速度用的传感器，可利用各种变换原理和不同的传感元件组成，有应变式、电容式、电感式和压电式加速度传感器等。因此，要研究一种用途的传感器，必须研究多种传感元件和传感机理。

（2）按传感器元件的变换原理分类。传感器对信息的获取，主要是基于各种物理的、化学的以及生物的现象或效应。根据不同的作用机理，可将传感器分为电阻传感器、电容传感器、电感传感器、压电传感器、光电传感器、磁电传感器、磁敏传感器等。

这种分类方法可对一种敏感元件的敏感原理进行研究，就可以研究多种用途的传感器，例如利用电阻传感器元件的传感原理可以制造出电阻式位移传感器、电阻式压力传感器、电阻式温度计等。这种分类方法类别少，每一类传感器具有同样的敏感元件，变换、测量电路也基本相同，对研究和学习是很方便的，如表 3-2 所示。

表 3-2　　　　　　　　　　　　　　　传感器按变换原理分类

序号	工作原理	序号	工作原理
1	电阻	8	谐振
2	电感	9	霍尔
3	电容	10	超声
4	磁电	11	同位素
5	热电	12	电化学
6	压电	13	微波
7	光电		

（3）按能量传递方式分类。如前所述，传感器是一种能量转换和传递的器件。按能量传递方式可将传感器分为能量控制型、能量转换型及能量传递型。

能量控制型传感器在感受被测量以后，只改变自身的电参数（如电阻、电感、电容等），这类传感器本身不起换能的作用，但能对传感器提供的能量起控制作用。使用这种传感器时必须加上外部辅助电源，才能完成将上述电参数进一步转换成电量（如电压或电流）的过程。例如，电阻传感器可将被测的物理量（如位移等）转换成自身电阻的变化，如果将电阻传感器接入电桥中，这个电阻电参数的变化就可以控制电桥中的供桥电压幅值（或相位或频率）的变化，完成被测量到电量的转换过程，能量控制型传感器也称为变量型传感器。

能量转换型传感器具有换能功能，它能将被测的物理量（如速度、加速度等）直接转换成电量（如电流或电压）输出，而不需借助外加辅助电源，传感器本身犹如发电机一样，故有时也把这类传感器称为发电型传感器，磁电式、压电式、热电式等传感器均属这种类型。

能量传递型传感器，是在某种能量发生器与接收器进行能量传递过程中实现敏感检测功能的，如超声波换能器必须有超声发生器和接收器。核辐射检测器、激光器等都属于这一类，实际上它们是一种间接传感器。

3.1.1.2　传感器的基本特性

在生产过程和科学实验中，要对各种各样的参数进行检测和控制，这就要求传感器能感受被测非电量的变化并将其不失真地变换成相应的电量，这取决于传感器的基本特性，即输出和输入特性，或者说是感知、处理、转化和输出的特性。如果把传感器看作是具有两个输入端和两个输出端的网络，那么传感器的输出和输入特性是与其内部结构参数有关的外部特性，传感器的基本特性可用静态特性和动态特性来描述。

1．传感器的静态特性

传感器的静态特性是指被测量的值处于稳定状态时的输出输入关系，只考虑传感器的静态特性时，输入量与输出量之间的关系式中不含有时间变量。衡量静态特性的重要指标是线性度、灵敏度、迟滞和重复性等。

（1）线性度。传感器的线性度是指传感器的输出与输入之间数量关系的线性程度。输出与输入关系可分为线性特性和非线性特性，从传感器的性能看，希望具有线性关系，即具有理想的输出输入关系。实际遇到的传感器大多为非线性，如果不考虑迟滞和蠕变等因素，传感器的输出与输入关系可用一个多项式表示为

$$y=a_0+a_1x+a_2x^2+\cdots+a_nx^n \tag{3-1}$$

其中，a_0 是输入量 x 为零时的输出量；a_1，a_2，$\cdots$，a_n 是非线性项系数，各项系数不同，决定了特性曲线的具体形式也各不相同。

静态特性曲线可通过实际测试获得。在实际使用中，为了标定和数据处理的方便，希望得到线性关系，因此引入各种非线性补偿环节。如采用非线性补偿电路或计算机软件进行线性化处理，从而使传感器的输出与输入关系为线性或接近线性。但如果传感器非线性的方次不高，输入量变化范围较小时，可用一条直线（切线或割线）近似地代表实际曲线的一段，如图 3-2 所示，使传感器输出输入特性线性化，所采用的直线称为拟合直线。实际特性曲线与拟合直线之间的偏差称为传感器的非线性误差（或线性度），通常用相对误差 γ_L 表示：

$$\gamma_L=\pm\frac{\Delta L_{max}}{Y_{FS}}\times100\% \tag{3-2}$$

其中，ΔL_{max} 为最大非线性绝对误差，Y_{FS} 为满量程输出。

从图 3-2 中可见，即使是同类传感器，拟合直线不同，其线性度也是不同的。选取拟合直线的方法很多，用最小二乘法求取的拟合直线的拟合精度最高。

（2）灵敏度。灵敏度 S 是指传感器的输出量增量 Δy 与引起输出量增量 Δy 的输入量增量 Δx 的比值，即

$$S=\Delta y/\Delta x \tag{3-3}$$

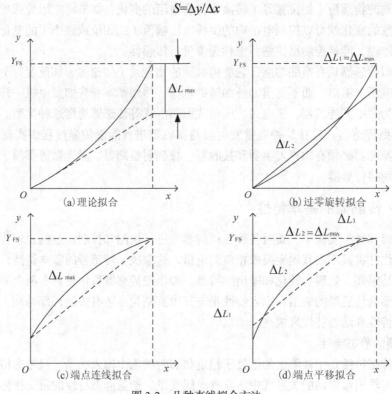

图 3-2　几种直线拟合方法

对于线性传感器，它的灵敏度就是它的静态特性的斜率，即 $S=\Delta y/\Delta x$ 为常数，而非线性传感器的灵敏度为一变量，用 $S=dy/dx$ 表示，传感器的灵敏度如图 3-3 所示。

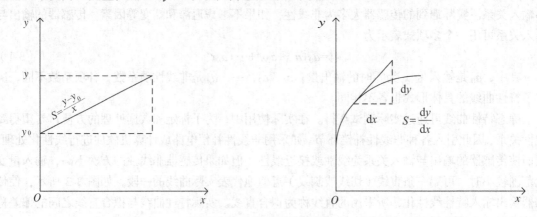

图 3-3　传感器的灵敏度

（3）迟滞。传感器在正（输入量增大）反（输入量减小）行程期间，其输出和输入特性曲线

不重合的现象称为迟滞，如图 3-4 所示。也就是说，对于同一大小的输入信号，传感器的正反行程输出信号大小不相等。产生这种现象的主要原因是由于传感器敏感元件材料的物理性质和机械零部件的缺陷所造成的，例如弹性敏感元件的弹性滞后、运动部件摩擦、传动机构的间隙、紧固件松动等。

迟滞大小通常由实验确定。迟滞误差 r_H 可由下式计算：

$$r_{\mathrm{H}} = \pm \frac{\Delta H_{\max}}{Y_{\mathrm{FS}}} \times 100\% \tag{3-4}$$

其中，$\Delta H_{\max}$ 为正反行程输出值间的最大差值，Y_{FS} 为满量程输出。

（4）重复性。重复性是指传感器在输入量按同一方向作全量程连续多次变化时，所得特性曲线不一致的程度，如图 3-5 所示。重复性误差属于随机误差，常用标准偏差表示，式 3-5 中 $\sigma_{\max}$ 表示实测曲线各点的最大标准偏差，是测量次数趋于无穷时正态总体的平均值（2～3）为置信系数，置信系数取 2 时，置信概率为 95.4%，置信系数取 3 时，置信概率为 99.7%，也可用正反行程中的最大偏差（即图 3-5 中 $\Delta R_{\max1}$ 和 $\Delta R_{\max2}$ 中的较大者为 $\Delta R_{\max}$）表示，即

$$r_{\mathrm{R}} = \pm \frac{(2 \sim 3)\sigma_{\max}}{Y_{\mathrm{FS}}} \times 100\% \tag{3-5}$$

$$r_{\mathrm{R}} = \pm \frac{\Delta R_{\max}}{Y_{\mathrm{FS}}} \times 100\% \tag{3-6}$$

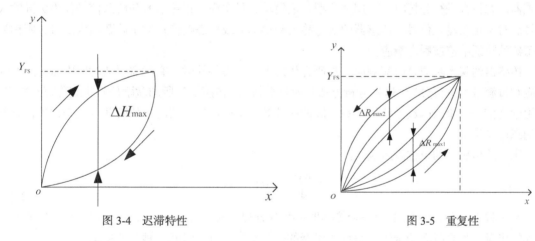

图 3-4　迟滞特性　　　　　　　　　　　　　　图 3-5　重复性

（5）漂移。传感器的漂移是指在输入量不变的情况下，传感器输出量随着时间变化。产生漂移的原因有两个方面：一是传感器自身结构参数；二是周围环境（如温度、湿度等）。

（6）分辨力。当传感器的输入从非零值缓慢增加时，在超过某一增量后输出发生可观测的变化，这个输入增量称为传感器的分辨力，即最小输入增量。

（7）阈值。当传感器的输入从零值开始缓慢增加时，在达到某一值后输出发生可观测的变化，这个输入值称传感器的阈值电压。

2. 传感器的动态特性

传感器的动态特性是指其输出对随时间变化的输入量的响应特性。当被测量是时间的函数时（即被测量是随时间变化的输入量），则传感器的输出量也是时间的函数，其间的关系要用动态特性来表示。一个动态特性好的传感器，其输出将再现输入量的变化规律，即具有相同的时间函数。实际上除了具有理想的比例特性外，输出信号将不会与输入信号具有相同的时间函数，这种输出

与输入间的差异就是所谓的动态误差。

为了说明传感器的动态特性，下面简要介绍动态测温的问题。在被测温度随时间变化或传感器突然插入被测介质中以及传感器以扫描方式测量某温度场的温度分布等情况下，都存在动态测温问题。如把一支热电偶从温度为 t_0 的环境中迅速插入一个温度为 t_1 的恒温水槽中（插入时间忽略不计），这时热电偶测量的介质温度从 t_0 突然上升到 t_1，而热电偶反映出来的温度从 t_0 变化到 t_1 需要经历一段时间，即有一个过渡过程，如图 3-6 所示。热电偶反映出来的温度与介质温度的差值就称为动态误差。

造成热电偶输出波形失真和产生动态误差的原因，是因为温度传感器有热惯性（由传感器的比热容和质量大小决定）和传热热阻，使得在动态测温时传感器输出总是滞后于被测介质的温度变化，如带有套管的热电偶的热惯性要比裸热电偶大得多。这种热惯性是热电偶固有的，它决定了热电偶测量快速温度变化时会产生动态误差。

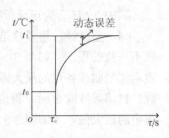

图 3-6　动态测温

动态特性除了与传感器的固有因素有关之外，还与传感器输入量的变化形式有关。也就是说，我们在研究传感器动态特性时，通常是根据不同的输入变化规律来考察传感器的响应的。

虽然传感器的种类和形式很多（包括各种高阶系统），但它们一般可以简化为一阶或二阶系统，因此一阶和二阶传感器是最基本的。传感器的输入量随时间变化的规律是各种各样的，下面在对传感器动态特性进行分析时，采用最典型、最简单、易实现的正弦信号和阶跃信号作为标准输入信号。对于正弦输入信号，传感器的响应称为频率响应或稳态响应；对于阶跃输入信号，则称为传感器的阶跃响应或瞬态响应。

传感器的瞬态响应是时间响应。在研究传感器的动态特性时，有时需要从时域中对传感器的响应和过渡过程进行分析。这种分析方法是时域分析法，传感器对所加激励信号响应称瞬态响应。常用激励信号有阶跃函数、斜坡函数、脉冲函数等。下面以传感器的单位阶跃响应来评价传感器的动态性能指标。

①一阶传感器的单位阶跃响应。

$$\tau \frac{\mathrm{d}y(t)}{\mathrm{d}t} + y(t) = x(t) \tag{3-7}$$

在工程上，公式（3-7）为一阶传感器的微分方程。式中 $x(t)$、$y(t)$ 分别为传感器的输入量和输出量，均是时间的函数，表征传感器的时间常数，具有时间"秒"的量纲。

一阶传感器的传递函数为

$$H(s) = \frac{Y(s)}{X(s)} = \frac{1}{\tau s + 1} \tag{3-8}$$

对初始状态为零的传感器，当输入一个单位阶跃信号时，即

$$x(t) = \begin{cases} 0 & t \leq 0 \\ 1 & t > 0 \end{cases}$$

由于 $x(t) = 1(t)$，$x(s) = \frac{1}{s}$，传感器输出的拉氏变换为

$$Y(s) = H(s)X(s) = \frac{1}{\tau s + 1} \cdot \frac{1}{s} \tag{3-9}$$

一阶传感器的单位阶跃响应信号为

$$g(t)=1-e^{-\frac{t}{\tau}}$$
（3-10）

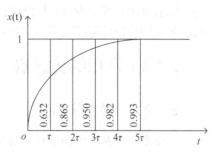

相应的响应曲线如图 3-7 所示。由图可见，传感器存在惯性，它的输出不能立即复现输入信号，而是从零开始，按指数规律上升，最终达到稳态值。理论上传感器的响应只在 t 趋于无穷大时才达到稳态值，但实际上当 $t=4\tau$ 时其输出达到稳态值的 98.2%，可以认为已达到稳态。τ 越小，响应曲线越接近于输入阶跃曲线，因此，τ 值是一阶传感器重要的性能参数。

图 3-7　一阶传感器单位阶跃响应特性

②二阶传感器的单位阶跃响应。二阶传感器的单位阶跃响应的通式为：

$$\frac{d^2 y(t)}{dt^2}+2\xi \omega_n \frac{dy(t)}{dt}+\omega_n^2 y(t)=\omega_n^2 x(t)$$
（3-11）

其中，ω_n 为传感器的固有频率，ξ 为传感器的阻尼比。

二阶传感器的传递函数为

$$H(s)=\frac{\omega_n^2}{s^2+2\xi \omega_n s+\omega_n^2}$$
（3-12）

传感器输出的拉氏变换为

$$Y(s)=H(s)X(s)=\frac{\omega_n^2}{s(s^2+2\xi \omega_n s+\omega_n^2)}$$
（3-13）

二阶传感器对阶跃信号的响应在很大程度上取决于阻尼比 ξ 和固有频率 ω_n。固有频率 ω_n 由传感器主要结构参数所决定，ω_n 越高，传感器的响应越快。当 ω_n 为常数时，传感器的响应取决于阻尼比 ξ。阻尼比 ξ 直接影响超调量和振荡次数。$\xi=0$，为无阻尼，超调量为 100%，产生等幅振荡，达不到稳态；$\xi>1$，为过阻尼，无超调也无振荡，但达到稳态所需时间较长；$\xi<1$，为欠阻尼，衰减振荡，达到稳态值所需时间随 ξ 的减小而加长；$\xi=1$ 时为临界阻尼，响应时间最短；实际使用中常按稍欠阻尼调整，ξ 取 0.7 ~ 0.8 为最好。

3.1.1.3　传感器的发展历程

传感器技术历经了多年的发展，其技术的发展大体经历了三代。

第一代是结构型传感器，它利用结构参量变化来感受和转化信号。结构型传感器虽属早期开发的产品，但近年来由于新材料、新原理、新工艺的相继应用，在精确度、可靠性、稳定性、灵敏度等方面也有了很大的提高。目前结构型传感器在工业自动化、过程检测等方面仍占有相当大的比重。

第二代是 20 世纪 70 年代发展起来的固体型传感器，这种传感器由半导体、电介质、磁性材料等固体元件构成，是利用材料的某些物理特性制成。如利用热电效应、霍尔效应、光敏效应，分别制成热电偶传感器、霍尔传感器、光敏传感器。这类传感器基于物性变化，无运动部件，结构简单，体积小；运动响应好，且输出为电量；易于集成化、智能化；低功耗、安全可靠。虽然优势很多，但线性度差、温漂大、过载能力差、性能参数离散大。

第三代传感器是近年发展起来的智能型传感器,是微型计算机技术与检测技术相结合的产物,使传感器具有一定的人工智能。智能型传感器技术目前正处于蓬勃发展时期，具有代表性的典型作品是美国霍尼韦尔公司的 ST-3000 系列智能变送器和德国斯特曼公司的二维加速度传感器，以及一些含有微处理器的单片集成压力传感器、具有多维检测能力的智能传感器和固体图像传感器等。随着技术不断地发展，智能型传感器将会进一步扩展到化学、电磁、光学和核物理等研究领域，新兴的智能化传感器将会在关系到全人类民生的各个领域发挥越来越大的作用。

3.1.2 常用的传感器

3.1.2.1 温度传感器

温度是一个基本的物理量，自然界中的一切过程无不与温度密切相关，温度传感器是利用感应材料的各种物理性质随温度变化的规律把温度转换为可用输出信号。温度传感器是最早开发，应用最广的一类传感器，它的市场份额大大超过了其他的传感器。温度传感器如图 3-8 所示。

1. 温度传感器按测量方式分类

按测量方式的不同，可分为接触式和非接触式温度传感器。

（1）接触式温度传感器。接触式温度传感器的检测部分与被测对象有良好的接触，又称温度计，温度计通过传导或对流达到热平衡，从而使温度计的示值能直接表示被测对象的温度。

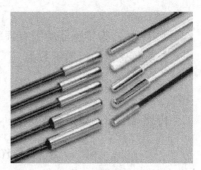

图 3-8　温度传感器

一般来说，接触式温度传感器的测量精度较高。在一定的测温范围内，温度计也可测量物体内部的温度分布，但对于运动体、小目标或热容量很小的对象则会产生较大的测量误差。常用的温度计有双金属温度计、玻璃液体温度计、压力式温度计、电阻温度计、热敏电阻和温差电偶等。它们广泛应用于工业、农业、商业等部门，在日常生活中人们也常常使用这些温度计。随着低温技术在国防工程、空间技术、冶金、电子、食品、医药和石油化工等部门的广泛应用和超导技术的研究，测量 120K 以下温度的低温温度计得到了发展，如低温气体温度计、蒸汽压温度计、声学温度计、顺磁盐温度计、量子温度计、低温热电阻和低温温差电偶等。低温温度计要求感温元件体积小、准确度高、复现性和稳定性好。利用多孔高硅氧玻璃渗碳烧结而成的渗碳玻璃热电阻就是低温温度计的一种感温元件，可用于测量 1.6 ～ 300K 范围内的温度。

（2）非接触式温度传感器。非接触式温度传感器的敏感元件与被测对象互不接触，又称非接触式测温仪表。这种仪表可用来测量运动物体、小目标和热容量小或温度变化迅速（瞬变）对象的表面温度，也可用于测量温度场的温度分布。最常用的非接触式测温仪表基于黑体辐射的基本定律，称为辐射测温仪表。

辐射测温法包括亮度法、辐射法和比色法，各类辐射测温方法只能测出对应的光度温度、辐射温度或比色温度。只有对黑体（吸收全部辐射并不反射光的物体）所测温度才是真实温度，如欲测定物体的真实温度，则必须进行材料表面发射率的修正。而材料表面发射率不仅取决于温度和波长，而且还与表面状态、涂膜和微观组织等有关，因此很难精确测量。

在自动化生产中，往往需要利用辐射测温法来测量或控制某些物体的表面温度，如冶金中的钢带轧制温度、轧辊温度、锻件温度和各种熔融金属在冶炼炉或坩埚中的温度。在这些具体情况下，物体表面发射率的测量是相当困难的。对于固体表面温度自动测量和控制，可以采用附加的反射镜，使其与被测表面一起组成黑体空腔。附加辐射的影响能提高被测表面的有效辐射和有效发射系数。利用有效发射系数通过仪表对实测温度进行相应的修正，最终可得到被测表面的真实温度。最为典型的附加反射镜是半球反射镜，球中心附近被测表面的漫射辐射能受半球镜反射回到表面而形成附加辐射，从而提高有效发射系数。

对于气体和液体介质真实温度的辐射测量，则可以用插入耐热材料管至一定深度以形成黑体空腔的方法。通过计算求出与介质达到热平衡后的圆筒空腔的有效发射系数，在自动测量和控制中就可以用此值对所测腔底温度（即介质温度）进行修正而得到介质的真实温度。

非接触测温的优点主要就是测量上限不受感温元件耐温程度的限制，因而对最高可测温度原则上没有限制。对于 1800℃以上的高温，主要采用非接触测温方法，随着红外技术的发展，辐射测温逐渐由可见光向红外线扩展，700℃以下直至常温都已采用，且分辨率很高。

2. 温度传感器按传感器材料及电子元件特性分类

按照传感器材料及电子元件特性不同，温度传感器分为热电偶和热电阻两类。

（1）热电偶。两种不同材质的导体，如在某点互相连接在一起，对这个连接点加热，在它们不加热的部位就会出现电位差。这个电位差的数值与不加热部位测量点的温度有关，和这两种导体的材质有关。这种现象可以在很宽的温度范围内出现，如果精确测量这个电位差，再测出不加热部位的环境温度，就可以准确知道加热点的温度。由于它必须有两种不同材质的导体，所以称之为热电偶。不同材质做出的热电偶使用于不同的温度范围，它们的灵敏度也各不相同。热电偶的灵敏度是指加热点温度变化 1℃时，输出电位差的变化量。对于大多数金属材料支撑的热电偶而言，这个数值在 5～40μV/℃。

热电偶是温度测量中最常用的温度传感器，其主要好处是宽温度范围和适应各种大气环境，而且结实、价低，无需供电，也是最便宜的。

热电偶是最简单和最通用的温度传感器，但热电偶并不适合高精度的测量和应用。热电偶传感器有自己的优点和缺陷，它的灵敏度比较低，容易受到环境干扰信号的影响，也容易受到前置放大器温度漂移的影响，因此不适合测量微小的温度变化。热电偶温度传感器的灵敏度与材料的粗细无关，用非常细的材料也能够做成温度传感器。由于制作热电偶的金属材料具有很好的延展性，这种细微的测温元件有极高的响应速度，可以测量快速变化的过程。

（2）热电阻。热电阻是用半导体材料制成的，大多为负温度系数，即阻值随温度增加而降低。温度变化会造成大的阻值改变，因此它是最灵敏的温度传感器。热电阻的线性度极差，并且与生产工艺有很大关系。制造商给不出标准化的热电阻曲线。

热电阻体积非常小，对温度变化的响应也很快。但热电阻需要使用电流源，小尺寸也使它对自热误差极为敏感。热电阻在两条线上测量的是绝对温度，有较好的精度，但它比热电偶贵，可测温度范围也小于热电偶。一种常用热电阻在 25℃时的阻值为 5kΩ，每 1℃的温度改变造成 200Ω 的电阻变化。注意 10Ω 的引线电阻仅造成可忽略的 0.05℃误差。它非常适合需要进行快速和灵敏温度测量的电流控制应用。

热电阻还有其自身的测量技巧。热电阻体积小是优点，它能很快稳定，不会造成热负载。不过也因此很不结实，大电流会造成自热。由于热电阻是一种电阻性器件，任何电流源都会在其上因功率而造成发热，由于功率等于电流平方与电阻的积，因此需要使用小的电流源。如果热电阻暴露在高热中，将会被永久性的损坏。

3.1.2.2 湿度传感器

湿度传感器是能感受气体中水蒸气含量，并转换成可用输出信号的传感器。人类的生存和社会活动与湿度密切相关，随着现代化的实现，很难找出一个与湿度无关的领域来。由于应用领域不同，对湿度传感器的技术要求也不同。

水是一种极强的电解质。水分子有较大的电偶极矩，在氢原子附近有极大的正电场，因而它有很大的电子亲和力，使得水分子易吸附在固体表面并渗透到固体内部。利用水分子这一特性制成的湿度传感器称为水分子亲和力型传感器，而把与水分子亲和力无关的湿度传感器称为非水分子亲和力型传感器。在现代工业上使用的湿度传感器大多是水分子亲和力型传感器，它们将湿度的变化转换为阻抗或电容值的变化后输出，图 3-9 所示为电容式湿度传感器。

图 3-9　电容式湿度传感器

1. 湿度表示方法

空气中含有水蒸气的量称为湿度，含有水蒸气的空气是一种混合气体。湿度主要有质量百分比和体积百分比、相对湿度和绝对湿度、露点（霜点）等表示方法。

（1）质量百分比和体积百分比。

质量为 M 的混合气体中，若含水蒸气的质量为 m，则质量百分比为

$$\frac{m}{M} \times 100\%$$

在体积为 V 的混合气体中，若含水蒸气的体积为 v，则体积百分比为

$$\frac{v}{V} \times 100\%$$

这两种方法统称为水蒸气百分含量法。

（2）相对湿度和绝对湿度。

水蒸气压是指在一定的温度条件下，混合气体中存在的水蒸气分压（p）。饱和水蒸气压是指在同一温度下，混合气体中所含水蒸气压的最大值（p_s）。温度越高，饱和水蒸气压越大。在某一温度下，其水蒸气压同饱和蒸气压的百分比，称为相对湿度。

$$RH = \frac{p}{p_s} \times 100\%$$

绝对湿度表示单位体积内，空气里所含水蒸气的质量，其定义为

$$\rho_v = \frac{m}{V}$$

其中，m 是待测空气中水蒸气质量；V 是待测空气的总体积；ρ_v 是待测空气的绝对湿度。

2. 湿度传感器的主要参数

（1）湿度量程。湿度量程指湿度传感器技术规范中所规定的感湿范围。全湿度范围用相对湿度 RH 表示，其取值范围介于 $0 \sim 100\%$，它是湿度传感器工作性能的一项重要指标。

（2）感湿特征量。每种湿度传感器都有其感湿特征量，如电阻、电容等，通常用电阻比较多。以电阻为例，在规定的工作湿度范围内，湿度传感器的电阻值随环境湿度变化的关系特性曲线，简称阻湿特性。有的湿度传感器的电阻值随湿度的增加而增大，这种为正特性湿敏电阻器，如 Fe_3O_4 湿敏电阻器。有的阻值随着湿度的增加而减小，这种为负特性湿敏电阻器，如 $TiO_2\text{-}SnO_2$ 陶瓷湿

敏电阻器。对于这种湿敏电阻器，低湿时阻值不能太高，否则不利于和测量系统或控制仪表相连接。

（3）感湿灵敏度。感湿灵敏度简称灵敏度，又叫湿度系数，是指在某一相对湿度范围内，相对湿度 RH 改变 1% 时，湿度传感器电参量的变化值或百分率。

各种不同的湿度传感器对灵敏度的要求各不相同，对于低湿型或高湿型的湿度传感器，它们的量程较窄，要求灵敏度很高。但对于全湿型湿度传感器，并非灵敏度越大越好，因为电阻值的动态范围很宽，给配制二次仪表带来不利，所以灵敏度的大小要适当。

（4）特征量温度系数。该参数反映湿度传感器在感湿特征量——相对湿度特性曲线随环境温度而变化的特性。感湿特征量随环境温度的变化越小，环境温度变化所引起的相对湿度的误差就越小。

在环境温度保持恒定时，湿度传感器特征量的相对变化量与对应的温度变化量之比，称为特征量温度系数，以下分别为电阻温度系数和电容温度系数，即

$$电阻温度系数（\%/℃）= \frac{R_1 - R_2}{R_1 \Delta T} \times 100$$

$$电容温度系数（\%/℃）= \frac{C_1 - C_2}{C_1 \Delta T} \times 100$$

其中，ΔT 是温度 25℃ 与另一规定环境温度之差；R_1（C_1）是温度 25℃ 时湿度传感器的电阻值（或电容值）；R_2（C_2）是另一规定环境温度时湿度传感器的电阻值（或电容值）。

（5）感湿温度系数。该参数是反映湿度传感器温度特性的一个比较直观、实用的物理量。它表示在两个规定的温度下，湿度传感器的电阻值（或电容值）达到相等时，其对应的相对湿度之差与两个规定的温度变化量之比，或环境温度每变化 1℃ 时，所引起的湿度传感器的湿度误差，即

$$（\%RH/℃）= \frac{H_1 - H_2}{\Delta T}$$

其中，ΔT 是温度 25℃ 与另一规定环境温度之差；H_1 是温度 25℃ 时湿度传感器某一电阻值（或电容值）对应的相对湿度值；H_2 是另一规定环境温度下湿度传感器另一电阻值（或电容值）对应的相对湿度。

（6）湿滞现象。湿滞现象是脱湿比吸湿迟后的现象，吸湿和脱湿特性曲线所构成的回线为湿滞回线。

（7）响应时间。在一定温度下，当相对湿度发生跃变时，湿度传感器的电参量达到稳态变化量的规定比例所需要的时间称为响应时间。一般是以相应的起始和终止这一相对湿度变化区间的 63% 作为相对湿度变化所需要的时间，也称时间常数，它是反映湿度传感器相对湿度发生变化时，其反应速度的快慢，单位是 s。也有规定从起始到终止 90% 的相对湿度变化作为响应时间的。响应时间又分为吸湿响应时间和脱湿响应时间，大多数湿度传感器都是脱湿响应时间大于吸湿响应时间，一般以脱湿响应时间作为湿度传感器的响应时间。

（8）电压特性。当用湿度传感器测量湿度时，所加的测试电压不能用直流电压。这是由于加直流电压引起感湿体内水分子的电解，致使电导率随时间的增加而下降，故测试电压采用交流电压。

3. 湿度传感器分类及实例

湿度传感器按所使用的原材料可分为电解质型、陶瓷型、高分子型和单晶半导体型。

电解质型：以氯化锂为例，它在绝缘基板上制作一对电极，涂上氯化锂盐胶膜。氯化锂极易潮解，并产生离子导电，随湿度升高而电阻减小。

陶瓷型：一般以金属氧化物为原料，通过陶瓷工艺，制成一种多孔陶瓷。利用多孔陶瓷的阻

值对空气中水蒸气的敏感特性而制成。

高分子型：先在玻璃等绝缘基板上蒸发梳状电极，通过浸渍或涂覆，使其在基板上附着一层有机高分子感湿膜。有机高分子的材料种类也很多，工作原理也各不相同。

单晶半导体型：所用材料主要是硅单晶，利用半导体工艺制成。制成二极管湿敏器件和MOSFET 湿度敏感器件等，其特点是易于和半导体电路集成在一起。下面对各种湿度传感器进行简单的介绍。

（1）氯化锂湿度传感器。

①电阻式氯化锂湿度计。第一个基于电阻-湿度特性原理的氯化锂电湿敏元件是美国标准局的F. W. Dunmore 研制出来的。这种元件具有较高的精度，同时结构简单、价格低廉，适用于常温常湿的测控。

氯化锂元件的测量范围与湿敏层的氯化锂浓度及其他成分有关。单个元件的有效感湿范围一般在 20%RH 以内。例如，0.05%的浓度对应的感湿范围为（80%～100%）RH，0.2%的浓度对应范围是（60%～80%）RH 等。由此可见，要测量较宽的湿度范围时，必须把不同浓度的元件组合在一起使用。可用于全量程测量的湿度计组合的元件数一般为 5 个，采用元件组合法的氯化锂湿度计可测范围通常为（15%～100%）RH，国外有些产品声称其测量范围可达（2%～100%）RH。

②露点式氯化锂湿度计。露点式氯化锂湿度计是由美国的 Forboro 公司首先研制出来的，其后我国和许多国家都做了大量的研究工作。这种湿度计和上述电阻式氯化锂湿度计形式相似，但工作原理却完全不同。简而言之，它是利用氯化锂饱和水溶液的饱和水汽压随温度变化而进行工作的。

（2）碳湿敏元件。碳湿敏元件是美国的 E. K. Carver 和 C. W. Breasefield 于 1942 年首先提出来的，与常用的毛发、肠衣和氯化锂等探空元件相比，碳湿敏元件具有响应速度快、重复性好、无冲蚀效应和滞后环窄等优点，因此引人瞩目。我国气象部门于 20 世纪 70 年代初开展碳湿敏元件的研制，并取得了积极的成果，其测量不确定度不超过 ±5%RH，时间常数在正温时为 2～3s，滞差一般在 7%左右，比阻稳定性亦较好。

（3）氧化铝湿度计。氧化铝传感器的突出优点是体积可以非常小（例如用于探空仪的湿敏元件仅 90μm 厚、12mg 重），灵敏度高（测量下限达-110℃露点），响应速度快（一般在 0.3～3s 之间），测量信号直接以电参量的形式输出，大大简化了数据处理程序。另外，它还适用于测量液体中的水分。以上特点正是工业和气象中的某些测量领域所希望的，因此它被认为是进行高空大气探测可供选择的几种合乎要求的传感器之一，正是因为这些特点使人们对这种传感器产生浓厚的兴趣。遗憾的是尽管许多国家的专业人员为改进氧化铝传感器的性能进行了不懈的努力，但是在探索保证产品生产质量的工艺条件，以及提高性能稳定性等与实用有关的重要问题上始终未能取得重大的突破。到目前为止，氧化铝传感器通常只能在特定的条件和有限的范围内使用。近年来，这种传感器在工业中的低霜点测量方面开始崭露头角。

（4）陶瓷湿度传感器。在湿度测量领域中，对于低湿和高湿及其在低温和高温条件下的测量，到目前为止仍然是一个薄弱环节，而其中又以高温条件下的湿度测量技术最为落后。通风干湿球湿度计以往几乎是在这个温度条件下可以使用的唯一方法，而该法在实际使用中亦存在种种问题，无法令人满意。而科学技术的进展，要求在高温下测量湿度的场合越来越多，例如水泥、金属冶炼、食品加工等涉及工艺条件和质量控制的许多工业过程的湿度测量与控制。因此，自 20 世纪60 年代起，许多国家开始竞相研制适用于高温条件下进行测量的湿度传感器。考虑到传感器的使用条件，人们很自然地把探索方向着眼于既具有吸水性又能耐高温的某些无机物上。实践已经证明，陶瓷元件不仅具有湿敏特性，而且还可以作为感温元件和气敏元件。这些特性使它极有可能成为一种有发展前途的多功能传感器。寺日、福岛、新田等人在这方面已经迈出了颇为成功的一步。他们于 1980 年研制成称之为"湿瓷-Ⅱ型"和"湿瓷-Ⅲ型"的多功能传感器。前者可测控温度和湿度，主要用于空调，后者可用来测量湿度和诸如酒精等多种有机蒸气，主要用于食品加工方面。

以上是应用较多的几类湿度传感器，另外还有其他根据不同原理而研制的湿度传感器。

3.1.2.3 气敏传感器

气敏传感器是一种检测特定气体的传感器，其原理是声表面波器件之波速和频率会随外界环境的变化而发生漂移。气敏传感器就是利用这种性能在压电晶体表面涂覆一层选择性吸附某气体的气敏薄膜，当该气敏薄膜与待测气体相互作用（化学作用或生物作用，或者是物理吸附），使得气敏薄膜的膜层质量和导电率发生变化时，引起压电晶体的声表面波频率发生漂移；气体浓度不同，膜层质量和导电率变化程度亦不同，即引起声表面波频率的变化也不同，通过测量声表面波频率的变化就可以获得准确的反映气体浓度的变化值。

气敏传感器将气体种类及其与浓度有关的信息转换成电信号，根据这些电信号的强弱就可以获得与待测气体在环境中的存在情况有关的信息，从而可以进行检测、监控、报警，还可以通过接口电路与计算机组成自动检测、控制和报警系统。

气敏传感器主要包括半导体气敏传感器、接触燃烧式气敏传感器和电化学气敏传感器等，其中使用最多的是半导体气敏传感器，它的应用主要有一氧化碳气体的检测、瓦斯气体的检测、煤气的检测、氟利昂的检测、呼气中乙醇的检测、人体口腔口臭的检测等。

半导体气敏传感器是利用待测气体与半导体表面接触时，产生的电导率等物理性质变化来检测气体的。按照半导体与气体相互作用时产生的变化只限于半导体表面或深入到半导体内部，可分为表面控制型和体控制型，前者半导体表面吸附的气体与半导体间发生电子接受，结果使半导体的电导率等物理性质发生变化，但内部化学组成不变，后者半导体与气体的反应，使半导体内部组成发生变化而使电导率变化。按照半导体变化的物理特性，又可分为电阻型和非电阻型，电阻型半导体气敏元件是利用敏感材料接触气体时，其阻值变化来检测气体的成分或浓度；半导体式气敏元件则是根据气体的吸附和反应，使其某些关系特性发生改变对气体进行直接或间接的检测，如二极管伏安特性和场效应晶体管的阈值电压变化来检测被测气体的。

1. 半导体气敏元件的特性参数

（1）气敏元件的电阻值。电阻型气敏元件在常温下洁净空气中的电阻值，称为气敏元件（电阻型）的固有电阻值，表示为 R_a。一般其固有电阻值在 $10^3\Omega \sim 10^5\Omega$。

测定气敏元件的固有电阻值 R_a 时，要求必须在洁净的空气环境中进行。由于地理环境的差异，各地区空气中含有的气体成分差别较大，即使对于同一气敏元件，在温度相同的条件下，在不同地区进行测定，其固有电阻值也将出现差别，因此，必须在洁净的空气环境中进行测量。

（2）气敏元件的灵敏度。它是表征气敏元件对于被测气体的敏感程度的指标。它表示气体敏感元件的电参量（如电阻型气敏元件的电阻值）与被测气体浓度之间的依从关系，表示方法有以下 3 种。

① 电阻比灵敏度 K

$$K = \frac{R_a}{R_g}$$

其中，R_a 是气敏元件在洁净空气中的电阻值；R_g 是气敏元件在规定浓度的被测气体中的电阻值。

② 气体分离度 α

$$\alpha = \frac{RC_1}{RC_2}$$

其中，RC_1 是气敏元件在浓度为 C_1 的被测气体中的阻值；RC_2 是气敏元件在浓度为 C_2 的被测气体中的阻值，通常，$C_1 > C_2$。

③ 输出电压比灵敏度 K_V

$$K_V = \frac{V_a}{V_g}$$

其中，V_a 是气敏元件在洁净空气中工作时，负载电阻上的输出电压；V_g 是气敏元件在规定浓度被测气体中工作时，负载电阻的输出电压。

（3）气敏元件的分辨率。它表示气敏元件对被测气体的识别（选择）以及对干扰气体的抑制能力。

气敏元件分辨率 S 表示为

$$S = \frac{V_g - V_a}{V_{gi} - V_a}$$

其中，V_{gi} 是气敏元件在 i 种气体浓度为规定值的被测气体中工作时，负载电阻的电压。

（4）气敏元件的响应时间。它表示在工作温度下，气敏元件对被测气体的响应速度。一般从气敏元件与一定浓度的被测气体接触时开始计时，直到气敏元件的阻值达到在此浓度下的稳定电阻值的 63%时为止，所需时间称为气敏元件在此浓度下的被测气体中的响应时间，通常用符号 t_r 表示。

（5）气敏元件的加热电阻和加热功率。气敏元件一般工作在 200℃以上高温，为气敏元件提供必要工作温度的加热电路的电阻（指加热器的电阻值）称为加热电阻，用 R_H 表示。直热式的加热电阻值一般小于 5Ω；旁热式的加热电阻大于 20Ω。气敏元件正常工作所需的加热电路功率，称为加热功率，用 P_H 表示，一般在 0.5～2.0W。

（6）气敏元件的恢复时间。它表示在工作温度下，被测气体由该元件上解吸的速度，一般从气敏元件脱离被测气体时开始计时，直到其阻值恢复到在洁净空气中阻值的 63%时为止，所需时间称为气敏元件的恢复时间。

2. SnO₂气敏元件

SnO_2 系列气敏元件有烧结型、薄膜型和厚膜型三种，烧结型应用最广泛，烧结型 SnO_2 气敏元件的敏感体使用粒径很小（平均粒径≤1μm）的 SnO_2 粉体为基本材料，根据需要添加不同的添加剂，混合均匀作为原料。它主要用于检测可燃的还原性气体，其工作温度约 300℃。根据加热方式不同，可分为直接加热式和旁热式两种。

直接加热式 SnO_2 气敏元件（直热式气敏元件）由芯片（敏感体和加热器）、基座和金属防爆网罩三部分组成。因其热容量小、稳定性差，测量电路与加热电路间易相互干扰，加热器与 SnO_2 基体间由于热膨胀系数的差异而导致接触不良，造成元件的失效，现已很少使用。

3.1.3 智能传感器

智能传感器是 20 世纪 80 年代末出现的另外一种涉及多种学科的新型传感器，它是一个以微处理器为内核扩展了外围部件的计算机检测系统，它是具有信息处理功能的传感器。智能传感器带有微处理器，具有采集、处理、交换信息的能力，是传感器集成化与微处理机相结合的产物。

智能传感器一经问世即刻受到科研界的普遍重视，尤其在探测器应用领域，如分布式实时探测、网络探测和多信号探测方面一直颇受欢迎，产生的影响较大。通常情况下，一个通用的检测仪器只能用来探测一种物理量，其信号调节是由那些与主探测部件相连接着的模拟电路来完成的，但智能传感器却能够实现上述所有的功能，而且其精度更高、价格更便宜、处理质量也更好。与传统的传感器相比，智能传感器具有以下优点。

（1）智能传感器不但能够对信息进行处理、分析和调节，能够对所测的数值及其误差进行补偿，而且还能够进行逻辑思考和结论判断，能够借助于一览表对非线性信号进行线性化处理，借助于软件滤波器滤波数字信号。此外，还能够利用软件实现非线性补偿或其他更复杂的环境补偿，以改进测量精度。

（2）智能传感器具有自诊断和自校准功能，可以用来检测工作环境。当工作环境临近其极限条件时，它将发出告警信号，并根据其分析器的输入信号给出相关的诊断信息。当智能化传感器由于某些内部故障而不能正常工作时，它能够借助其内部检测链路找出异常现象或出了故障的部件。

（3）智能传感器能够完成多传感器多参数混合测量，从而进一步拓宽了其探测与应用领域，而微处理器的介入使得智能化传感器能够更加方便地对多种信号进行实时处理。此外，其灵活的配置功能既能够使相同类型的传感器实现最佳的工作性能，也能够使它们适合于各不相同的工作环境。

（4）智能传感器既能够很方便地实时处理所探测到的大量数据，也可以根据需要将它们存储起来。存储大量信息的目的主要是以备事后查询，这一类信息包括设备的历史信息以及有关探测分析结果的索引等。

（5）智能传感器通常具有一个数字式通信接口，通过此接口可以直接与其所属计算机进行通信联络和交换信息。此外，智能化传感器的信息管理程序也非常简单方便，譬如，可以对探测系统进行远距离控制或者在锁定方式下工作，也可以将所测的数据发送给远程用户等。

目前，智能传感器多用于压力、加速度、流量、温度湿度的测量，如美国霍尼韦尔公司的 ST3000 系列全智能变送器和德国斯特曼公司的二维加速度传感器就属于这一类传感器。智能传感器在空间技术研究领域亦有比较成功的应用实例。需要特别指出的一点是：目前的智能传感器系统本身尽管全都是数字式的，但其通信协议却仍需借助于 4~20 mA 的标准模拟信号来实现。一些国际性标准化研究机构目前正在积极研究推出相关的通用现场总线数字信号传输标准，不过，在眼下过渡阶段仍大多采用远距离总线寻址传感器协议（Highway Addressable Remote Transducer, HART）。这是一种适用于智能化传感器的通信协议，与目前使用 4~20mA 模拟信号的系统完全兼容，模拟信号和数字信号可以同时进行通信，从而使不同生产厂家的产品具有通用性。与此同时，基于模糊理论的新型智能传感器和神经网络技术在智能化传感器系统的研究和发展中的重要作用也日益受到了相关研究人员的极大重视。

在今后的发展中，智能传感器无疑将会进一步扩展到化学、电磁、光学和核物理等研究领域。可以预见，新兴的智能传感器将会在各个领域发挥越来越大的作用。例如在医学领域中，糖尿病患者需要随时掌握血糖水平，以便调整饮食和注射胰岛素，防止其他并发症。通常测血糖时必须刺破手指采血，再将血样放到葡萄糖试纸上，最后把试纸放到电子血糖计上进行测量。这是一种既麻烦又痛苦的方法。美国 Cygnus 公司生产了一种"葡萄糖手表"，其外观像普通手表一样，戴上它就能实现无疼、无血、连续的血糖测试。"葡萄糖手表"上有一块涂着试剂的垫子，当垫子与皮肤接触时，葡萄糖分子就被吸附到垫子上，并与试剂发生电化学反应，产生电流。传感器测量该电流，经处理器计算出与该电流对应的血糖浓度，并以数字量显示。

智能传感器的制造基础是微机械加工技术，将硅进行机械、化学、焊接加工，再采用不同的封装技术来封装，近几年又发展了一种 LIGA 工艺（深层 X 射线光刻电镀成敏膜）用于制造传感器。

智能传感器一般具有实时性很强的功能，尤其动态测量时常要求在几微秒内完成数据采集、计算、处理和输出。智能传感器的一系列功能都是在程序支持下进行。如功能多少、基本性能、方便使用、工作可靠，大多在一定程度上依赖于软件设计和其质量，这些软件主要有五大类，包括标度换算、数字调零、非线性补偿、温度补偿、数字滤波技术。

我国智能传感器的研究主要集中在专业研究所和大学，20 世纪 80 年代末中国国防科技大学、北京航空航天大学、浙江大学等院校相继报道了研究成果。90 年代初，国内几家研究机构采用混合集成技术成功地研制出实用的智能传感器，标志着我国智能传感器的研究进入了国际行列，但是与国外的先进技术相比，我们还有较大差距。

3.1.4　传感器的应用

正如第 1 章中介绍的，传感技术是现代信息技术的三大支柱之一，是用于信息感知的技术，也是物联网采集原始信息的核心技术，在信息系统中起到"感官"的作用。现代测量与自动控制的首要环节就是传感器，它是信息采集系统的首要部件。没有传感器对原始信息进行精确、可靠的捕获和转换，一切测量和控制都是不可能实现的。

传感器与传感器技术的发展水平是衡量一个国家综合实力的重要标志，也是判断一个国家科学技术现代化程度与生产水平高低的重要依据。世界各国都将传感器技术的研发放在十分重要的战略位置上。美国将传感器及信号处理列为对国家安全和经济发展有重要影响的关键技术之一；欧洲将传感器技术作为优先发展的重点技术；在中国的国家重点科技项目中，传感器也列在重要位置；日本将传感器技术列为计算机、通信、激光、半导体、超导和传感器六大核心技术之一，并在 21 世纪技术预测中将传感器列为首位。

传感器已渗透到宇宙开发、海洋探测、军事国防、环境保护、资源调查、医学诊断、生物工程、商检质检，甚至文物保护等极其广泛的领域。毫不夸张地说，几乎每个现代化项目，以至各种复杂工程系统，都离不开各种各样的传感器。传感器技术在发展经济、推动社会进步方面的重要作用是十分明显的，图 3-10 为 2000—2011 年全球汽车传感器出货量增长趋势。

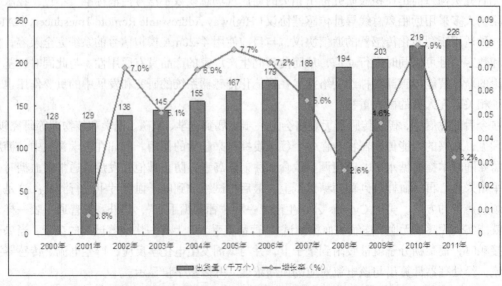

图 3-10　2000—2011 年全球汽车传感器出货量增长趋势

下面列举一些传感器的应用。

1. 传感器在自动检测系统中的应用

在工程实际中，需要传感器与多台测量仪表有机地组合起来，构成一个整体，才能完成信号的检测，这样便形成了检测系统。随着计算机技术及信息处理技术的不断发展，检测系统所涉及的内容也不断得以充实。在现代化的生产过程中，过程参数的检测都是自动进行的，即检测任务是由检测系统自动完成的，因此研究和掌握自动检测系统的构成及原理十分必要。自动检测系统可以广泛用于石油、化工、电力、钢铁、机械等加工工业。

2. 传感器在汽车行业的应用

车用传感器是汽车计算机系统的输入装置，它把汽车运行中各种信息，如车速、各种介质的温度、发动机运转工况等，转化成电信号输给计算机，以便发动机处于最佳工作状态。车用传感器很多，典型的传感器有以下几种。

（1）里程表传感器。里程表传感器是安装在差速器或者半轴上面的传感器，一般用霍尔、光电两种方式来检测信号，其目的是利用里程表记数有效地分析判断汽车的行驶速度和里程。里程表传感器插头一般是在变速箱上，有的打开发动机盖可以看到。

（2）机油压力传感器。机油压力传感器是集微型传感器、执行器以及信号处理和控制电路、接口电路、通信和电源于一体的微型机电系统，用来检测汽车机油箱内的机油量。常用的有硅压阻式和硅电容式，两者都是在硅片上生成的微机械电子传感器。

（3）水温传感器。水温传感器安装在发动机缸体或缸盖的水套上，与冷却水直接接触。水温传感器的内部是一个半导体热敏电阻，温度越低，电阻越大，反之电阻越小。电控单元根据这一变化测得发动机冷却水的温度，作为燃油喷射和点火时的修正信号。

（4）空气流量传感器。空气流量传感器的作用是检测发动机进气量的大小，将进气量信息转换成电信号输出，并传送到电控单元（Electrical Control Unit，ECU）。

（5）ABS（防锁死刹车系统）传感器。ABS传感器通过随车轮同步转动的齿圈作用，输出一组准正弦交流电信号，其频率和振幅与轮速有关，该输出信号传往电控单元，实现对轮速的实时监控。

（6）安全气囊传感器。安全气囊传感器也称碰撞传感器，按照用途的不同，分为触发碰撞传感器和防护碰撞传感器。触发碰撞传感器用于检测碰撞时的加速度变化，并将碰撞信号传给气囊电脑，作为气囊电脑的触发信号；防护碰撞传感器与触发碰撞传感器串联，用于防止气囊误爆。

（7）气体浓度传感器。气体浓度传感器主要用于检测车体内气体和废气排放。其中最主要的是氧传感器，它检测汽车尾气中的氧含量，根据排气中的氧浓度测定空燃比，向电控单元发出反馈信号，以控制空燃比收敛于理论值。当空燃比变高，废气中的氧浓度增加时，氧传感器的输出电压减小；当空燃比变低，废气中的氧浓度降低时，输出电压增大。电控单元识别这一突变信号，对喷油量进行修正，从而相应地调节空燃比，使其在理想空燃比附近变动。

（8）速度传感器。速度传感器是电动汽车较为重要的传感器，也是应用较多的传感器。就其定义而言，速度传感器主要是用来测量速度的传感器，分为转速传感器、车速传感器、车轮转速传感器等。转速传感器主要用于电动汽车电动机旋转速度的检测。常用的转速传感器有三种，分别为电磁感应式转速传感器、光电感应式转速传感器、霍尔效应式转速传感器，均采用非接触式测量原理，以增强检测的安全性、提高检测精度。车速传感器用来测量电动汽车行驶速度，车速传感器信号主要用于仪表板的车速表显示及发动机转速、电动汽车加速时的控制等。车速传感器主要有电磁感应式、光电式、可变磁阻式和霍尔式几种，电动汽车上普遍采用电磁感应式和霍尔式车速传感器。

3. 传感器在家用电器中的应用

为了实现家用电器的智能化、自动化控制以及安全运行，需要对一些物理量进行不断地检测，传感器是必不可少的一个元器件。家用电器中常用的传感器主要有温度传感器、气体传感器、光传感器、超声波传感器和红外线传感器。家电传感器的正确选择和使用，不仅给生活带来便利，还可以避免火灾、损坏等意外事件的发生。下面以冰箱和空调为例来介绍传感器在家用电器中的使用。

冰箱与传感器：冰箱要解决的最大问题是节能。减少能量消耗的措施，一是改进冰箱压缩机和隔热材料，二是使整个控制系统向电子化方向发展。冰箱需要的传感器主要有代替过去压力式热电开关的热敏电阻或热敏舌簧式继电器、显示冰箱开关的报警器、除霜传感器、结霜传感器、保持蔬菜新鲜度的湿度传感器。

室内空调与传感器：室内空调既要考虑节能，又要考虑消除过冷过热或温度转换时给人的不舒适感觉，解决的办法是通过微型计算机和传感器组成的电控系统进行控制。空调机的压力式热电开关已改为热敏电阻。今后需要的主要传感器是稳定性好的长寿命温度传感器、结霜传感器、冷煤气压力传感器和空气流量传感器等。利用这些传感器能实现防止就寝时过冷过热，控制室外气温给定温度的变速器，控制室内负荷压缩机能力的切换，湿度控制，冬天启动热泵时除霜等功能。

家用传感器今后的发展方向是家庭防灾传感器和家务劳动传感器。前者分两类，一是检测煤气泄漏和火灾前征兆的煤气、温度、烟雾等的传感器，二是防止强盗入侵的传感器；后者是实现家务劳动自动化和省力化的各种家用电器传感器，如全自动洗衣机用传感器。若将清扫机、洗碗机等跟视觉、触觉传感器组合在一起，则可完成家庭主妇的许多家务事。随着家用电器智能化，家庭生活将会变得更舒适愉快。

4. 传感器在医疗上的应用

医疗传感器与监护基站组成个人或者家庭病房无线传感器网络，进而可以组成社区或整个医院监护网络，甚至更大范围的远程医疗监护系统。首先，医疗传感器节点采集人体生理参数，并对采集到参数简单处理后，通过无线通信的方式直接或者间接把数据传输到基站上。监护基站对数据进行进一步处理后转发给监护中心，监护中心进行分析处理并及时对病人进行信息反馈。监护中心还可以采用多种方式（Internet、移动通信网络等）进行远程数据传输，并与其他监护中心共享信息。

随着人口数目的不断增长、人口老龄化的加重，越来越多的人开始寻求医疗帮助，这就需要在减少手工劳动者和人为失误的同时，提高医疗器械的可靠性和自动化处理相关问题的能力。为了使智能器械达到安全可靠、自动化处理的目标，应该配备传感器。传感器已被广泛用于外科手术设备、加护病房、医院疗养和家庭护理中。

3.1.5　传感器的发展趋势

随着人们对自然认识的深化，会不断发现一些新的物理效应、化学效应、生物效应等。利用这些新的效应可开发出相应的新型传感器，从而为提高传感器性能和拓展传感器的应用范围提供新的可能。

世界传感器市场正在稳步发展中，新的应用领域也在不断地增长。传感器领域的主要技术将在现有基础上予以延伸和提高，半导体传感器市场份额会继续增加，而以 MEMS 为基础的智能化传感器和具有总线能力的传感器将会成为市场的主流。

MEMS 的发展，把传感器的微型化、智能化、多功能化和可靠性水平提到了新的高度。除 MEMS 外，新型传感器的发展还有赖于新型敏感材料、敏感元件和纳米技术，如新一代光纤传感器、超导传感器、焦平面陈列红外探测器、生物传感器、纳米传感器、新型量子传感器、微型陀螺、网络化传感器、智能传感器、模糊传感器、多功能传感器等。多传感器数据融合技术也促进了传感器技术的发展。

多传感器数据融合技术形成于 20 世纪 80 年代，它不同于一般信号处理，也不同于单个或多个传感器的监测和测量，而是基于多个传感器测量结果的基础上的更高层次的综合决策过程。有鉴于传感器技术的微型化、智能化程度提高，在信息获取基础上，多种功能进一步集成以至于融合，这是必然的趋势。把分布在不同位置的多个同类或不同类传感器所提供的局部数据资源加以综合，采用计算机技术对其进行分析，消除多传感器信息之间可能存在的冗余和矛盾，加以互补，可以降低其不确实性，获得被测对象的一致性解释与描述，从而提高系统决策、规划、反应的快速性和正确性，使系统获得更充分的信息。

近年来，传感器正向微型化、高精度、高可靠性和宽温度范围、低功耗及无源化、智能化和数字化的方向发展，具体如下：

（1）向微型化发展。各种控制仪器的功能越来越强大，要求各个部件占的空间越小越好，因而传感器的尺寸也是越小越好，这就要求发展新的材料及加工技术。如传统的加速度传感器是由重力块和弹簧等制成的，体积较大、稳定性差、寿命也短，而利用激光等各种微细加工技术制成的硅加速度传感器体积非常小，互换性、可靠性都较好。

（2）向高精度发展。随着自动化生产程度的不断提高，对传感器的要求也在不断提高，必须研制出具有灵敏度高、精确度高、响应速度快、互换性好的新型传感器，以确保生产自动化的可靠性。

（3）向高可靠性、宽温度范围发展。传感器的可靠性直接影响到电子设备的抗干扰等性能，研制高可靠性、宽温度范围的传感器将是永久性的方向。提高温度范围历来是大课题，大部分传感器其工作温度范围都在-20～70℃，在军用系统中要求工作温度在-40～85℃，而汽车锅炉等场合对传感器的温度要求更高，因此发展新兴材料（如陶瓷）的传感器将很有前途。

（4）向低功耗及无源化发展。传感器一般都是非电量向电量的转化，工作时离不开电源，在野外现场或远离电网的地方，往往是用电池供电或用太阳能等供电，开发低功耗的传感器及无源传感器是必然的发展方向，这样既可以节省能源又可以提高系统寿命。

（5）向智能化、数字化发展。随着现代化的发展，传感器的功能已突破传统的功能，其输出不再是一个单一的模拟信号（如 0～10mV），而是经过微电脑处理后的数字信号，有的甚至带有控制功能，这就是所说的数字传感器。智能传感器是带有微处理机，具有采集、处理、交换信息的能力，是传感器集成化与微处理机相结合的产物。

3.2　RFID 技术

射频识别（Radio Frequency Identification，RFID）技术，又称电子标签、无线射频识别，是一种通信技术，可通过无线电信号识别特定目标并读写相关数据，而无需识别系统与特定目标之间建立机械或光学接触。本节将介绍 RFID 的基本情况、组成、优缺点和应用前景。

3.2.1 RFID 技术的发展

RFID 有着悠久的历史，它直接继承了雷达的概念，并由此发展出"自动识别"新技术，即 RFID 技术。RFID 的出现可追溯至 20 世纪 30 年代，当然其基本技术——无线电射频技术还可以追溯至 1897 年马可尼发明无线电的时候。RFID 采用与无线电广播相同的物理原理来发射和接收数据。早期 RFID 技术是和军事联系在一起的。在 20 世纪 30 年代，美国陆军和海军都面临着在陆地、海上和空中对目标识别的问题。1937 年，美国海军研究试验室开发了敌我识别系统，来将盟军的飞机和敌方的飞机区别开来。这种技术后来在 50 年代成为现代空中交通管制的基础。

早期 RFID 系统组件昂贵而庞大，但随着集成电路、可编程存储器、微处理器以及软件技术和编程语言的发展，创造了 RFID 技术推广和部署的基础。60 年代后期和 70 年代早期，有些公司（如 Sensormatic 和 Checkpoint Systems）开始推广稍微不那么复杂的 RFID 系统的商用，主要用于电子物品监控，即对仓库、图书馆等的物品进行安全监控。这种早期的商业 RFID 系统，称为 1bit 标签系统，相对容易构建、部署和维护。但是这种系统只能监测被标识的目标是否在场，没有更大的数据容量，甚至不能区分被标识目标之间的差别。因此早期的 1-bit 系统只能作为简单的检测用途。

在 20 世纪 70 年代，制造、运输、仓储等行业都试图研究和开发基于 IC 的 RFID 系统的应用，如工业自动化、动物识别、车辆跟踪等。在此期间，基于 IC 的标签体现出了可读写存储器、更快的速度、更远的距离等优点。但这些早期的系统仍然没有相关标准，也没有功率和频率的管理。在 80 年代早期，更加完善的 RFID 技术和应用出现，比如铁路车辆的识别、农场动物和农产品的跟踪。在 90 年代，道路电子收费系统在大西洋沿岸得到广泛应用，从意大利、法国、西班牙、葡萄牙、挪威，到美国的达拉斯、纽约和新泽西。这些系统提供了更完善的访问控制特征，因为它们集成了支付功能，也成为综合性的集成 RFID 应用的开始。

从 20 世纪 90 年代开始，多个区域和公司开始注意这些系统之间的互操作性，即运行频率和通信协议的标准化问题。只有标准化，才能使 RFID 的自动识别技术得到更广泛的应用。比如，这时期美国出现的 E-ZPass 系统。同时，作为访问控制和物理安全的手段，RFID 卡钥匙开始流行起来，试图取代传统的访问控制机制。这种称为非接触式的 IC 智能卡具有较强的数据存储和处理能力，能够针对持卡人进行个性化处理，也能够更灵活地实现访问控制策略。

在 20 世纪末期，大量的 RFID 应用指数般地试图扩展到全球范围。在美国，德州仪器（TI）则是这方面的推动先锋。TI 从 1991 年开始建立德州仪器注册和识别系统，该系统如今叫 TI-RFID，已经是一个主要的 RFID 应用开发平台。

在欧洲，EM Microelectronic-Marin 从 1971 年开始研究超低功率的集成电路。1982 年，Mikron Integrated Microelectronics 开始了 ASIC 技术，并在 1987 年由其奥地利分公司开始开发识别和智能卡芯片。1995 年，Philips Semiconductors 收购了 Mikron Graz。如今 EM Microelectronic 和 Philips Semiconductors 是欧洲的主要 RFID 厂商。从技术上看，数年前所部署的 RFID 应用基本上都是低频（Low Frequency，LF）和高频（High Frequency，HF）的被动式 RFID 技术，低频和高频系统都具有优先的数据传输速度和有效距离。因此，有效距离限制了可部署性，数据传输速度则限制了其可伸缩性。

20 世纪 90 年代后期，开始出现甚高频（Very High Frequency，VHF）的主动式标签技术，提供更远的传输距离，更快的传输速度。许多企业开始使用这种技术，比如供应链管理中的托盘和包装跟踪、存货和仓库管理、集装箱管理、物流管理等。

从 20 世纪 90 年代末期到现在，零售巨头如沃尔玛、塔吉特、麦德龙以及一些政府机构如美国国防部，都开始推进 RFID 应用，并要求他们的供应商也采用此技术。同时，标准化的纷争出现了多个全球性的 RFID 标准和技术联盟，主要有 EPCglobal、AIM Global、ISO/IEC、UID、IP-X 等。这些组织主要在标签技术、频率、数据标准、传输和接口协议、网络运营和管理、行业应用等方面试图达成全球统一的平台。

3.2.2　RFID 的组成、技术标准及产品类别

1. RFID 的组成

RFID 的基本前端系统一般由 3 个部分组成：标签（tag）或者雷达收发器（transponder）；接收器（receiver）或者阅读器（reader）；天线。而基于不同的功率、发射范围和距离、天线设计、工作频率、数据容量、管理和操作软件、数据编码格式、空中接口和通信协议等，这些部件则有许多变体。这样，便出现了许多不同类型的系统，具有不同的特点和针对的应用范畴。这些应用中涉及和影响到当今社会、生活、经济、军事、法律和文化的方方面面。而目前最受关注的莫过于廉价标签在商品（货物）流通生命周期过程中的识别应用。一个成熟的基于 RFID 的商品流通系统由以下四部分组成。

（1）标签（即射频卡）：由耦合元件及芯片组成，标签含有内置天线，用于和射频天线间进行通信。

（2）阅读器：读取（在读写卡中还可以写入）标签信息的设备。

（3）天线：在标签和阅读器间传递射频信号。

（4）应用软件系统：阅读器接收并解读数据，送给应用程序做相应的处理。

2. RFID 的工作原理和工作过程

RFID 技术有电磁感应方式和电磁传播方式。电磁感应方式，即所谓的变压器模型，通过空间高频交变磁场实现耦合，依据的是电磁感应定律。电磁感应方式一般适合于中、低频工作的近距离射频识别系统。电磁传播或者电磁反向散射（Back Scatter）耦合方式，即所谓的雷达原理模型，发射出去的电磁波，碰到目标后反射，同时携带回目标信息，依据的是电磁波的空间传播规律。电磁反向散射耦合方式一般适合于超高频、微波工作的远距离射频识别系统。

阅读器通过发射天线发送一定频率的射频信号，当射频卡进入发射天线工作区域时产生感应电流，射频卡获得能量被激活，射频卡将自身编码等信息通过卡内置发送天线发送出去，系统接收天线接收到从射频卡发送来的载波信号，经天线调节器传送到阅读器，阅读器对接收的信号进行解调和解码，然后送到后台主系统进行相关处理，主系统根据逻辑运算判断该卡的合法性，针对不同的设定做出相应的处理和控制，发出指令信号控制执行机构做出相应的动作。

3. RFID 的技术标准

目前生产 RFID 产品的很多公司都采用自己的标准，国际上还没有统一的标准。目前可供射频卡使用的几种射频技术标准有 ISO 10536、ISO 14443、ISO 15693 和 ISO 18000。下面只列出 ISO/IEC 18000 协议。

ISO/IEC 18000-1 信息技术是基于单品管理的射频识别——参考结构和标准化的参数定义。它规范空中接口通信协议中共同遵守的读写器与标签的通信参数表、知识产权基本规则等内容。这样每一个频段对应的标准不需要对相同内容进行重复规定。

ISO/IEC 18000-2 信息技术是基于单品管理的射频识别，适用于中频 125～134kHz，规定在标签和读写器之间通信的物理接口，读写器应具有与 Type A（FDX）和 Type B（HDX）标签通信的能力；规定协议和指令再加上多标签通信的防碰撞方法。

ISO/IEC 18000-3 信息技术是基于单品管理的射频识别，适用于高频段 13.56MHz，规定读写

器与标签之间的物理接口、协议和命令再加上防碰撞方法。关于防碰撞协议可以分为两种模式（模式1和模式2），模式1又分为基本型与两种扩展型协议（无时隙无终止多应答器协议和时隙终止自适应轮询多应答器读取协议）。模式2采用时频复用FTDMA协议，共有8个信道，适用于标签数量较多的情形。

ISO/IEC 18000-4信息技术是基于单品管理的射频识别，适用于微波段2.45GHz，规定读写器与标签之间的物理接口、协议和命令再加上防碰撞方法。该标准包括两种模式（模式1和模式2），模式1是无源标签，工作方式由读写器先讲；模式2是有源标签，工作方式是标签先讲。

ISO/IEC 18000-6信息技术是基于单品管理的射频识别，适用于超高频段860～960MHz，规定读写器与标签之间的物理接口、协议和命令再加上防碰撞方法。它包含TypeA、TypeB和TypeC三种无源标签的接口协议，通信距离最远可以达到10m。其中TypeC是由EPCglobal起草的，并于2006年7月获得批准，它在识别速度、读写速度、数据容量、防碰撞、信息安全、频段适应能力、抗干扰等方面有较大提高。2006年递交V4.0草案，它针对带辅助电源和传感器电子标签的特点进行扩展，包括标签数据存储方式和交互命令。带电池的主动式标签可以提供较大范围的读取能力和更强的通信可靠性，不过其尺寸较大，价格也更贵一些。

ISO/IEC 18000-7适用于超高频段433.92 MHz，属于有源电子标签。规定读写器与标签之间的物理接口、协议和命令再加上防碰撞方法。有源标签识读范围大，适用于大型固定资产的跟踪。

4. RFID产品类别

（1）RFID产品按是否有源分为无源RFID产品、有源RFID产品、半有源RFID产品。

无源RFID产品发展最早，也是发展最成熟、市场应用最广的产品。比如，公交卡、食堂餐卡、银行卡、宾馆门禁卡、二代身份证等，这些在我们的日常生活中随处可见，属于近距离接触式识别类。其产品的主要工作频率有低频125kHz、高频13.56MHz、超高频433MHz和超高频915Hz。

有源RFID产品是最近几年慢慢发展起来的，其远距离自动识别的特性，决定了其巨大的应用空间和市场潜质。在远距离自动识别领域，如智能监狱、智能医院、智能停车场、智能交通、智慧城市、智慧地球及物联网等领域有重大应用。其产品主要工作频率有超高频433MHz、微波2.45GHz和5.8GHz。

有源RFID产品和无源RFID产品不同的特性，决定了不同的应用领域和不同的应用模式，也有各自的优势所在。半有源RFID产品结合有源RFID产品及无源RFID产品的优势，在低频125kHz频率的触发下，让微波2.45GHz发挥优势。半有源RFID技术，也可以叫作低频激活触发技术，利用低频近距离精确定位，微波远距离识别和上传数据，来解决单纯的有源RFID和无源RFID没有办法实现的功能。简单地说，就是近距离激活定位，远距离识别及上传数据。

半有源RFID是一项易于操控、简单实用且特别适合用于自动化控制的灵活性应用技术，识别工作无须人工干预，它既可支持只读工作模式也可支持读写工作模式，且无须接触或瞄准；可在各种恶劣环境下自由工作，短距离射频产品不怕油渍、灰尘污染等恶劣的环境；可以替代条码，例如用在工厂的流水线上跟踪物体；长距射频产品多用于交通上，识别距离可达几十米，如自动收费或识别车辆身份等。

（2）RFID产品按载波频率分为低频射频卡、中频射频卡和高频射频卡。

低频射频卡频率主要有125kHz和134.2kHz两种，中频射频卡频率主要为13.56MHz，高频射频卡频率主要为433MHz、915MHz、2.45GHz、5.8GHz等。

（3）RFID产品按调制方式的不同可分为被动式、半主动式和主动式。

被动式标签没有内部供电电源。其内部集成电路通过接收到的电磁波进行驱动，这些电磁波是由RFID读取器发出的。当标签接收到足够强度的信号时，可以向读取器发出数据。这些数据不仅包括 ID 号（全球唯一标识 ID），还可以包括预先存在于标签内 EEPROM 中的数据。由于被动式标签具有价格低廉、体积小巧、无需电源的优点，因此，市场上的 RFID 标签主要是被动式的。

一般而言，被动式标签的天线有两项任务。第一，接收读取器所发出的电磁波，借以驱动标签 IC；第二，标签回传信号时，需要靠天线的阻抗作切换，才能产生 0 与 1 的变化。问题是想要有最好的回传效率的话，天线阻抗必须设计在"开路与短路"，这样又会使信号完全反射，无法被标签 IC 接收，半主动式标签就是为了解决这样的问题。

半主动式类似于被动式，不过它多了一个小型电池，电力恰好可以驱动标签 IC，使得 IC 处于工作的状态。这样的好处在于天线可以不用管接收电磁波的任务，充分作为回传信号之用。比起被动式标签，半主动式标签有更快的反应速度，更好的效率。

与被动式和半主动式不同的是，主动式标签本身具有内部电源供应器，用以供应内部 IC 所需电源以产生对外的信号。一般来说，主动式标签拥有较长的读取距离和较大的记忆体容量，可以用来储存读取器所传送来的一些附加信息。

（4）RFID 产品按芯片分为只读卡、读写卡和 CPU 卡，按作用距离可分为密耦合卡（作用距离小于 1cm）、近耦合卡（作用距离小于 15cm）、疏耦合卡（作用距离约 1m）和远距离卡（作用距离 1～10m，甚至更远）。

3.2.3　RFID 的优缺点

射频识别技术与条码技术相互比较，射频类别拥有许多优点，如可容纳较多容量、通信距离长、难以复制、对环境变化有较高的忍受能力、可同时读取多个标签等。其缺点是成本较高，不过若该技术被大量使用，其生产成本就可大幅降低。射频识别技术与其他自动识别技术（如条码、光字符、磁卡、IC 卡等）的具体比较如表 3-3 所示。

表 3-3　　　　　　　　　　　　　几种自动识别技术的比较

类　别	条　码	光 字 符	磁　卡	IC 卡	射频识别
信息载体	纸或物质表面	物质表面	磁条	存储器	存储器
信息量	小	小	较小	大	大
读写性	只读	只读	读/写	读/写	读/写
读写方式	光电扫描转换	光电转换	磁电转换	电路接口	无线通信
人工识读	受制约	简单容易	不可能	不可能	不可能
保密性	无	无	一般	最好	最好
智能化	无	无	无	有	有
受污染/潮湿影响	很严重	很严重	可能	可能	没有影响
光遮盖	全部失效	全部失效			没有影响
受方向位置影响	很小	很小		单向	没有影响
识度速度	低（4s）	低（3s）		低（4s）	快（0.5s）
识读距离	近	很近	接触	接触	远
使用寿命	较短	较短	短	长	最长
国际标准	有	无	有	不全	制订中
价格	最低		低	较高	较高

从表 3-3 中可以看出，射频识别具有突出的优点。表 3-4 所示为 RFID 系统的优点及注意事项。

表 3-4   RFID 系统的优点及注意事项

优　　点	注意事项
非接触识别，使用寿命长	物理环境、自然老化等都会影响系统寿命
数据可读写	读写操作会影响系统性能，如速度等
非可视读取数据（非光识别），需要专业设备读取	可能会带来非法读取
远距离读取、高速度	速度越高、距离越远，性能越不可靠
具有一定的数据存储能力	存储时最好编码存储，为了安全，也为了速度
多标签抗冲撞，多目标同时识别	目标越多越不可靠
环境适应性强，不怕灰尘、油污等	怕物理碰撞或者毁损
智能传感器（压力、温度传感器）	
很高的识别精度	
全球唯一 ID 号码，复制困难	有的 EPC 标签需要用户自己定义 ID

从目前来看，RFID 系统也有其缺点，表 3-5 所示为其缺点及相应的解决办法。

表 3-5   RFID 系统的缺点及解决办法

缺　　点	解决办法
不同的 RFID 系统性能差异较大	技术同向化会解决部分问题
对发射电磁波或者吸收电磁波的识别对象，系统失效	可以采取相应的措施来部分解决问题
对环境电磁噪声较为敏感	改善电磁环境或者保护作业环境
同时识别对象的多少会影响识读效果	并不是什么时候都要求多标签同时阅读的
RFID 硬件现场安装情况会影响识读效果	调试是一个很复杂的过程，并没有太多的规则可言，必须全面调试
阅读器的发射功率会影响识读效果	功率必须符合相关规定
RFID 技术本身还在不断发展中	低频采用高频抗冲撞算法等
成本问题、标准问题、隐私权、监管问题	必须要规范化

3.2.4　RFID 的应用前景

RFID 技术的应用前景十分广阔，包括物流和供应管理、生产制造和装配、航空行李处理、邮件/快运包裹处理、文档追踪/图书馆管理、动物身份标识、运动计时、门禁控制/电子门票、道路自动收费和一卡通等行业或领域，下面以 RFID 在安全防护领域和商品生产销售领域的应用前景为例简单介绍。

3.2.4.1　RFID 在安全防护领域的应用前景

1．门禁保安

将来的门禁保安系统均可应用射频卡，并且一卡可以多用。比如，可以作为工作证、出入证、停车卡、饭店住宿卡甚至旅游护照等，目的都是识别人员身份、安全管理、收费等。好处是简化出入手续、提高工作效率、加强安全保护。只要人员佩戴了封装成 ID 卡大小的射频卡、进出入口有一台读写器，人员出入时自动识别身份，非法闯入会有报警。安全级别要求高的地方，还可以结合其他的识别方式，将指纹、掌纹或人脸面部特征存入射频卡。

公司还可以用射频卡保护和跟踪财产。将射频卡贴在物品上面，如计算机、传真机、文件、复印机或其他实验室用品上。该射频卡使得公司可以自动跟踪管理这些有价值的财产，可以跟踪一个物品从某一建筑离开，或是用报警的方式限制物品离开某地。结合 GPS 系统利用射频卡，还可以对货柜车、货舱等进行有效跟踪。

2. 汽车防盗

汽车防盗是 RFID 较新的应用，目前已经开发出了一种足够小的、能够封装到汽车钥匙当中含有特定码字的射频卡。它需要在汽车上装有读写器，当钥匙插入到点火器中时，读写器能够辨别钥匙的身份。如果读写器接收不到射频卡发送来的特定信号，汽车的引擎将不会发动。

另一种汽车防盗系统是司机自己带有一射频卡，其发射范围是在司机座椅 45 ~ 55cm 以内，读写器安装在座椅的背部。当读写器读取到有效的 ID 号时，系统发出 3 声鸣叫，然后汽车引擎才能启动。该防盗系统还有另一强大功能：倘若司机离开汽车并且车门敞开引擎也没有关闭，这时读写器就需要读取另一有效 ID 号才能继续前行；假如司机将该射频卡带离汽车，这样读写器不能读到有效的 ID 号，引擎就会自动关闭，同时触发报警装置。

3. 电子物品监视系统

电子物品监视系统（Electronic Article Surveillance，EAS）的目的是防止商品被盗。整个系统包括贴在物体上的一个内存容量仅为 1bit（即开或关）的射频卡和商店出口处的读写器。射频卡在安装时被激活。在激活状态下，射频卡接近扫描器时会被探测到，同时会报警。如果货物被购买，由销售人员用专用工具拆除射频卡（典型的是在服装店里），或者用磁场来使射频卡失效，或者直接破坏射频卡本身的电特性。EAS 系统已被广泛使用，据估计每年消耗 60 亿套。

3.2.4.2　RFID 在商品生产销售领域的应用前景

1. 生产线自动化

用 RFID 技术在生产流水线上实现自动控制、监视，可以提高生产率，改进生产方式，节约成本。举个例子以说明在汽车装配流水线应用 RFID 技术的情况。德国宝马汽车公司在装配流水线上应用射频卡，以尽可能大量地生产用户定制的汽车。宝马汽车是基于用户提出的式样而生产的。用户可以从上万种内部和外部选项中，选定自己所需车的颜色、引擎型号和轮胎式样等。这样一来，汽车装配流水线上就得装配上百种式样的宝马汽车，如果没有一个高度组织的、复杂的控制系统是很难完成这样复杂的任务的。宝马公司在其装配流水线上配有 RFID 系统，使用可重复使用的射频卡。该射频卡上带有汽车所需的所有详细的要求，在每个工作点处都有读写器，这样可以保证汽车在各个流水线位置，能毫不出错地完成装配任务。

2. 仓储管理

将 RFID 系统用于智能仓库货物管理，能有效地解决与货物流动有关的信息管理，不但增加了处理货物的速度，还可监视货物的一切信息。射频卡贴在货物所通过的仓库大门边上，读写器和天线都放在叉车上，每个货物都贴有条码，所有条码信息被存储在仓库的中央计算机里，与该货物有关的信息都能在计算机里查到。当货物出库时，由另一读写器识别并告知中央计算机它被放在哪辆拖车上。这样管理中心可以实时地了解到已经生产了多少产品和发送了多少产品。

3. 产品防伪

伪造问题在世界各地都是令人头疼的问题，将射频识别技术应用在防伪领域有它自身的技术优势。防伪技术本身要求成本低，且难于伪造。射频卡的成本就相对便宜，而芯片的制造需要有昂贵的芯片工厂，使伪造者望而却步。射频卡本身有内存，可以储存、修改与产品有关的数据，利于销售商使用；体积十分小，便于产品封装。电脑、激光打印机、电视等产品上都可使用。

4. RFID 卡收费

目前的收费卡多用磁卡、IC 卡，而射频卡也开始占据市场。原因是在一些恶劣的环境中，磁卡、IC 卡容易损坏，而射频卡则不易磨损，也不怕静电；同时，射频卡用起来方便、快捷，甚至不用打开包，在读写器前摇晃一下，就完成收费。另外，还可同时识别几张卡，并行收费，如公共汽车上的电子月票。我国大城市的公共汽车异常拥挤、环境条件差，射频卡的使用有助于改善这种情况。

3.3　其他感知技术

3.3.1　条形码

商品条形码是指由一组规则排列的条、空及其对应字符组成的标识，用以表示一定的商品信息，其中条为深色、空为纳色，用于条形码识读设备的扫描识读，对应字符由一组阿拉伯数字组成，供人们直接识读或通过键盘向计算机输入数据使用，这一组条空和相应的字符所表示的信息是相同的。

1. 条形码的组成

条形码也称为条码，有一维条形码、二维条形码和彩色条形码。

通用商品条形码一般由前缀部分、制造厂商代码、商品代码和校验码组成。商品条形码中的前缀码是用来标识国家或地区的代码，赋码权在国际物品编码协会，如 00～09 代表美国、加拿大，45、49 代表日本，69 代表中国大陆，471 代表中国台湾地区，489 代表中国香港特区。

制造厂商代码的赋权在各个国家或地区的物品编码组织，中国由国家物品编码中心赋予制造厂商代码。

商品代码是用来标识商品的代码，赋码权由产品生产企业自己行使，生产企业按照规定条件自己决定在自己的何种商品上使用哪些阿拉伯数字为商品条形码。商品条形码最后用 1 位校验码来校验商品条形码中左起第 1～12 位数字代码的正确性。

2. 条形码的由来

条形码技术是随着计算机与信息技术的发展和应用而诞生的，它是集编码、印刷、识别、数据采集和处理于一身的新型技术。使用条形码扫描是市场流通的大趋势，为了使商品能够在全世界自由、广泛地流通，企业无论是设计制作、申请注册，还是使用商品条形码，都必须遵循商品条形码管理的有关规定。

最早被打上条形码的产品是箭牌口香糖。条形码技术最早产生在 20 世纪 20 年代，诞生于威斯汀豪斯（Westinghouse）的实验室里。一位名叫约翰·科芒德（John Kermode）性格古怪的发明家"异想天开"地想对邮政单据实现自动分拣，那时候对电子技术应用方面的每一个设想都使人感到非常新奇。他的想法是在信封上做条码标记，条码中的信息是收信人的地址，就像今天的邮政编码。为此科芒德发明了最早的条码标识，设计方案非常的简单（注：这种方法称为模块比较法），即一个"条"表示数字"1"，二个"条"表示数字"2"，依次类推。然后，他又发明了由基本的元件组成的条码识读设备：一个扫描器（能够发射光并接收反射光）；一个测定反射信号条和空的方法，即边缘定位线圈，和使用测定结果的方法，即译码器。科芒德的扫描器利用当时新发明的光电池来收集反射光。"空"反射回来的是强信号，"条"反射回来的是弱信号。与当今高速度的电子元器件应用不同的是，科芒德利用磁性线圈来测定"条"和"空"，就像一个小孩将电线与电池连接再绕在一颗钉子上来夹纸。科芒德用一个带铁芯的线圈在接收到"空"的信号的时候吸引一个开关，在接收到"条"的信号的时候，释放开关并接通电路，因此，最早的条码阅读器噪声很大，开关由一系列的继电器控制，"开"和"关"由打印在信封上"条"的数量决定，通过这种方法，条码符号直接对信件进行分拣。

此后不久，科芒德的合作者道格拉斯·杨（Douglas Young），在科芒德码的基础上作了些改进。科芒德码所包含的信息量相当的低，并且很难编出 10 个以上的不同代码。而杨码使用更少的条，但是利用条之间空的尺寸变化，就像今天的 UPC 条码符号使用 4 个不同的条空尺寸。新的条码符号可在同样大小的空间对 100 个不同的地区进行编码，而科芒德码只能对 10 个不同的地区进行编码。

直到 1949 年的专利文献中才第一次有了诺姆·伍德兰（Norm Woodland）和伯纳德·西尔沃（Bernard Silver）发明的全方位条形码符号的记载，在这之前的专利文献中始终没有条形码技术的记录，也没有投入实际应用的先例。诺姆·伍德兰和伯纳德·西尔沃的想法是利用科芒德和杨的垂直的"条"和"空"，并使之弯曲成环状，非常像射箭的靶子。这样扫描器通过扫描图形的中心，能够对条形码符号解码，不管条形码符号方向的朝向。

3. 条形码的应用

随着零售业和消费市场的飞速扩大和发展，越来越多的地方需要用到标签和条码，也促进了条码标签业务的增长。其实早在 20 世纪 70 年代，条码已经在全球零售业得到了小范围的应用，而现如今，条码和自动识别系统依然在全球范围发挥着至关重要的作用。在全球范围内，每天需要运用到条码扫描的次数已经超过上亿次，其应用范围也涉及各个领域和行业，其中包括物流、仓储、图书馆、银行、POS 收银系统、医疗卫生、零售商品、服装、食品以及高科技电子产品等。

4. 条形码的识别原理

要将按照一定规则编排的条形码转换成有意义的信息，需要经历扫描和译码两个过程。物体的颜色是由其反射光的类型决定的，白色物体能反射各种波长的可见光，黑色物体则吸收各种波长的可见光，所以当条形码扫描器光源发出的光在条形码上反射后，反射光照射到条码扫描器内部的光电转换器上，光电转换器根据强弱不同的反射光信号，转换成相应的电信号。电信号输出到条码扫描器的放大电路得到增强后，再送到整形电路将模拟信号转换成数字信号。白条、黑条的宽度不同，相应的电信号持续时间长短也不同。译码器通过测量脉冲数字电信号 0、1 的数目来判别条和空的数目，通过测量 0、1 信号持续的时间来判别条和空的宽度。此时所得到的数据仍然是杂乱无章的，要知道条形码所包含的信息，则需根据对应的编码规则（如 EAN-8 码），将条形符号换成相应的数字、字符信息。最后，由计算机系统进行数据处理与管理，物品的详细信息便被识别了。

5. 条形码的扫描原理

条形码的扫描需要扫描器，扫描器利用自身光源照射条形码，再由光电转换器接收反射的光线，将反射光线的明暗转换成数字信号。不论是采取何种规则印制的条形码，都由静区、起始字符、数据字符与终止字符组成。有些条码在数据字符与终止字符之间还有校验字符。

静区：静区也叫空白区，分为左空白区和右空白区，左空白区是让扫描设备做好扫描准备，右空白区是保证扫描设备正确识别条码的结束标记。

为了防止左右空白区（静区）在印刷排版时被无意中占用，可在空白区加印一个符号（左侧没有数字时加印<；号，右侧没有数字时加印>；号），这个符号就叫静区标记，主要作用就是防止静区宽度不足。只要静区宽度能保证，有没有这个符号都不影响条码的识别。

起始字符：第一位字符，具有特殊结构，当扫描器读取到该字符时，便开始正式读取代码了。

数据字符：条形码的主要内容。

校验字符：检验读取到的数据是否正确。不同编码规则可能会有不同的校验规则。

终止字符：最后一位字符，一样具有特殊结构，用于告知代码扫描完毕，同时还起到只是进行校验计算的作用。

为了方便双向扫描，起止字符具有不对称结构。因此扫描器扫描时可以自动对条码信息重新排列。条码扫描器有光笔、CCD、激光、影像四种。

光笔：最原始的扫描方式，需要手动移动光笔，并且还要与条形码接触。

CCD：以 CCD 作为光电转换器，LED 作为发光光源的扫描器。在一定范围内，可以实现自动扫描。并且可以阅读各种材料、不平表面上的条码，成本也较为低廉。但是与激光式相比，扫描距离较短。

激光：以激光作为发光源的扫描器。

影像：以光源拍照利用自带硬解码板解码，通常影像扫描可以同时扫描一维及二维条码。

6. 条形码的优点

条形码是迄今为止最经济、实用的一种自动识别技术。条形码技术具有以下几个方面的优点。

（1）输入速度快。与键盘输入相比，条形码输入的速度是键盘输入的 5 倍，并且能实现"即时数据输入"。

（2）可靠性高。键盘输入数据出错率为三百分之一，利用光学字符识别技术出错率为万分之一，而采用条形码技术误码率低于百万分之一。

（3）采集信息量大。利用传统的一维条形码一次可采集几十位字符的信息，二维条形码更可以携带数千个字符的信息，并有一定的自动纠错能力。

（4）灵活实用。条形码标识既可以作为一种识别手段单独使用，也可以和有关识别设备组成一个系统实现自动化识别，还可以和其他控制设备连接起来实现自动化管理。

另外，条形码标签易于制作，对设备和材料没有特殊要求，识别设备操作容易，不需要特殊培训，且设备也相对便宜，成本非常低。

7. 条形码的编码规则

唯一性：同种规格同种产品对应同一个产品代码，同种产品不同规格应对应不同的产品代码。根据产品的不同性质，如质量、包装、规格、气味、颜色、形状等，赋予不同的商品代码。

永久性：产品代码一经分配，就不再更改，并且是终身的。当此种产品不再生产时，其对应的产品代码只能搁置起来，不得重复启用再分配给其他的商品。

无含义：为了保证代码有足够的容量以适应产品频繁更新换代的需要，最好采用无含义的顺序码。

3.3.2 生物特征

生物特征识别技术是利用人的生理特征或行为特征，来进行个人身份的鉴定。更具体一点，生物特征识别技术就是通过计算机与光学、声学、生物传感器和生物统计学原理等高科技手段密切结合，利用人体固有的生理特性和行为特征来进行个人身份鉴定。生物识别系统是对生物特征进行取样，提取其唯一的特征并且转化成数字代码，然后进一步将这些代码组合而成的特征模板。人们同识别系统交互进行身份认证时，识别系统获取其特征并与数据库中的特征模板进行比对，以确定是否匹配，从而决定接受或拒绝该人。

人类利用生物特征识别的历史可追溯到古代埃及人通过测量人体各部位的尺寸来进行身份鉴别，现代生物识别技术始于 20 世纪 70 年代中期，由于早期的识别设备比较昂贵，因而仅限于安全级别要求较高的原子能实验、生产基地、犯罪甄别等。现在由于微处理器及各种电子元器件成本不断下降，精度逐渐提高，生物识别系统逐渐应用于商业上的授权控制等领域。

目前人们已经发展了指纹识别、掌纹与掌形识别、虹膜识别、人脸识别、手指静脉识别、声音识别、签字识别、步态识别、键盘敲击习惯识别，甚至 DNA 识别等多种生物识别技术。但相关市场上占有率最高的仍是指纹机和手形机，并且这两种识别方式也是目前技术发展中最成熟的，下面介绍指纹识别、人脸识别、皮肤芯片和 DNA 识别。

1. 指纹识别

指纹识别已被全球大部分国家政府接受与认可，已广泛地应用到政府、军队、银行、社会福利保障、电子商务和安全防卫等领域。在我国，北大高科等对指纹识别技术的研究开发已达到可与国际先进技术抗衡，中科院的汉王科技公司在一对多指纹识别算法上取得重大进展，达到的性能指标中拒识率小于 0.1%，误识率小于 0.0001%，居国际先进水平。指纹识别技术在我国已经得到较广泛的应用，随着网络化的更加普及，指纹识别的应用将更加广泛。

2. 人脸识别

人脸识别的实现包括面部识别（多采用"多重对照人脸识别法"，即先从拍摄到的人像中找到人脸，从人脸中找出对比最明显的眼睛，最终判断包括两眼在内的领域是不是想要识别的面孔）和面部认证（为提高认证性能已开发了"摄动空间法"，即利用三维技术对人脸侧面及灯光发生变化时的人脸进行准确预测，以及"适应领域混合对照法"，使得对部分伪装的人脸也能进行识别）两方面，基本实现了快速而高精度的身份认证。由于其属于是非接触型认证，仅仅要看到脸部就可以实现很多应用，因而可被应用在证件中的身份认证，重要场所中的安全检测和监控，智能卡中的身份认证，计算机登录，网络安全控制等多种不同的安全领域。随着网络技术和桌上视频的广泛采用、电子商务等网络资源的利用对身份验证提出的新的要求，依托于图像理解、模式识别、计算机视觉和神经网络等技术的脸像识别技术在一定应用范围内已获得了成功。目前国内该项识别技术在警用等安全领域用得比较多。这项技术亦被用在现在的一些中高档相机的辅助拍摄方面（如人脸识别拍摄）。

3. 皮肤芯片

这种方法通过把红外光照进一小块皮肤并通过测定的反射光波长来确认人的身份。其理论基础是每块具有不同皮肤厚度和皮下层的人类皮肤，都有其特有的标记。由于皮肤、皮层和不同结构具有个性和专一特性，这些都会影响光的不同波长，目前 Lumidigm 公司开发了一种包含两个电子芯片的系统。第一个芯片用光反射二极管照明皮肤的一片斑块，然后收集反射回来的射线，第二个芯片处理由照射产生的"光印"（light print）标识信号。相对于指纹识别和人脸识别所采用的采集原始形像并仔细处理大量数据来从中抽提出需要特征的生物统计学方法，光印不依赖于形像处理，使得设备只需较少的计算能力即可。

4. DNA 识别

人体内的 DNA 在整个人类范围内具有唯一性（除了同卵双胞胎可能具有同样结构的 DNA 外）和永久性。因此，除了对同卵双胞胎个体的鉴别可能失去它应有的功能外，这种方法具有绝对的权威性和准确性。DNA 鉴别方法主要根据人体细胞中 DNA 分子的结构因人而异的特点进行身份鉴别。这种方法的准确性优于其他任何身份鉴别方法，同时有较好的防伪性。然而，DNA 的获取和鉴别方法（DNA 鉴别必须在一定的化学环境下进行）限制了 DNA 鉴别技术的实时性；另外，某些特殊疾病可能改变人体 DNA 的结构组成，系统无法正确地对这类人群进行鉴别。

生物识别技术是目前最为方便与安全的识别技术，它不需要记住复杂的密码，也不需随身携带钥匙、智能卡之类的东西。由于每个人的生物特征具有与其他人不同的唯一性和在一定时期内不变的稳定性，不易伪造和假冒，所以利用生物识别技术进行身份认定，安全、可靠、准确。此外，生物识别技术产品均借助于现代计算机技术实现，很容易配合计算机与安全、监控、管理系统整合，实现自动化管理。

目前，生物识别技术在生活方面主要有以下三大应用方向。

（1）作为刑侦鉴定的重要手段。

（2）满足企业安全、管理上的需求（例如物理门禁、逻辑门禁、考勤、巡更等系统，已经全面引入生物识别技术）。

（3）自助式政府服务、出入境管理，金融服务、电子商务，信息安全（个人隐私保护）方面。

3.3.3　IC 卡

1. IC 卡简介

IC 卡（Integrate Circuit Card，集成电路卡）是继磁条卡（也称磁卡）之后出现的一种信息工具，也称为智能卡（Smart Card）、智慧卡（Intelligent Card）、微电路卡（Microcircuit Card）或微芯片卡等。IC 卡已经十分广泛地应用于金融、交通、社保等很多领域当中。例如，市政交通的"一卡通"、卡式水表的"收费卡"等都属于 IC 卡。IC 卡是将一个微电子集成电路芯片嵌入符合 ISO 7816 国际标准的卡基中，做成卡片形式。通常 IC 卡采用射频技术与 IC 卡的读卡器进行通信。IC 卡读写器是 IC 卡与应用系统间的桥梁，在 ISO 国际标准中称之为接口设备（Interface Device，IFD）。IFD 内的中央处理单元（CPU）通过一个接口电路与 IC 卡相连并进行通信。IC 卡接口电路是 IC 卡读写器中至关重要的部分。非接触式 IC 卡又称射频卡，它成功地解决了卡中无电源（无源）和免接触的难题，主要用于公交、轮渡、地铁的自动收费系统，也应用在门禁管理、身份证明和电子钱包。由于 IC 卡技术含量越来越高，功能越来越强，IC 卡的应用领域正在不断地向纵深方向拓展。

2. IC 卡的基本工作原理

射频读写器向 IC 卡发一组固定频率的电磁波，卡片内有一个 IC 串联谐振电路，其频率与读写器发射的频率相同，这样在电磁波激励下，IC 谐振电路产生共振，从而使电容内有了电荷；在这个电荷的另一端，接有一个单向导通的电子泵，将电容内的电荷送到另一个电容内存储，当所积累的电荷达到一定值时，此电容可作为电源为其他电路提供工作电压，将卡内数据发射出去或接收读写器的数据。

射频卡是一种使用电磁波和非触点来与终端通信的 IC 卡。使用此卡时，不需要把卡片插入到特定读写器插槽之中。一般来说，通信距离在几厘米至 1m 范围内。

射频卡有主动式和被动式之分。主动式卡是指卡片需要主动靠近读卡器，用户需要将卡在读卡器上晃过才完成交易；被动式卡不用出示卡片，只要通过读卡器的范围，即可完成交易。

3. IC 卡的分类

（1）按照 IC 卡与读卡器的通信方式，分为接触式 IC 卡和非接触式 IC 卡两种。

① 接触式 IC 卡。通过卡片表面金属触点与读卡器进行物理连接，来完成通信和数据交换。

② 非接触式 IC 卡。通过无线通信方式与读卡器进行通信。通信时，非接触式 IC 卡不需要与读卡器直接进行物理连接。

（2）按照是否带有微处理器，分为存储卡和智能卡两种。

① 存储卡。基片中仅含存储芯片，而没有微处理器，如电话 IC 卡。

② 智能卡。基片中含有内存和微处理器芯片，如银行的 IC 卡。智能卡也称为中央处理器（CPU）卡，它具有数据读写和处理功能，因而具有安全性高、可以离线操作等突出优点。所谓离线操作是指与联机操作相对而言的，智能卡可以在不连网的终端设备上使用。使用智能卡进行离线操作，不仅大大减少了通信时间，也能够在移动收费点（如公共交通）或通信不顺畅的场所使用。

（3）按照应用领域，分为金融卡和非金融卡两种。

① 金融卡又分为信用卡、现金储值卡。

② 非金融卡是指应用于医疗、通信、交通等非金融领域的 IC 卡。

4. IC 卡的优点

IC 卡的外形与磁卡相似，IC 卡与磁卡的区别在于数据存储的媒体不同。IC 卡是通过嵌入卡中的集成电路芯片来存储数据信息的，而磁卡是通过卡上磁条的磁场变化来存储信息的。因此，IC 卡与磁卡相比较，具有以下优点。

（1）存储容量大。磁卡的存储容量大约在 200 个数字字符；根据 IC 卡的型号不同，存储容量在几百至百万个数字字符。

（2）安全保密性好。IC 卡上的信息能够随意读取、修改、擦除，但都需要密码。

（3）智能卡具有数据处理能力。在与读卡器进行数据交换时，可对数据进行加密、解密，以确保交换数据的准确可靠，而磁卡则无此功能。

（4）使用寿命比磁卡长。

3.3.4 EPC 技术

1. EPC 提出的背景

EAN·UCC 系统（全球统一物品标识系统）起源于美国，是由美国统一代码委员会（Universal Code Council，UCC）于 1973 年创建的。UCC 采用 12 位数字标识代码 UPC（Universal Product Code）码。1974 年标识代码和条码符号首次在贸易活动中得以应用。继 UPC 系统成功之后，欧洲物品编码协会，即现在的国际物品编码协会，于 1977 年开发了一套在北美以外使用，与 UPC 系统相兼容的系统——EAN（European Article Numbering）系统。

EAN·UCC 编码大幅度提高了供应链的生产率和效率，并且成为全球最通用的标准之一，条码已经成为产品识别的主要手段。但条码仍然存在许多无法克服的缺点，例如，条码只能识别一类产品，而无法识别单品。条码是可视传播技术，即扫描仪必须"看见"条码才能读取它，这表明人们通常必须将条码对准扫描仪才有效；相反，无线电频率识别并不需要可视传输技术，射频标签只要在识读器的读取范围内就可以了。如果印有条码的横条被撕裂、污损或脱落，就无法扫描这些商品。

产品的唯一识别对于某些商品非常必要，而条码识别最大的缺点之一是它只能识别一类产品，而不是唯一的商品。例如牛奶纸盒上的条码到处都一样，要辨别哪盒牛奶先超过有效期将是不可能的。那么如何才能识别和跟踪供应链上的每一件单品呢？

随着因特网的飞速发展和射频技术趋于成熟，信息数字化和全球商业化促进了更现代化的产品标识和跟踪方案的研发，可以为供应链提供前所未有的、近乎完美的解决方案。也就是说，公司将能够及时知道每个商品在他们供应链上任何时间任何地点的位置信息。

虽然有多种方法可以解决单品识别问题，但目前所找到的最好的解决方法就是给每一个商品提供唯一的号码——产品电子代码（Electronic Product Code，EPC）。EPC 码采用一组编号来代表制造商及其产品，不同的是 EPC 还用另外一组数字来唯一地标识单品。EPC 是唯一一存储在 RFID 标签微型芯片中的信息，这样可使得 RFID 标签能够维持低廉的成本并保持灵活性，使在数据库中无数的动态数据能够与 EPC 标签相链接。

1999 年美国麻省理工学院成立了自动识别技术中心，提出了 EPC 概念，其后英国剑桥大学、澳大利亚阿雷德大学、日本 Keio 大学、我国复旦大学相继加入参与研发 EPC，并得到了 100 多个国际大公司的支持，其研究成果已在一些公司（如宝洁公司、Tesco 公司）中试用。2003 年 10 月份，EAN·UCC 正式接管了 EPC 在全球的推广应用工作，成立了 EPCglobal。而 Auto-ID Center 改为 Auto-ID Lab，EPC 的研究性工作也将继续由 Auto-ID Lab 承担。作为 EAN·UCC 的会员组织，中国物品编码中心也积极参与到 EPC 的推广工作中来。EPC 系统是一个非常先进的、综合性的和复杂的系统，其最终目标是为每一单品建立全球的、开放的标识标准。EPC 系统主要由如下六方面组成：EPC 编码标准；EPC 标签；识读器；Savant（神经网络软件）；对象名解析服务（Object Naming Service，ONS）；实体标记语言（Physical Markup Language，PML）。通过 EPC 系统的发展，不仅能够对货品进行实时跟踪，而且能够通过优化整个供应链给用户提供支持，从而推动自动识别技术的快速发展，并能够大幅度提高全球消费者的生活质量。

2. EPC 编码结构

EPC 码是与 EAN/UPC 码兼容的新的编码标准，在 EPC 系统中 EPC 编码与现行 GTIN 相结合，因而 EPC 并不是取代现行的条码标准，而是由现行的条码标准逐渐过渡到 EPC 标准或者是在未来的供应链中 EPC 和 EAN·UCC 系统共存。EPC 中码段的分配是由 EAN·UCC 来管理的，在我国，EAN·UCC 系统中 GTIN 编码是由中国物品编码中心负责分配和管理。

EPC 码是由一个版本号加上另外 3 段数据（依次为域名管理、对象分类、序列号）组成的一组数字。其中版本号标识 EPC 的版本号，它使得 EPC 随后的码段可以有不同的长度；域名管理是描述与此 EPC 相关的生产厂商的信息，例如"可口可乐公司"；对象分类记录产品精确类型的信息，例如"美国生产的 330ml 罐装减肥可乐（可口可乐的一种新产品）"；序列号唯一标识货品，它会精确地告诉我们所说的究竟是哪一罐 330ml 罐装减肥可乐。EPC 编码具体结构如表 3-6 所示。

表 3-6   EPC 编码结构

类型	版本号	域名管理	对象分类	序列号
EPC-64，TYPE Ⅰ	2	21	17	24
EPC-64，TYPE Ⅱ	2	15	13	32
EPC-64，TYPE Ⅲ	2	26	13	23
EPC-96，TYPE Ⅰ	8	28	24	36
EPC-256，TYPE Ⅰ	8	32	56	160
EPC-256，TYPE Ⅱ	8	64	56	128
EPC-256，TYPE Ⅲ	8	128	56	64

3. EPC 标签

EPC 标签由天线、集成电路、连接集成电路与天线的部分、天线所在的底层四部分构成。96 位或者 64 位 EPC 码是存储在 RFID 标签中的唯一信息。EPC 标签有主动型、被动型和半主动型三种类型。主动型标签有一个电池，这个电池为微芯片的电路运转提供能量，并向识读器发送信号（同蜂窝电话传送信号到基站的原理相同）。被动型标签没有电池，它从识读器获得电能，识读器发送电磁波，在标签的天线中形成了电流。半主动型标签用一个电池为微芯片的运转提供电能，但是发送信号和接收信号时却是从识读器处获得能量。主动型和半主动型标签在追踪高价值商品时非常有用，因为它们可以远距离扫描，扫描距离可以达到 30m，但这种标签每个成本要 1 美元或更多，这使得它不适合应用于低成本的商品上。Auto-ID 中心正在致力研发被动型标签，它的扫描距离不像主动型标签那么远，通常少于 3m，但它比主动型标签便宜得多，目前成本已经降至 5 美分左右（还要进一步降低），而且不需要维护。EPC 标签的高成本成为这一技术大规模推广的一个最大障碍，因此 EPC 标签能在单品追踪中发挥作用的关键之一就是大幅度降低标签的成本。

4．识读器

识读器使用多种方式与标签交互信息，近距离读取被动型标签中信息最常用的方法就是电感式耦合。只要贴近，盘绕识读器的天线与盘绕标签的天线之间就形成了一个磁场。标签就是利用这个磁场发送电磁波给识读器。这些返回的电磁波被转换为数据信息，即标签的 EPC 编码。 目前，一个识读器成本大约为 1000 美元甚至更多，而且大多数只能读取单一频率芯片中的信息。Auto-ID 中心已经设计了灵敏识读器的详细参考规格，这种识读器能够读取不同频率芯片中的信息。通过这种途径，公司能够在不同的情况下利用不同种类的标签，且不必为每一种频率的标签都购买一个识读器。因为公司将需要购买许多识读器以覆盖他们运营的各个领域，所以识读器价格一定要能够为他们所接受。Auto-ID 的规格说明将使得生产商在大批量生产的情况下能生产出成本大约为 100 美元的灵敏识读器。

识读器读取信息的距离取决于识读器的能量和使用的频率。通常来讲，高频率的标签有更大的读取距离，但是它需要识读器输出的电磁波能量更大。一个典型的低频标签必须在 0.3m 内读取，而一个 UHF 标签可以在 3 ~ 6m 的距离内被读取。在某些应用情况下，读取距离是一个需要考虑的关键问题，例如有时需要读取较长的距离。但是较长的读取距离并不一定就是优点，如果你在一个足球场那么大的仓库里有两个识读器，你也许知道有哪些存货，但是识读器不能帮你确定某一个产品的具体位置。对于供应链来讲，在仓库中最好有一个由许多识读器组成的网络，这样它们能够准确地查明一个标签的确切地点。Auto-ID 中心的设计是一种在 1m 距离内可读取标签的灵敏识读器。

5．Savant 系统

每件产品都加上 RFID 标签之后，在产品的生产、运输和销售过程中，识读器将不断收到一连串的 EPC 码。整个过程中最为重要、同时也是最困难的环节就是传送和管理这些数据。Auto-ID 中心于是开发了一种名叫 Savant 的软件技术，相当于该新式网络的神经系统。Savant 与大多数的企业管理软件不同，它不是一个拱形结构的应用程序，而是利用了一个分布式的结构，以层次化进行组织、管理数据流。

Savant 系统将被利用在商店、分销中心、办公室、工厂，甚至有可能在卡车或货运飞机上应用。每一个层次上的 Savant 系统将收集、存储和处理信息，并与其他的 Savant 系统进行交流。例如，一个运行在商店里的 Savant 系统可能要通知分销中心还需要更多的产品，在分销中心运行的 Savant 系统可能会通知商店的 Savant 系统一批货物已于一个具体的时间出货了。Savant 系统需要完成的主要任务是数据校对、识读器协调、数据传送、数据存储和任务管理。

6．对象名解析服务（ONS）

Auto-ID 中心认为一个开放式的全球追踪物品的网络需要一些特殊的网络结构。因为除了将

EPC 码存储在标签中外，还需要一些将 EPC 码与相应商品信息进行匹配的方法。这个功能就由对象名解析服务（ONS）来实现，它是一个自动的网络服务系统，类似于域名解析服务（DNS），DNS 是将一台计算机定位到万维网上的某一具体地点的服务。当一个识读器读取一个 EPC 标签的信息时，EPC 码就传递给了 Savant 系统。Savant 系统然后再在局域网或因特网上利用 ONS 对象名解析服务找到这个产品信息所存储的位置。ONS 给 Savant 系统指明了存储这个产品的有关信息的服务器，因此就能够在 Savant 系统中找到这个文件，并且将这个文件中的关于这个产品的信息传递过来，从而应用于供应链的管理。

对象名解析服务将处理比万维网上的域名解析服务更多的请求，因此，公司需要在局域网中有一台存取信息速度比较快的 ONS 服务器。这个系统也会有内部的冗余，例如，当一台包含某种产品信息的服务器崩溃时，ONS 将能够引导 Savant 系统找到存储着同种产品信息的另一台服务器。

7. 实体标记语言（PML）

EPC 码识别单品，但是所有关于产品有用的信息都用一种新型的标准的计算机语言——实体标记语言（PML）所书写，PML 是基于为人们广为接受的可扩展标记语言（XML）发展而来的。因为它将会成为描述所有自然物体、过程和环境的统一标准，PML 的应用将会非常广泛，并且进入到所有行业。Auto-ID 中心的目标就是以一种简单的语言开始，鼓励采用新技术。PML 还会不断发展演变，就像互联网的基本语言 HTML 一样，演变为更复杂的一种语言。PML 将提供一种通用的方法来描述自然物体，它将是一个广泛的层次结构。例如，一罐可口可乐可以被描述为碳酸饮料，它属于软饮料的一个子类，而软饮料又在食品大类下面。当然，并不是所有的分类都如此简单，为了确保 PML 得到广泛的接受，Auto-ID 中心依赖于标准化组织已经做了大量工作，比如国际重量度量局和美国国家标准和技术协会等标准化组织制定的相关标准。

除了那些不会改变的产品信息（如物质成分）之外，PML 将包括经常性变动的数据（动态数据）和随时间变动的数据（时序数据）。在 PML 文件中的动态数据包括船运的水果的温度，或者一个机器震动的级别。时序数据在整个物品的生命周期中，离散且间歇地变化，一个典型的例子就是物品所处的地点。使所有这些信息通过 PML 文件都可得到，公司将能够以新的方法利用这些数据。例如，公司可以设置一台触发器，以便当有效期将要结束时降低产品的价格。PML 文件将被存储在一台 PML 服务器上，此 PML 服务器将配置一台专用的计算机，为其他计算机提供需要的文件。PML 服务器将由制造商维护，并且储存这个制造商生产的所有商品的文件信息。

3.4 小　　结

本章介绍了感知层的基本知识，包括传感器和 RFID 两大支撑技术和其他感知技术。在第 1 章中介绍传感技术时就已经将 RFID 技术作为传感技术的一个分支，而传感器也是传感技术的一个分支，所以感知层的关键技术就是传感技术。

传感器可分为传统的传感器和智能传感器（新型传感器），传统的传感器是能感受规定的被测量并按照一定的规律将其转换成可用输出信号的器件，而智能传感器是具有信息处理功能的传感器。随着技术的不断进步和需求的不断推动，传感器将会有进一步的发展。

RFID 技术有着悠久的历史，早期的 RFID 系统只能用于检测，但随着技术的发展，RFID 技术正处于迅速成熟的时期，许多国家都将 RFID 作为一项重要产业予以积极推动。RFID 系统有助于解决零售业两个最大的难题：商品断货和损耗（因盗窃和供应链被搅乱而损失的产品），极大地节约其成本。

本章还介绍了其他感知技术，如已经广泛应用的条形码，包括一维码和二维码等；生物特征技术，如指纹识别和人脸识别等；IC 卡技术，如公交卡和信用卡等；EPC 产品电子代码技术。

随着物联网的广泛应用，将会对感知层感知世界的精度、粒度和广度都有更高的要求，我们需要对这一领域保持关注。

习题三

一、选择题

1. 信息采集主要通过各种感知设备或终端，并借助于（　　　　）完成。

A. 传感技术　　　　　　B. 通信技术　　　　　　C. 信息技术　　　　　D. 数据处理技术

2. （　　　　）能感受规定的被测量并按照一定的规律将其转换成可用输出信号。

A. 传感器　　　　　　　B. CPU　　　　　　　　C. 存储器　　　　　　D. 集线器

3. 传感器的静态特性是指（　　　　）处于稳定状态时的输出输入关系。

A. 被测量的值　　　　　B. 测量的值　　　　　　C. 输入数据　　　　　D. 输出数据

4. 气敏传感器不包括（　　　　）。

A. 半导体气敏传感器　　　　　　　　　　　　B. 接触燃烧式气敏传感器

C. 电化学气敏传感器　　　　　　　　　　　　D. 导体气敏传感器

5. 电动汽车上普遍采用（　　　　）和霍尔式速度传感器。

A. 电磁感应式　　　　　B. 里程表传感器　　　　C. 水温传感器　　　D. 空气流量传感器

6. 20 世纪 90 年代后期，开始出现甚高频的（　　　　）技术。

A. 主动式标签　　　　　B. 被动式标签　　　　　C. 有源标签　　　　D. 无源标签

7. RFID 的基本前端系统一般由 3 个部分组成，不包括（　　　　）。

A. 标签或者雷达收发器　　　　　　　　　　　B. 接收器

C. 天线　　　　　　　　　　　　　　　　　　D. 传感器

8. 条形码技术是随着计算机与信息技术的发展和应用而诞生的，它是集（　　　　）、印刷、识别、数据采集和处理于一身的新型技术。

A. 编码　　　　　　　　B. 解码　　　　　　　　C. 扫描　　　　　　D. 制条

9. 生物特征识别技术是利用人的生理特征或行为特征来进行个人身份的鉴定。下列哪项不是生物特征识别技术？（　　　　）

A. 指纹识别　　　　　　B. 虹膜识别　　　　　　C. 人脸识别　　　　D. IC 卡

10. EAN·UCC 系统（全球统一物品标识系统）起源于美国，是由美国统一代码委员会（Universal Code Council, UCC）于（　　　　）创建的。

A. 1973 年　　　　　　B. 1969 年　　　　　　C. 1976 年　　　　D. 1980 年

二、填空题

1. 感知层最为关键的两大信息采集技术是＿＿＿＿＿＿和＿＿＿＿＿＿技术。

2. 在不同的学科领域，传感器又被称为＿＿＿＿＿＿、＿＿＿＿＿＿、＿＿＿＿＿＿等。

3. 传感器一般采用两种分类方法：一是按被测参数分类，如_____、_____、速度等；二是按传感器的工作原理分类，如_____、电容式、_____、磁电式等。

4. 早期的商业 RFID 系统，称为_____，只能作为简单的检测用途。

5. 条形码又称为条码，有_____、_____和彩色条形码。

三、简答题

1. 什么是智能传感器？

2. 传感器由哪些元件组成，各部分的作用是什么？

3. 传感器的静态特性有哪些？具体是什么？

4. RFID 系统的组成部分有哪些？

5. 电子标签分为哪几种？简述每种的工作原理。

6. EPC 系统主要由哪些部分组成？

第4章
网络层

网络层是物联网三层架构中的第二层，它主要负责将感知层采集到的信息进行传输，向应用层交付。这一传输可以细分为两个阶段，第一个阶段是感知设备将数据通过短距离或中等距离的通信协议传送给网络层中的接入子层，如通过 Bluetooth、UWB 和 ZigBee 这些短距离或中等通信距离协议将数据从感知设备传到接入子层；第二阶段是通过中长距离的通信协议并借助于物理设施将数据从接入子层向远方传输，如通过光纤、卫星、基站等设施，将数据传输给终端用户，或者通过因特网将数据传输给上层应用的终端用户。

本章将从读者比较熟悉的通用网络技术，即因特网开始介绍，重点介绍物联网通信时所需的短距离无线通信技术、移动通信技术和无线传感器网络技术。

4.1 通用网络技术

在第1章中，已经简单地介绍了因特网，本节将更加深入地介绍物联网中网络层所涉及的通用网络技术，主要包括传统网络中的通信介质和通信协议。

4.1.1 通信介质

在因特网的接入中，有很多种有线传输介质，最为常用的是同轴电缆、双绞线、光纤，接下来介绍这三种介质。

4.1.1.1 同轴电缆

1. 同轴电缆的结构组成

同轴电缆是内外由相互绝缘的同轴心导体构成的电缆：内导体为铜线，外导体为铜管或网。电磁场封闭在内外导体之间，故辐射损耗小，受外界干扰影响小。

最常见的同轴电缆由绝缘材料隔离的铜线导体组成，在里层绝缘材料的外部是另一层环形导体及其绝缘体，然后整个电缆由聚氯乙烯或特氟纶材料的护套包住，即是由中心导体、绝缘材料层、网状织物构成的屏蔽层以及外部隔离材料层组成。同轴电缆具有足够的可柔性，能支持 254mm（10 英寸）的弯曲半径，中心导体是直径为 2.17mm ± 0.013mm 的实芯铜线，绝缘材料必须满足同轴电缆电气参数。屏蔽层是由满足传输阻抗和 ECM 规范的金属带或薄片组成，屏蔽层的内径为 6.15mm，外径为 8.28mm，外部隔离材料一般选用聚氯乙烯（如 PVC）或类似材料。

同轴电缆的历史非常悠久，奥利弗·黑维塞于 1880 年在英格兰取得同轴电缆的专利权，维尔纳·冯·西门子于 1884 年在德国取得同轴电缆的专利权，1941 年美国的 AT&T 公司在明尼苏达州的明尼阿波利斯与威斯康辛州的史第分·普颖特之间，铺设了第一条商用同轴电缆，它所使用的 L1 系统能容纳一条电视频带或 480 条电话线路，全球第一条横渡大西洋的同轴电缆 TAT-1 于 1956 年铺设好。

2. 同轴电缆的分类

同轴电缆可分为两种基本类型，即基带同轴电缆和宽带同轴电缆。目前基带常用的电缆，其屏蔽线是用铜做成网状的，特征阻抗为 50Ω（如 RG-8、RG-58 等）；宽带常用的电缆，其屏蔽层通常是用铝冲压成的，特征阻抗为 75Ω（如 RG-59 等）。50Ω 同轴电缆主要用于基带信号传输，传输带宽为 1 ~ 20MHz，总线型以太网就是使用 50Ω 同轴电缆，在以太网中，50Ω 细同轴电缆的最大传输距离为 185m，粗同轴电缆可达 1000m；75Ω 同轴电缆常用于有线电视网（Community Antenna Television，CATV），传输带宽可达 1GHz，目前常用 CATV 电缆的传输带宽为 750MHz。

同轴电缆也可以根据其直径大小分为粗同轴电缆与细同轴电缆。粗同轴电缆适用于比较大型的局部网络，它的标准距离长，可靠性高，由于安装时不需要切断电缆，因此可以根据需要灵活调整计算机的入网位置，但粗缆网络必须安装收发器电缆，安装难度大，所以总体造价高。相反，细缆安装则比较简单，造价低，但由于安装过程要切断电缆，两头须装上基本网络连接头（Bayonet Nut Connector，BNC），然后接在 T 形连接器两端，所以当接头多时容易产生不良的隐患，这是目前运行中的以太网所发生的最常见故障之一。

无论是粗缆还是细缆均为总线拓扑结构，即一根电缆上连接多部机器，这种拓扑结构适用于机器密集的环境，但是当一触点发生故障时，故障会串联影响到整根电缆上的所有机器。故障的诊断和修复都很麻烦，因此，将逐步被非屏蔽双绞线或光缆取代。最常用的同轴电缆有下列几种：RG-8 或 RG-11 50Ω；RG-58 50Ω；RG-59 75Ω；RG-62 93Ω。计算机网络一般选用 RG-8 以太网粗缆和 RG-58 以太网细缆，RG-59 电缆用于电视系统，RG-62 电缆用于 ARCnet 网络和 IBM3270 网络。

3. 同轴电缆的主要电气参数

（1）同轴电缆的特性阻抗。同轴电缆的平均特性阻抗为（50±2）Ω，沿单根同轴电缆的阻抗的周期性变化为正弦波，中心平均值±3Ω，其长度小于 2m。

（2）同轴电缆的衰减。一般指 500m 长的电缆段的衰减值。当用 10MHz 的正弦波进行测量时，它的值不超过 8.5dB（17dB/km）；而用 5MHz 的正弦波进行测量时，它的值不超过 6.0dB（12dB/km）。

（3）同轴电缆的传播速度。需要的最低传播速度为 0.77C（C 为光速）。

（4）同轴电缆直流回路电阻。电缆的中心导体的电阻与屏蔽层的电阻之和不超过 10 mΩ/m（在 20℃下测量）。

4. 同轴电缆的优缺点

同轴电缆的优点是可以在相对长的无中继器的线路上支持高带宽通信，而其缺点如下：一是体积大，细缆的直径就有 3/8 英寸粗，要占用电缆管道的大量空间；二是不能承受缠结、压力和严重的弯曲，这些都会损坏电缆结构，阻止信号的传输；三是成本高。而所有这些缺点正是双绞线能克服的，因此在现在的局域网环境中，同轴电缆基本已被双绞线所取代。

4.1.1.2 双绞线

1. 双绞线的结构组成

双绞线目前是综合布线工程中最便宜、最常用的一种传输介质，它是由两条相互绝缘的导线按照一定的规格互相缠绕（一般是逆时针缠绕）在一起而制成的一种通用配线，属于通信网络传输介质。双绞线过去主要是用来传输模拟信号的，但现在同样适用于数字信号的传输。一百多年来，它一直用于电话网。事实上，从电话机到本地电话交换机有 99%以上的连线用的是双绞铜线。

双绞线一般由两根 22～26 号绝缘铜导线相互缠绕而成，如上所述，实际使用时，双绞线是由多对双绞线一起包在一个绝缘电缆套管里的。典型的双绞线有四对的，也有更多对双绞线放在一个电缆套管里的，我们将其称为双绞线电缆。在双绞线电缆内，不同线对具有不同的扭绞长度，一般地说，扭绞长度在 3.81～14cm，按逆时针方向扭绞，相邻线对的扭绞长度在 1.27cm 以上，一般扭线越密其抗干扰能力就越强。与其他传输介质相比，双绞线在传输距离、信道宽度和数据传输速率等方面均受到一定限制，但价格较为低廉。

2. 双绞线的分类

双绞线分为屏蔽双绞线（Shielded Twisted Pair, STP）与非屏蔽双绞线（Unshielded Twisted Pair, UTP）。屏蔽双绞线在双绞线与外层绝缘封套之间有一个金属屏蔽层。屏蔽双绞线电缆的外层由铝箔包裹，以减小辐射，但并不能完全消除辐射。屏蔽双绞线价格相对较高，安装时要比非屏蔽双绞线电缆困难。屏蔽双绞线分为 STP 和 FTP，STP 指每条线都有各自的屏蔽层，而 FTP 在整个电缆设有屏蔽装置，并且两端都正确接地时才起作用。所以要求整个系统是屏蔽器件，包括电缆、信息点、水晶头和配线架等，同时建筑物需要有良好的接地系统。屏蔽层可减少辐射，防止信息被窃听，也可阻止外部电磁干扰的进入，使屏蔽双绞线比同类的非屏蔽双绞线具有更高的传输速率。非屏蔽双绞线是一种数据传输线，由 4 对不同颜色的传输线所组成，广泛用于以太网和电话线中。非屏蔽双绞线电缆最早在 1881 年被用于贝尔发明的电话系统中。非屏蔽双绞线电缆具有以下优点。

（1）无屏蔽外套，直径小，节省所占用的空间，成本低。

（2）质量轻，易弯曲，易安装。

（3）将串扰减至最小或加以消除。

（4）具有阻燃性。

（5）具有独立性和灵活性，适用于结构化综合布线。

（6）既可以传输模拟信号，也可以传输数字信号。

随着网络技术的发展和应用需求的提高，双绞线这种传输介质标准也得到了逐步的发展与提高。从最初的一、二类线，发展到今天最高的七类线，而且据悉这一介质标准还有继续发展的空间。在这些不同的标准中，它们的传输带宽和速率也相应得到了提高，七类线已达到 600 MHz，甚至 1.2 GHz 的带宽和 10 Gbit/s 的传输速率，支持千兆位以太网的传输。通常计算机网络所使用的是三类线和五类线，其中 10 BASE-T 使用的是三类线，100BASE-T 使用的是五类线，各类线简介如下。

（1）一类线（CAT1）：线缆最高频率带宽是 750kHz，用于报警系统，或只适用于语音传输（主要用于 20 世纪 80 年代初之前的电话线缆），不用于数据传输。

（2）二类线（CAT2）：线缆最高频率带宽是 1MHz，用于语音传输和最高传输速率 4Mbit/s 的数据传输，常见于使用 4Mbit/s 规范令牌传递协议的旧的令牌网。

（3）三类线（CAT3）：指目前在 ANSI 和 EIA/TIA568 标准中指定的电缆，该电缆的传输频率为 16MHz，最高传输速率为 10Mbit/s，主要应用于语音、10Mbit/s 以太网（10BASE-T）和 4Mbit/s 令牌环，最大网段长度为 100m，采用 RJ 形式的连接器，目前已淡出市场。

（4）四类线（CAT4）：该类电缆的传输频率为 20MHz，用于语音传输和最高传输速率 16Mbit/s

（指的是 16Mbit/s 令牌环）的数据传输，主要用于基于令牌的局域网和 10BASE-T/100BASE-T。最大网段长度为 100m，采用 RJ 形式的连接器，未被广泛采用。

（5）五类线（CAT5）：该类电缆增加了绕线密度，外套一种高质量的绝缘材料，线缆最高频率带宽为 100MHz，最高传输速率为 100Mbit/s，用于语音传输和最高传输速率为 100Mbit/s 的数据传输，主要用于 100BASE-T 和 1000BASE-T 网络，最大网段长为 100m，采用 RJ 形式的连接器。这是最常用的以太网电缆。在双绞线电缆内，不同线对具有不同的绞距长度。通常 4 对双绞线绞距周期在 38.1mm 长度内，按逆时针方向扭绞，一对线对的扭绞长度在 12.7mm 以内。

（6）超五类线（CAT5e）：超 5 类线具有衰减小、串扰少的优点，并且具有更高的衰减串扰比（ACR）和信噪比（Structural Return Loss）、更小的时延误差，性能得到很大提高。超 5 类线主要用于千兆位以太网（1000Mbit/s）。

（7）六类线（CAT6）：该类电缆的传输频率为 1～250MHz，六类布线系统在 200MHz 时综合衰减串扰比（PS-ACR）应该有较大的余量，它提供 2 倍于超五类线的带宽。六类布线的传输性能远远高于超五类标准，最适用于传输速率高于 1Gbit/s 的应用。六类线与超五类线的一个重要的不同点在于：六类线改善了在串扰以及回波损耗方面的性能，对于新一代全双工的高速网络应用而言，优良的回波损耗性能是极重要的。六类标准中取消了基本链路模型，布线标准采用星形的拓扑结构，布线时要求永久链路的长度不能超过 90m，信道长度不能超过 100m。

（8）超六类或 6A 线（CAT6A）：此类产品传输带宽介于六类和七类之间，传输频率为 500MHz，传输速率为 10Gbit/s，标准外径 6mm。目前超六类或 6A 和七类产品一样，国家还没有出台正式的检测标准，只是行业中有此类产品，各厂家宣布一个测试值。

（9）七类线（CAT7）：传输频率为 600MHz，传输速率为 10Gbit/s，单线标准外径 8mm，多芯线标准外径 6mm，可能用于今后的 10Gbit/s 以太网。

由于屏蔽双绞线的价格较非屏蔽双绞线贵，且非屏蔽双绞线的性能对于普通的企业局域网来说影响不大，所以在企业局域网组建中所采用的通常是非屏蔽双绞线。不过七类双绞线除外，因为它要实现全双工 10Gbit/s 速率传输，所以只能采用屏蔽双绞线，六类双绞线通常也建议采用屏蔽双绞线。这些不同类型的双绞线标注方法有这样的规定：如果是标准类型则按 CATx 方式标注，如常用的五类线和六类线，则在线的外包皮上标注为 CAT 5、CAT 6。而如果是改进版，就按 xe 方式标注，如超五类线就标注为 5e（字母是小写，而不是大写）。

3. 双绞线的优点

（1）传输距离远、传输质量高。由于在双绞线收发器中采用了先进的处理技术，极好地补偿了双绞线对视频信号幅度的衰减以及不同频率间的衰减差，保持了原始图像的亮度和色彩以及实时性，在传输距离达到 1km 或更远时，图像信号基本无失真。如果采用中继方式，传输距离会更远。

（2）布线方便、线缆利用率高。一对普通电话线就可以用来传送视频信号。楼宇大厦内广泛铺设的五类非屏蔽双绞线中任取一对就可以传送一路视频信号，无须另外布线，即使是重新布线，五类线缆也比同轴缆容易。此外，一根五类线缆内有 4 对双绞线，如果使用一对线传送视频信号，另外的几对线还可以用来传输音频信号、控制信号、供电电源或其他信号，提高了线缆利用率，同时避免了各种信号单独布线带来的麻烦，减少了工程造价。

（3）抗干扰能力强。双绞线能有效抑制共模干扰，即使在强干扰环境下，双绞线也能传送极好的图像信号。而且，使用一根线缆内的几对双绞线分别传送不同的信号，相互之间不会发生干扰。

（4）可靠性高、使用方便。利用双绞线传输视频信号，在前端要接入专用发射机，在控制中心要接入专用接收机。这种双绞线传输设备价格便宜，使用起来也很简单，无需专业知识，也无太多的操作，一次安装，长期稳定工作。

（5）价格便宜，取材方便。目前广泛使用是普通五类非屏蔽电缆或普通电话线，购买容易，而且价格也很便宜，给工程应用带来极大的方便。

4.1.1.3　光纤

光纤是光导纤维的简称，是一种利用光在玻璃或塑料制成的纤维中的全反射原理而达成的光传导工具。前香港中文大学校长高锟和 George A. Hockham 首先提出光纤可以用于通信传输的设想，高锟因此获得 2009 年诺贝尔物理学奖。微细的光纤封装在塑料护套中，使得它能够弯曲而不至于断裂。通常，光纤一端的发射装置使用发光二极管或一束激光将光脉冲传送至光纤，光纤的另一端的接收装置使用光敏元件检测脉冲。在日常生活中，由于光在光导纤维的传导损耗比电在电线传导的损耗低得多，因此光纤被用作长距离的信息传递。

1. 光纤的优点

光纤传输有许多突出的优点，如频带宽、损耗低、质量轻、抗干扰能力强和保真度高等。

（1）频带宽。频带的宽窄代表传输容量的大小。载波的频率越高，可以传输信号的频带宽度就越大。在 VHF 频段，载波频率为 48.5 ~ 300MHz，带宽约 250MHz，只能传输 27 套电视和几十套调频广播。可见光的频率达 100000GHz，比 VHF 频段高出一百多万倍。尽管由于光纤对不同频率的光有不同的损耗，使频带宽度受到影响，但在最低损耗区的频带宽度也可达 30000GHz。目前单个光源的带宽只占了其中很小的一部分（多模光纤的频带约几百兆赫，好的单模光纤可达 10GHz 以上），采用先进的相干光通信可以在 30000GHz 范围内安排 2000 个光载波，进行波分复用，可以容纳上百万个频道。

（2）损耗低。在同轴电缆组成的系统中，最好的电缆在传输 800MHz 信号时，每千米的损耗都在 40dB 以上。相比之下，光导纤维的损耗则要小得多，传输 1.31μm 的光，每千米损耗在 0.35dB 以下；若传输 1.55μm 的光，每千米损耗更小，可达 0.2dB 以下。这就比同轴电缆的功率损耗小得多，使其能传输的距离要远得多。此外，光纤传输损耗还有两个特点，一是在全部有线电视频道内具有相同的损耗，不需要像电缆干线那样必须引入均衡器进行均衡；二是其损耗几乎不随温度而变化，不用担心因环境温度变化而造成干线电平的波动。

（3）质量轻。因为光纤非常细，单模光纤芯线直径一般为 4 ~ 10μm，外径也只有 125μm，加上防水层、加强筋、护套等，用 4 ~ 48 根光纤组成的光缆直径还不到 13mm，比标准同轴电缆的直径 47mm 要小得多，加上光纤是玻璃纤维，密度小，使它具有直径小、质量轻的特点，安装十分方便。

（4）抗干扰能力强。因为光纤的基本成分是石英，只传光，不导电，不受电磁场的作用，在其中传输的光信号不受电磁场的影响，故光纤传输对电磁干扰、工业干扰有很强的抵御能力。也正因为如此，在光纤中传输的信号不易被窃听，因而利于保密。

（5）保真度高。因为光纤传输一般不需要中继放大，不会因为放大引入新的非线性失真。只要激光器的线性好，就可高保真地传输电视信号。实际测试表明，好的调幅光纤系统的载波组合三次差拍比在 70dB 以上，交调指标也在 60dB 以上，远高于一般电缆干线系统的非线性失真指标。

（6）工作性能可靠。我们知道，一个系统的可靠性与组成该系统的设备数量有关。设备越多，发生故障的机会越大。因为光纤系统包含的设备数量少（不像电缆系统那样需要几十个放大器），可靠性自然也就高，加上光纤设备的寿命都很长，无故障工作时间达 50 万 ~ 75 万小时，其中寿命最短的是光发射机中的激光器，最低寿命也在 10 万小时以上。故一个设计良好、正确安装调试的光纤系统的工作性能是非常可靠的。

（7）成本不断下降。目前，有人提出了新摩尔定律，也叫作光学定律（Optical Law）。该定律指出，光纤传输信息的带宽，每 6 个月增加 1 倍，而价格降低 1 倍。光通信技术的发展，为 Internet 宽带技术的发展奠定了非常好的基础。这就为大型有线电视系统采用光纤传输方式扫清了最后一个障碍。由于制作光纤的材料（石英）来源十分丰富，随着技术的进步，成本还会进一步降低；而电缆所需的铜原料有限，价格会越来越高。显然，今后光纤传输将占绝对优势，成为建立有线电视网的最主要传输手段。

2. 光纤的分类

（1）按光在光纤中的传输模式可分为单模光纤（含偏振保持光纤、非偏振保持光纤）和多模光纤。

① 单模光纤（Single Mode Fiber）。单模光纤的中心玻璃芯很细（芯径一般为 $9 \sim 10 \mu m$），只能传播一种模式的光。因此，其模间色散很小，适用于远程通信。但单模光纤还存在着材料色散和波导色散，这样单模光纤对光源的谱宽和稳定性有较高的要求，即谱宽要窄，稳定性要好。后来又发现在 $1.31 \mu m$ 波长处，单模光纤的材料色散和波导色散一为正、一为负，大小也正好相等。这就是说在 $1.31 \mu m$ 波长处，单模光纤的总色散为零。从光纤的损耗特性来看，$1.31 \mu m$ 处正好是光纤的一个低损耗窗口，这样，$1.31 \mu m$ 波长区就成了光纤通信的一个很理想的工作窗口，也是现在实用光纤通信系统的主要工作波段。$1.31 \mu m$ 常规单模光纤的主要参数是由国际电信联盟 ITU – T 在 G652 建议中确定的，因此这种光纤又称 G652 光纤。

② 多模光纤（Multi Mode Fiber）。多模光纤的纤芯直径为 $50 \sim 62.5 \mu m$，包层外直径 $125 \mu m$，可传多种模式的光。但其模间色散较大，这就限制了传输数字信号的频率，而且随距离的增加会更加严重。因此，多模光纤传输的距离就比较近，一般只有几千米。

光纤的工作波长有短波长 $0.85 \mu m$、长波长 $1.31 \mu m$ 和 $1.55 \mu m$。光纤损耗一般是随波长加长而减小，波长 $0.85 \mu m$ 的光纤损耗为 2.5dB/km，波长 $1.31 \mu m$ 的光纤损耗为 0.35dB/km，波长 $1.55 \mu m$ 的光纤损耗为 0.20dB/km，这是光纤的最低损耗，波长 $1.65 \mu m$ 以上的光纤损耗趋向加大。

（2）按原材料的不同，可将光纤分为石英光纤、复合光纤、塑包光纤和塑料光纤等。

① 石英光纤（Silica Fiber）。石英光纤是以二氧化硅（SiO_2）为主要原料，并按不同的掺杂量，来控制纤芯和包层的折射率分布的光纤。石英（玻璃）系列光纤具有低耗、宽带的特点，现在已广泛应用于有线电视和通信系统。掺氟光纤为石英光纤的典型产品之一。作为 $1.3 \mu m$ 波域的通信用光纤中，控制纤芯的掺杂物为二氧化锗（GeO_2），包层是用 SiO_2 制成的，但掺氟光纤的纤芯大多使用 SiO_2，而在包层中却是掺入氟素的。由于散射损耗是因折射率的变动而引起的光散射现象，所以希望形成折射率变动因素的掺杂物以少为佳。氟素的作用主要是降低 SiO_2 的折射率，因而常用于包层的掺杂。石英光纤与其他原料的光纤相比，还具有从紫外线光到近红外线光的透光广谱，除通信用途之外，还可用于导光和图像传导等领域。

② 复合光纤（Compound Fiber）。复合光纤是在 SiO_2 原料中，再适当混合诸如氧化钠（Na_2O）、氧化硼（B_2O_3）、氧化钾（K_2O）等氧化物制作成多组分玻璃光纤，特点是多组分玻璃比石英玻璃的软化点低，且纤芯与包层的折射率差很大，主要用在医疗中的光纤内窥镜。

③ 塑包光纤（Plastic Clad Fiber）。塑包光纤是将高纯度的石英玻璃做成纤芯，而将折射率比石英稍低的如硅胶等塑料作为包层的阶跃型光纤。它与石英光纤相比较，具有纤芯粗、数值孔径高的特点，易与发光二极管 LED 光源结合，损耗也较小，非常适用于局域网和近距离通信。

④ 塑料光纤。塑料光纤是将纤芯和包层都用塑料（聚合物）做成的光纤。早期产品主要用于

装饰和导光照明及近距离光键路的光通信中，原料主要是有机玻璃（PMMA）、聚苯乙稀（PS）和聚碳酸酯（PC），损耗受到塑料固有的 C－H 结合结构制约，一般可达几十 dB/km，为了降低损耗正在开发应用氟素系列塑料。由于塑料光纤的纤芯直径为 1000μm，比单模石英光纤大 100 倍，接续简单，而且易于弯曲施工，近年来，加上宽带化的推动，具有渐变型折射率的多模塑料光纤的发展受到了社会的重视，在汽车内部 LAN 中应用较快，未来在家庭 LAN 中也可能得到应用。

4.1.2　通信协议

通信协议（Communications Protocol）是指双方实体完成通信或服务所必须遵循的规则和约定，协议定义了数据单元使用的格式，信息单元应该包含的信息与含义，连接方式，信息发送和接收的时序，从而确保网络中数据顺利地传送到确定的地方。在计算机通信中，通信协议用于实现计算机与网络连接之间的标准。网络如果没有统一的通信协议，计算机之间的信息传递就无法识别。局域网中常用的通信协议主要包括 TCP/IP、NETBEUI 和 IPX/SPX 三种，每种协议都有其适用的应用环境，而通用网络技术核心的通信协议则是 TCP/IP 协议，限于篇幅，此处只简要介绍 TCP/IP 协议。

传输控制协议/因特网互联协议（Transmission Control Protocol/Internet Protocol，TCP/IP），又名网络通信协议，是 Internet 最基本的协议、Internet 国际互联网络的基础，由网络层的 IP 协议和传输层的 TCP 协议组成，它们分工协作：TCP 负责发现传输的问题，一旦发现有问题就发出信号，要求重新传输，直到所有数据安全正确地传输到目的地，而 IP 是给因特网的每一台计算机规定一个地址。

TCP/IP 定义了电子设备如何连入因特网，以及数据如何在它们之间传输的标准。TCP/IP 协议并不完全符合传统的开放式系统互联（Open System Interconnect，OSI）的七层参考模型，OSI 的七层参考模型包括物理层、数据链路层、网络层、传输层、会话层、表示层和应用层，而 TCP/IP 通信协议采用了 4 层的层级结构，即网络接口层、网络层、传输层、应用层，每一层都呼叫它的下一层所提供的网络来完成自己的需求。由于 ARPAnet 的设计者注重的是网络互联，允许通信子网（网络接口层）采用已有的或是将来有的各种协议，所以这个层次中没有提供专门的协议。实际上，TCP/IP 协议可以通过网络接口层连接到任何网络上，例如 X.25 交换网。

IP 层接收由更低层（网络接口层例如以太网设备驱动程序）发来的数据包，并把该数据包发送到更高层（TCP 或 UDP 层）；相反，IP 层也把从 TCP 或 UDP 层接收来的数据包传送到更低层。IP 数据包是不可靠的，因为 IP 并没有做任何事情来确认数据包是按顺序发送的或者没有被破坏，IP 数据包中含有发送它的主机的地址（源地址）和接收它的主机的地址（目的地址）。

高层的 TCP 和 UDP 服务在接收数据包时，通常假设包中的源地址是有效的。也可以这样说，IP 地址形成了许多服务的认证基础，这些服务相信数据包是从一个有效的主机发来的。IP 确认包含一个选项，叫作 IP 源路由，可以用来指定一条源地址和目的地址之间的直接路径。对于一些 TCP 和 UDP 的服务来说，使用了该选项的 IP 包好像是从路径上的最后一个系统传递过来的，而不是来于它的真实地点。

TCP 是面向连接的通信协议，通过三次握手建立连接，通信完成时要释放连接。由于 TCP 是面向连接的，所以只能用于点对点的通信。TCP 提供的是一种可靠的数据流服务，采用"带重传的确认机制"技术来实现传输的可靠性。TCP 还采用一种称为"滑动窗口"的方式进行流量控制，所谓窗口实际表示接收方可以使用的剩余缓冲区的大小，通过限制发送方的发送速度进行流量控制。

如果 IP 数据包中有已经封好的 TCP 数据包，那么 IP 将把它们向上传送到 TCP 层。TCP 将包排序并进行错误检查，同时实现虚电路间的连接。TCP 数据包中包括序号和确认，所以未按照顺序收到的包可以被排序，而延迟或者丢失的包则需进行重传。TCP 将它的信息送到更高层的应用程序，例如 Telnet 的服务程序和客户程序。应用程序轮流将信息送回 TCP 层，TCP 层便将它们向下传送到 IP 层、设备驱动程序和物理介质，最后到接收方。

面向连接的服务（例如 Telnet、FTP、rlogin、X Windows 和 SMTP）需要高度的可靠性，所以它们使用了 TCP。DNS 在某些情况下使用 TCP（发送和接收域名数据库），但使用 UDP 传送有关单个主机的信息。UDP 是面向无连接的通信协议，UDP 数据包括目的端口号和源端口号信息，由于通信不需要连接，所以可以实现广播发送；UDP 通信时不需要接收方确认，属于不可靠的传输，可能会出现丢包现象，实际应用中对于需要验证的信息由上层的应用程序验证。

UDP 与 TCP 位于同一层，但它所发送的数据包没有顺序，没有实现数据校验和重发机制，它不管数据包的顺序、错误或重发。因此，UDP 不被应用于那些使用虚电路的面向连接的服务，UDP 主要用于那些面向查询和应答的服务，例如 NFS。相对于 FTP 或 Telnet，这些服务需要交换的信息量较小，使用 UDP 的服务包括 NTP（网络时间协议）和 DNS（此协议使用 TCP）。欺骗 UDP 包比欺骗 TCP 包更容易，因为 UDP 没有建立初始化连接（即在两个系统间没有虚电路），因此与 UDP 相关的服务面临着更大的危险。

正在运行中的 TCP/IP 协议是基于 IPv4，它是互联网协议的第四版，也是第一个被广泛使用，构成现今互联网技术基石的协议。IPv4 可以运行在各种各样的底层网络上，比如端对端的串行数据链路（PPP 协议和 SLIP 协议）、卫星链路等。

传统的 TCP/IP 协议是基于电话宽带以及以太网的电器特性而制定的，其分包原则与检验占用了数据包很大的一部分比例，造成了传输效率低。网络正向着全光纤高速以太网方向发展，TCP/IP 协议不能满足其发展需要。

1983 年 TCP/IP 协议被 ARPAnet 采用，直至发展到后来的互联网。那时只有几百台计算机互相联网。到 1989 年联网计算机数量突破 10 万台，并且同年出现了 1.5Mbit/s 的骨干网。传统的 TCP/IP 协议基于 IPv4，属于第二代互联网技术，它的最大问题是网络地址资源有限，从理论上讲，编址 1600 万个网络、40 亿台主机，但采用 A、B、C 三类编址方式后，可用的网络地址和主机地址的数目大打折扣，又因为 IANA 把大片的地址空间分配给了一些公司和研究机构，其中北美占有 3/4，约 30 亿个，而人口最多的亚洲只有不到 4 亿个，因此 20 世纪 90 年代初就有人担心 10 年内 IP 地址空间就会不够用，中国截至 2010 年 6 月 IPv4 地址数量达到 2.5 亿，落后于 4.2 亿网民的需求。虽然用动态 IP 及 Nat 地址转换等技术实现了一些缓冲，但 IPv4 地址枯竭已经成为不争的事实。因此，学术界和工业界的专家提出 IPv6 的互联网技术，目前也正在推行，但 IPv4 的使用过渡到 IPv6 需要很长的一段过渡期，中国主要用的就是 IPv4，微软在 Win7 中已经内置了 IPv6 的协议。

与 IPv4 相比，IPv6 具有以下几个优势。

（1）IPv6 具有更大的地址空间。IPv4 中规定 IP 地址长度为 32，即有 $2^{32}-1$ 个地址；而 IPv6 中 IP 地址的长度为 128，即有 $2^{128}-1$ 个地址。

（2）IPv6 使用更小的路由表。IPv6 的地址分配一开始就遵循聚类（Aggregation）的原则，这使得路由器能在路由表中用一条记录（Entry）表示一片子网，大大减小了路由器中路由表的长度，提高了路由器转发数据包的速度。

（3）IPv6 增加了增强的组播（Multicast）支持以及对流的支持（Flow Control），这使得网络上的多媒体应用有了长足发展的机会，为服务质量控制提供了良好的网络平台。

（4）IPv6 加入了对自动配置的支持。这是对 DHCP 协议的改进和扩展，使得网络（尤其是局域网）的管理更加方便和快捷。

（5）IPv6 具有更高的安全性。在 IPv6 网络中，用户可以对网络层的数据进行加密并对 IP 报文进行校验，极大地增强了网络的安全性。

4.2　无线网络通信技术

本节将重点介绍短距离无线网络通信技术，这些技术主要被用于网络层的接入子层，将感知层采集到的信息通过这些短距离通信协议传输到上层。

无线网络技术作为传统有线网络的补充，已得到越来越多的重视和应用。无线网络使用无线电波作为介质实现通信，各种各样的智能终端和移动终端的无线接入，校园和公司使用的无线局域网都是无线网络的实例。无线网络这些年发展迅速，从普通手机到多媒体上网，从使用无线局域网应用到使用无线技术管理各种各样的家用电器，无线网络显示了其广阔的应用前景。目前，无线网络有很多国际认可的协议标准，大致可分为 4 类。一是以高速传输应用发展为主的 IEEE 802.11 系列标准，这类标准的速度较快，稳定性和互用性较高，适用于区域网；二是以低速短距离应用为主的 IEEE 802.15 蓝牙标准，这类标准速度较慢，但移动性强、体积小、适合家庭和小型办公室组网；三是为用户站点和核心网络（如公共电话网和 Internet）间提供通信路径而定义的无线服务的 IEEE 802.16 宽带无线连接标准（Broadband Wireless MAN Standard，WiMAX），这种无线宽带访问标准解决了城域网中"最后一公里"问题；四是不为人所熟知的 IEEE 802.20 移动宽带无线接入（Mobile Broadband Wireless Access，MBWA）和 IEEE 802.22 无线区域网（Wireless Regional Area Network，WRAN）。

我们分三个部分来介绍，先简单介绍一下 IEEE 802.11 协议。IEEE 802.15 工作组内有若干个任务组（Task Group，TG），包括 IEEE 802.15.1（TG1）、IEEE 802.15.2（TG2）、IEEE 802.15.3（TG3）和 IEEE 802.15.4（TG4）等，IEEE 802.15.2 主要研究公用 ISM 频段内无线设备的共存问题。因为公用 2.4GHz 频段内存在很多无线通信协议，它通过对蓝牙和 IEEE 802.15.1 的一些改变，其目的是减轻与 802.11b 和 802.11g 网络的干扰，如果想同时使用蓝牙和 Wi-Fi 的话，就需要使用 802.15.2 或其他专有方案。限于篇幅，接下来的详细介绍中，IEEE 802.15.2 将被略过，在介绍完 IEEE 802.15 系列协议之后，最后简要介绍其他无线通信协议。

4.2.1　IEEE 802.11

IEEE 802.11 是最先制定的一个无线局域网标准，主要用于解决办公室局域网和校园网中用户与用户终端的无线接入，业务主要限于数据存取，速率最高只能达到 2Mbit/s。IEEE 802.11 标准主要对网络的物理层和访问层（MAC）进行规定，其中 MAC 层是重点。在 MAC 层以下，802.11 规定了 3 种发送及接收技术：扩频（Spread Spectrum）技术、红外（Infared）技术、窄带（Narrow Band）技术。扩频又分为直序（Direct Sequence，DS）扩频和跳频（Frequeny Hopping，FH）扩频两种，实现无线局域网的关键技术主要有红外线、跳频扩频（Frequency Hopping Spread Spectrum，FHSS）和直接序列扩频（Direct Seqcuence Spread Spectrum，DSSS）3 种。红外线局域网采用小于 1μm 波长的红外线作为传输媒体，有较强的方向性，受太阳光的干扰大。红外线支持

1~2Mbit/s 数据速率，适于近距离通信。DSSS 局域网可在很宽的频率范围内进行通信，支持 1~2Mbit/s 数据速率，在发送和接收端都以窄带方式进行，而传输过程中则以宽带方式通信。FHSS 局域网支持 1Mbit/s 数据速率，共 22 组跳频图案，包括 79 个信道，输出的同步载波经调解后，可获得发送端送来的信息。DSSS 和 FHSS 无线局域网都使用无线电波作为媒体，覆盖范围大，发射功率较自然背景的噪声低，基本避免了信号被偷听和窃取，使通信非常安全。同时，无线局域网中的电波不会对人体健康造成伤害，具有抗干扰性、抗噪声、抗衰减和保密性能好等优点。

扩频技术利用的是开放的 2.4GHz 频段，由于这是个公用频段，因此十分拥挤，微波噪声最大，采取何种发送和接收方法，会直接影响到微波传输的质量和速率。直序扩频技术同时使用整个频段，信号被扩展多次而无损耗。而跳频扩频技术是连续间断跳跃使用多个频点，当跳到某个频点时，判断是否有干扰，若无则传输信号；若有则依据算法跳至下一频段继续判断。正是由于利用了跳频技术，使得跳频的范围很宽，但是信息在每个频率上停留的时间很短（仅为千分之一秒左右），不仅使得数据的抗干扰能力大大提高，而且传输更加稳定，提高了数据的安全性，这就是无线网络传输的关键。当然，IEEE 802.11 中还规定了其他一些重要内容，例如载波侦听多点接入/冲突避免协议（Carrier Sense Multiple Access/Collision Avoidance，CSMA/CA）、请求发送/清除发送协议（Request To Send/Clear To Send，RTS/CTS）、信包重整、多信道漫游等，这里就不详细叙述了。

4.2.1.1　IEEE 802.11 系列协议

由于 802.11 在速率和传输距离上都不能满足人们的需要，因此，IEEE 小组又相继推出一系列新标准，如 802.11a，802.11b，802.11c，802.11d，802.11e，802.11f，802.11g，802.11h 等，现简述如下。

1．802.11a

IEEE 802.11a 的传输技术为多载波调制技术，工作在 5GHz U-NII 频带，物理层速率最高可达 54Mbit/s，传输层速率最高可达 25Mbit/s。可提供 25Mbit/s 的无线 ATM 接口和 10Mbit/s 的以太网无线帧结构接口，以及 TDD/TDMA（Time Division Duplex /Time Division Multiple Access）的空中接口；支持语音、数据、图像业务；一个扇区可接入多个用户，每个用户可带多个用户终端，根据需要，数据率还可降为 48Mbit/s、36Mbit/s、24Mbit/s、18Mbit/s、12Mbit/s、9 Mbit/s 或者 6Mbit/s。与单个载波系统 802.11b 不同，802.11a 运用了提高频率信道利用率的正交频率划分多路复用（OFDM）的多载波调制技术，由于 802.11a 运用 5.2GHz 射频频谱，因此它与 802.11b 或最初的 802.11WLAN 标准均不能进行互操作。

IEEE 802.11a 拥有 12 条不相互重叠的频道，8 条用于室内，4 条用于点对点传输。它不能与 802.11b 进行互操作，除非使用了对两种标准都采用的设备。尽管 2003 年世界无线电通信会议让 802.11a 在全球的应用变得更容易，不同的国家还是有不同的规定。美国和日本已经出现了相关规定，对 802.11a 进行了认可，但是在其他地区，如欧盟，管理机构却考虑使用欧洲的 HIPERLAN 标准，而且在 2002 年中期禁止在欧洲使用 802.11a。在美国，2003 年中期联邦通信委员会的决定可能会为 802.11a 提供更多的频谱，但是 802.11a 产品于 2001 年开始销售，比 802.11b 的产品要晚，原因在于产品中 5GHz 的组件研制太慢。

由于 802.11b 已经被广泛采用了，802.11a 没有被广泛采用，再加上 802.11a 的一些弱点和一些地方的规定限制，使得它的使用范围更窄了。802.11a 设备厂商为了应对这样的局面，对技术进行了改进（现在的 802.11a 技术已经与 802.11b 在很多特性上都很相近了），并开发了可以使用不止一种 802.11 标准的技术，现在已经有了可以同时支持 802.11a 和 802.11b，或者 802.11a、802.11b 和 802.11g 都支持的双频、双模式或者三模式的无线网卡，它们可以自动根据情况选择标准，同样也出现了能同时支持所有这些标准的移动适配器和接入设备。

2. 802.11b

IEEE 802.11b 是无线局域网的一个标准。其载波的频率为 2.4GHz，传送速度为 11Mbit/s，扩大了无线局域网的应用领域，比之前的 IEEE 802.11 标准快 5 倍，也可根据实际情况采用 5.5Mbit/s、2Mbit/s 和 1Mbit/s 带宽，其实际的工作速度在 5Mbit/s 左右，与普通 10Base-T 规格的有线局域网几乎是处于同一水平，作为公司内部的设施，可以基本满足使用要求。IEEE 802.11b 使用的是开放的 2.4GHz 频段，不需要申请就可使用，既可作为对有线网络的补充，也可独立组网，从而使网络用户摆脱网线的束缚，实现真正意义上的移动应用。

IEEE 802.11b 是所有无线局域网标准中最著名，也是普及最广的标准。它有时也被错误地标为 Wi-Fi。实际上 Wi-Fi 是无线局域网联盟（Wireless Local Area Networks Association，WLANA）的一个商标，该商标仅保证使用该商标的商品互相之间可以合作，与标准本身实际上没有关系。在 2.4GHz 频段，即工业、科学、医学频段，共有 14 个频宽为 22MHz 的频道可供使用。IEEE 802.11b 的后继标准是 IEEE 802.11g，其传送速度为 54Mbit/s。

3. 802.11c

802.11c 在媒体接入控制/链路连接控制（Medium Access Control/Logical Link Control，MAC/LLC）层面上进行扩展，旨在制订无线桥接运作标准，但后来将标准追加到既有的 802.1 中，成为 802.1d。

4. 801.11d

802.11d 一样在媒体接入控制/链路连接控制（MAC/LLC）层面上进行扩展，对应 802.11b 标准，解决不能使用 2.4GHz 频段国家的使用问题。

5. 802.11e

802.11e 是 IEEE 为满足服务质量（QoS）方面的要求而制订的 WLAN 标准。在一些语音、视频等的传输中，QoS 是非常重要的指标。在 802.11MAC 层，802.11e 加入了 QoS 功能，它的分布式控制模式可提供稳定合理的服务质量，而集中控制模式可灵活支持多种服务质量策略，让影音传输能及时、定量地保证多媒体的顺畅应用，Wi-Fi 联盟将此称为 WMM（Wi-Fi Multimedia）。

6. 802.11f

802.11f 追加了 IAPP（Inter-Access Point Protocol）协定，确保用户端在不同接入点间的漫游，让用户端能平顺、无形地切换存取区域。802.11f 标准确定了在同一网络内接入点的登录，以及用户从一个接入点切换到另一个接入点时的信息交换。

7. 802.11g

2003 年 7 月，通过了第三种调变标准 IEEE 802.11g，其载波的频率为 2.4GHz（跟 802.11b 相同），原始传送速度为 54Mbit/s，净传输速度约为 24.7Mbit/s（跟 802.11a 相同）。802.11g 的设备与 802.11b 兼容，它是为了提高传输速率而制定的标准。从 802.11b 到 802.11g，可发现 WLAN 标准不断发展的轨迹：802.11b 是所有 WLAN 标准演进的基石，未来许多的系统大都需要与 802.11b 向后兼容，802.11a 是一个非全球性的标准，与 802.11b 后向不兼容，但采用 OFDM 技术，支持的数据流高达 54Mbit/s，提供几倍于 802.11b/g 的高速信道。可以看出，在 802.11g 和 802.11a 之间存在与 Wi-Fi 兼容性上的差距，为此出现了一种桥接此差距的双频技术——双模（dual band），它较好地融合了 802.11a/g 技术，工作在 2.4GHz 和 5GHz 两个频段，服从 802.11b/g/a 等标准，与

802.11b 后向兼容，使用户简单连接到现有或未来的 802.11 网络成为可能。

8. 802.11h

由于美国和欧洲在 5GHz 频段上的规划、应用上存在差异，为了与欧洲的 HiperLAN2 相协调，制订了 IEEE 802.11h，主要是为了减少对同处于 5GHz 频段的雷达的干扰。类似的还有 802.16（WiMAX），其中 802.16b 即是为了与 Wireless HUMAN 协调所制订。802.11h 涉及两种技术，一种技术是动态频率选择（D Frequency Seiection DFS），即接入点不停地扫描信道上的雷达，接入点和相关的基站随时改变频率，最大限度地减少干扰，均匀分配 WLAN 流量；另一种技术是传输功率控制（Transnussion Power Control，TPC），总的传输功率或干扰将减少 3dB。

9. 802.11i

IEEE 802.11i 是 IEEE 为了弥补 802.11 脆弱的安全加密功能（WEP，Wired Equivalent Privacy）而制定的修正案，于 2004 年 7 月完成。其中定义了基于 AES 的全新加密协议 CCMP（CTR with CBC-MAC Protocol），以及向前兼容 RC4 的加密协议 TKIP（Temporal Key Integrity Protocol）。无线网络中的安全问题从暴露到最终解决经历了相当的时间，而各大通信芯片厂商显然无法接受在这期间什么都不出售，所以迫不及待的 Wi-Fi 厂商采用 802.11i 的草案 3 为蓝图设计了一系列通信设备，随后称为支持 WPA（Wi-Fi Protected Access）的；而之后称将支持 802.11i 最终版协议的通信设备称为支持 WPA2（Wi-Fi Protected Access 2）的。

10. 802.11j

IEEE 802.11j 是为适应日本在 5GHz 以上应用不同而定制的标准，日本从 4.9GHz 开始运用，同时，它们的功率也各不相同，例如同为 5.15～5.25GHz 的频段，欧洲允许 200MW 功率，日本仅允许 160MW。

11. 802.11k

IEEE 802.11k 为无线局域网应该如何进行信道选择、漫游服务和传输功率控制提供了标准。它提供无线资源管理，让频段、通道和载波等更灵活动态地调整、调度，使有限的频段在整体运用效益上获得提升。在一个无线局域网内，每个设备通常连接到提供最强信号的接入点，这种管理有时可能导致对一个接入点过度需求并且会使其他接入点利用率降低，从而导致整个网络的性能降低，这主要是由接入用户的数目及地理位置决定的。在一个遵守 802.11k 规范的网络中，如果具有最强信号的接入点以其最大容量加载，而一个无线设备连接到一个利用率较低的接入点，在这种情况下，即使其信号可能比较弱，但是总体吞吐量还是比较大的，这是因为这时网络资源得到了更加有效的利用。

12. 802.11l

由于 111 字样与安全规范的 11i 容易混淆，并且很像 111，因此被放弃编列使用。

13. 802.11m

IEEE 802.11m 主要是对 802.11 家族规范进行维护、修正、改进，以及为其提供解释文件，802.11m 中的 m 表示 Maintenance。

14. 802.11n

2004 年 1 月 IEEE 宣布组成一个新的单位来发展新的 802.11 标准，即 IEEE 802.11n。资料传输速度估计将达 540Mbit/s（需要在物理层产生更高速度的传输率），此项新标准应该要比 802.11b 快上 50 倍，而比 802.11g 快上 10 倍左右。802.11n 也将会比目前的无线网络传送到更远的距离，目前在 802.11n 有两个提议在互相竞争中：以 Broadcom 为首的一些厂商支持的 WWiSE（World-Wide Spectrum Efficiency）和由 Intel 与 Philips 所支持的 TGn Sync。

IEEE 802.11n 增加了对于 MIMO（Multiple-Input Multiple-Output）的标准，MIMO 使用多个发射和接收天线来允许更高的资料传输率。

15. 802.11o

IEEE 802.11o 针对 VOWLAN（Voice over WLAN）而制订，具有更快速的无限跨区切换，以及读取语音（Voice）比数据（Data）有更高的传输优先权。

16. 802.11p

IEEE 802.11p 是针对汽车通信的特殊环境而出炉的标准，它工作于 5.9GHz 的频段，并拥有 300m 的传输距离和 6Mbit/s 的数据速率。802.11p 将能用于收费站交费、汽车安全业务、通过汽车的电子商务等很多方面，从技术上来看，802.11p 对 802.11 进行了多项针对汽车这样的特殊环境的改进，如热点间切换更先进、更支持移动环境、增强了安全性、加强了身份认证等。

17. 802.11q

IEEE 802.11q 制订支援 VLAN 的机制。

18. 802.11r

IEEE 802.11r 标准着眼于减少漫游时认证所需的时间，这将有助于支持语音等实时应用。使用无线电话技术的移动用户必须能够从一个接入点迅速断开连接，并重新连接到另一个接入点，这个切换过程中的延迟时间不应该超过 50ms，因为这是人耳能够感觉到的时间间隔。但是目前 802.11 网络在漫游时的平均延迟是几百毫秒，这直接导致传输过程中的断续，造成连接丢失和语音质量下降，所以对广泛使用的基于 802.11 的无线语音通信来说，更快的切换是非常关键的。802.11r 改善了移动的客户端设备在接入点之间运动时的切换过程，协议允许一个无线客户机在实现切换之前，就建立起与新接入点之间安全且具备 QoS 的状态，这会将连接损失和通话中断减到最小。

19. 802.11s

IEEE 802.11s 制订与实现目前最先进的 MESH 网路，提供自主性组态（self-configuring）、自主性修复（self-healing）等能力。无线网状网可以把多个无线局域网连在一起，从而能覆盖一个大学校园或整个城市，当一个新接入点加入进来时，它可以自动完成安全和服务质量方面的设置。整个网状网的数据包会自动避开繁忙的接入点，找到最好的路由线，目前关于该标准共有 15 个提案。

20. 802.11t

IEEE 802.11t 提供提高无线电广播链路特征评估和衡量标准的一致性方法标准，衡量无线网络性能。

21. 802.11u

IEEE 802.11u 拟提供与其他网络的交互性，以后更多的产品将兼具 Wi-Fi 与其他无线协议，例如 Edge、EV-DO 等，该工作组正在开发在不同网络之间传送信息的方法，以简化网络的交换与漫游。

22. 802.11v

IEEE 802.11v 拟提供无线网络管理能力。802.11v 工作组是最新成立的小组，其任务将基于 802.11k 所取得的成果，802.11v 主要面对的是运营商，致力于增强由 Wi-Fi 网络提供的服务。

23. 802.11ac

目前主流厂商（Qualcomm、Broadcom、Intel 等）正在开发协议版本 IEEE 802.11ac，它使用 5GHz 频段（也可以是 6GHz 频段），采用更宽的基带（最高扩展到 160MHz）、更多的 MIMO、高密度的调制解调（256 QAM）。理论上 802.11ac 可以为多个站点服务提供 1Gbit/s 的带宽，或是为单一连接提供 500Mbit/s 的传输带宽。世界上第一只采用 802.11ac 无线技术的路由器，于 2011 年 11 月 15 日由美国初创公司 Quantenna 推出。2012 年 1 月 5 日，业界巨头 Broadcom 发布了它的第一款支持 802.11ac 的芯片。

24. 802.11ad

IEEE 802.11ad 工作在 57 ~ 66 GHz 频段，从 802.15.3c 演变而来，标准尚在讨论中。802.11ad 草案显示其将支持近 7Gbit/s 的带宽，由于载波特性的限制，这一标准将主要满足个域网（Personal Area Network，PAN）对于超高带宽的需求。这一标准最有可能出现的应用将是无线高清音视频信号的近距离传输。

25. 802.11ae

IEEE 802.11ae 下一代标准，IEEE 正在起草方案。

4.2.1.2　红外和 Wi-Fi

通过上述介绍可以知道 802.11 协议涉及很多内容，接下来重点介绍一下红外和 Wi-Fi。

1. 红外

红外技术是研究红外辐射的产生、传播、转化和测量及其应用的科学技术，其中，红外辐射包括介于可见光与微波之间的广阔的电磁波段。1800 年，F.W.赫歇耳发现了红外辐射，此后，红外辐射、红外元件及部件的科学研究逐步发展，但比较缓慢，直到 1940 年前后才真正出现了现代的红外技术。

现代的红外无线通信系统由发射器、信道和接收器三部分组成，发射器包括红外发射器和编码控制器，接收器包括红外探测器和解码控制器。由于红外无线通信系统一般采用双向通信方式，所以在红外无线通信系统中把红外发射器与红外探测器合为一个红外收发器。与之对应，编码控制器和解码控制器合为红外编解码控制器，亦简称为红外控制器。红外收发器实现红外脉冲信号的产生和探测，需要满足规范要求和合适的通信波长。红外发射管由不同比率的混合物制造而成，采用这些混合物制造的红外发射管的发射波长为 800nm ~ 1000nm；信道首先由红外控制器按一定的方式进行编码，然后由控制器控制红外收发器产生编码红外脉冲，接收时，红外收发器检测红外信号并传输给控制器进行解码转接，最后输出信号。红外控制器完成对信号的编码和解码，根据红外信号传输速率的不同，按照红外通信协议规定进行不同的编码。

红外无线通信作为一种成熟的通信技术，目前已经形成了标准的通信协议。红外数据协会（Infrared Data Association，IrDR）规定了红外物理层协议（Infrared Physical Layer，IrPHY）、红外链路访问层协议（Infrared Link Access Protocol，IrLAP）、红外链路管理层协议（Infrared Link Management Protocol，IrLMP），并且还规定了一些专门的应用层协议。

2. Wi-Fi

Wi-Fi 全称 Wireless Fidelity，是由一个名为"无线以太网相容联盟"（Wireless Ethernet Compatibility Alliance, WECA）的组织所发布的业界术语，中文译为"无线相容认证"。它是一种短程无线传输技术，能够在数百米范围内支持互联网接入的无线电信号。随着技术的发展，以及 IEEE 802.11a、IEEE 802.11g、IEEE 802.11n 等标准的出现，现在 IEEE 802.11 这个标准已被统称作 Wi-Fi。

Wi-Fi 技术大多工作在 2.4GHz 的 ISM 自由频段，采用直接序列扩频技术，支持多种传输速率，最高可达 54Mbit/s，传输距离受功率和天线增益影响，随着传输距离的变长，传输速率迅速降低。Wi-Fi 技术是专为 WLAN（无线局域网）接入设计的，目前已经商用，在机场、咖啡店、旅馆、书店、校园、家庭、办公室等都有 Wi-Fi 覆盖。

Wi-Fi 技术具有以下特点。

（1）传输速率快。Wi-Fi 技术采用直接序列扩频技术，能提供很高的传输速率，因此，适合于对数据传输速率要求高的应用。当信道状况变差时，数据的传输速率可以做出相应的调整，这种动态的数据传输速率扩大了通信范围，同时为近距离传输提供了较高的数据吞吐量，减少了信道的占用时间，提高了整体性能。

（2）高移动性。在无线局域网覆盖范围内，各个节点可以不受地理位置的限制进行任意移动，Wi-Fi 技术可以使用在室内也可以使用在室外，任何 Wi-Fi 设备只要在 Wi-Fi 覆盖的网络中，就能连接互联网。

（3）覆盖范围广。Wi-Fi 的覆盖范围半径在 150m，但通过中继能实现几千米的通信距离。

（4）辐射小。IEE 802.11 规定的发送功率是 100mW，而一般的 Wi-Fi 设备只要 60~70mW。而且 Wi-Fi 设备并不直接接触，所以应用十分安全。

（5）易扩展。无线局域网有多种配置方式，每个 AP（接入点）可以支持 100 多个节点接入，要想扩展用户，只需增加 AP 的数量就能实现。

（6）传输可靠。Wi-Fi 技术通过一系列的冲突避免和确认、错误重发机制来保证网络的可靠性。

（7）组网便捷。Wi-Fi 网络支持多种拓扑结构，可以实现各种规模的网络，组网时只需将 Wi-Fi 设备关联到无线 AP 上，而且网络安装非常方便，只需安装一个或多个无线 AP，就能建立范围广泛的无线局域网。

4.2.2　IEEE 802.15.1 与蓝牙协议

IEEE 802.15.1（Task Group 1，TG1）本质上只是蓝牙协议的一个正式标准化版本，大多数标准制定工作仍由蓝牙特别兴趣组（Special Interest Group，SIG）在做，其成果将由 IEEE 批准。最初的 IEEE 802.15.1 标准对应于蓝牙 1.1，802.15.1a 对应于蓝牙 1.2，它包括某些 QoS 增强功能，完全后向兼容，最新的版本是蓝牙 4.0。

蓝牙是一种支持设备短距离通信（一般 10m 内）的无线电技术，它的数据速率为 1Mbit/s。采用时分双工传输方案实现全双工传输，能在包括移动电话、PDA、无线耳机、笔记本电脑、相关外设等众多设备之间进行无线信息交换，利用蓝牙技术，能够有效地简化移动通信终端设备之间的通信，也能够成功地简化设备与因特网之间的通信，从而数据传输变得更加迅速高效，为无线通信拓宽道路。蓝牙采用分散式网络结构以及快跳频和短包技术，支持点对点及点对多点通信，工作在全球通用的 2.4GHz 的 ISM 频段。

1. 蓝牙的由来

蓝牙这个名称来自于 10 世纪的一位丹麦国王 Harald Blatand，Blatand 在英文里的意思可以被解释为 Bluetooth（蓝牙），因为国王喜欢吃蓝莓，牙龈每天都是蓝色的，所以叫蓝牙。在行业协会筹备阶段，需要一个极具有表现力的名字来命名这项高新技术。行业组织人员在经过一夜关于欧洲历史和未来无线技术发展的讨论后，有些人认为用 Blatand 国王的名字命名再合适不过了。Blatand 国王口齿伶俐，善于交际，就如同这项即将面世的技术，被定义为允许不同工业领域或行业之间的通信协调工作，保持着各个系统领域之间的良好交流，例如计算机、手机和汽车行业之间的工作。

蓝牙的创始人是爱立信公司，爱立信早在 1994 年就已进行研发。1997 年，爱立信与其他设备生产商联系，并激发了他们对该项技术的浓厚兴趣。1998 年 2 月，诺基亚、苹果、三星等组成了一个特殊兴趣小组（Special Interest Group，SIG），他们共同的目标是建立一个全球性的小范围无线通信技术，即蓝牙。

1998 年 5 月，爱立信、诺基亚、东芝、IBM 和英特尔等五家著名厂商，在联合开展短程无线通信技术的标准化活动时提出了蓝牙技术，其宗旨是提供一种短距离、低成本的无线传输应用技术。这五家厂商还成立了蓝牙特别兴趣组，以使蓝牙技术能够成为未来的无线通信标准。芯片霸主 Intel 公司负责半导体芯片和传输软件的开发，爱立信负责无线射频和移动电话软件的开发，IBM 和东芝负责笔记本电脑接口规格的开发。1999 年下半年，著名的业界巨头微软、摩托罗拉、三星、朗讯与蓝牙特别小组的五家公司共同发起成立了蓝牙技术推广组织，从而在全球范围内掀起了一股"蓝牙"热潮。全球业界即将开发一大批蓝牙技术的应用产品，使蓝牙技术呈现出极其广阔的市场前景，并预示着 21 世纪初将迎来波澜壮阔的全球无线通信浪潮。

2. 蓝牙的组成

蓝牙系统一般由无线单元、链路控制硬件单元、链路管理软件单元和蓝牙软件协议栈单元等四个功能单元组成，如图 4-1 所示。天线部分体积十分小巧、质量轻，属于微带天线；链路控制硬件单元包括连接控制器、基带处理器以及射频传输/接收器 3 个集成器件，此外还使用了 3～5 个单独调谐件，基带链路控制器负责处理基带协议和其他一些低层常规协议，蓝牙基带协议是电路交换与分组交换的结合，采用时分双工实现全双工传输；链路管理（Link Management，LM）软件模块携带了链路的数据设置、鉴权、链路硬件配置和其他一些协议，LM 能够发现其他远端 LM 并通过链路管理协议（Link Management Protocol，LMP）与之通信。蓝牙规范接口可以直接集成到笔记本电脑上，或者通过 PC 卡或 USB 接口连接，或者直接集成到蜂窝电话中或通过附加设备连接；蓝牙的软件协议栈单元是一个独立的操作系统，不与任何操作系统捆绑，它符合已经制定好的蓝牙规范。

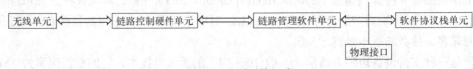

图 4-1 蓝牙系统组成

3. 蓝牙的特点

（1）开放性

由蓝牙特殊利益集团制定的蓝牙无线通信的规范完全是公开的和共享的。为鼓励该项技术的应用推广，SIG 在其建立之初就奠定了真正地完全公开的基本方针。

（2）短距离

蓝牙无线技术通信距离较短（一般为 10m），消耗功率极低，所以更适合于小巧的、便携式的并由蓄电池供电的个人装置。

（3）无线性

蓝牙技术最初是以取消连接各种电器之间的连线为目标的。蓝牙技术主要面向网络中的各种数据及语音设备如 PC、拨号网络、笔记本电脑、HPC、PDA、打印机、传真机、数码相机、移动电活、高品质耳机等。蓝牙通过无线的方式将它们组成一个围绕个人的网络，省去了用户接线的烦恼，在各种便携设备之间实现无缝的资源共享。

（4）产品的互操作性和兼容性

蓝牙产品在满足蓝牙规范的前提下，还必须通过 SIG 的认证程序才能走向市场。这就保证了即使是不同公司的蓝牙产品，也可实现互操作和数据共享，以达到不同的设备间完全兼容的目的。

（5）同时支持语音和数据

蓝牙无线通信同时支持语音和数据传输，可以其中一种方式或两种方式同时使用。

（6）低辐射

随着无线技术的深入人心，辐射也成了消费者非常关心的问题，由世界卫生组织、IEEE 等专家组成的小组表示，检测中并未发现蓝牙产品的辐射对人体有影响。蓝牙产品的输出功率仅为 1mW，是微波炉使用功率的百万分之一。

（7）无限制

由于蓝牙工作在全球通用的 2.4GHz 的 ISM 免付费、免申请的无线电频段，所以无论身在何处，利用蓝牙无线通信的设备不用考虑频率受限制的问题。

4. 蓝牙的发展趋势

（1）芯片越来越小巧

蓝牙技术要嵌入到电子器件内就要考虑蓝牙的芯片尺寸，它必须具有小巧、廉价、结构紧凑和功能强大的特点才能放进蜂窝电话中。

（2）与其他技术兼容

蓝牙只是无线局域网络（WLAN）中一项重要的技术，本身有其局限，WLAN 网的实现需要几种技术的结合，如 IEEE 802.15 委员会采纳了可使蓝牙和 IEEE 802.llb 共存的技术提案，以解决蓝牙产品基础组件间的兼容问题。

（3）提高抗干扰能力和增大传输距离

当在同时使用无线 LAN 和微波炉的情况下，蓝牙的性能明显下降，这说明它的抗干扰能力较弱。蓝牙只有 10m 的传输距离，这制约着它的广泛应用和发展，需要充分利用其功率类型，增加特殊应用通信距离。

（4）越来越多的支持者

微软公司于近年上市的所有 Windows 操作系统均支持蓝牙。以 IBM 为首的众多计算机厂商正在努力达成协议，为 PC 平台制订蓝牙标准，以解决不同设备之间的兼容性。

（5）支持漫游功能

蓝牙技术可以在微网络或扩大网之间切换，但每次切换都必须断开与当前 PAN 的连接。为解决此问题，Commil 技术公司设计了一种系统，即使在蓝牙模式不同入口点之间漫游，仍可以维持连续的、不中断的数据和声音交流。

相对于 IEEE 802.11 来说，蓝牙（IEEE 802.15.1）的出现不是为了竞争而是相互补充。蓝牙比 IEEE 802.11 更具移动性，比如 IEEE 802.11 仅限于在办公室和校园内，而蓝牙能把一个设备连接到局域网（Local Area Network，LAN）和广域网（Wide Area Network，WAN），甚至支持全球漫游。

尽管蓝牙是第一个面向低速率应用的标准，但是它的市场情况不太理想，其原因之一是受 Wi-Fi（IEEE 802.11b）的冲击，Wi-Fi 产品的价格大幅度下降导致其在某些应用方面抑制了蓝牙的优势；另一个原因是蓝牙为了覆盖更多的应用和提供更高的服务质量，使其偏离了原来尽可能简单的设计目标，复杂的设计使蓝牙变得昂贵，不再适合那些要求低功率、低成本的简单应用。此外，它还存在可扩展性方面的问题。

任何科学技术的发展总是从不完善开始，逐步变得完美，与其他通信技术一样，蓝牙技术是一个开放的技术，必然存在一些问题，如保密安全问题，2.4GHz 的 ISM 频段使用的电磁兼容与频率共用问题，互操作性与兼容性问题等，这些问题将会被本领域的专家逐步解决，最终为用户提供一个完美的通信协议。

4.2.3　IEEE 802.15.3 与 UWB 协议

IEEE 802.15.3 也称 Wi-Media，旨在实现高速率无线通信。最初它的目标是为消费类器件提供无线通信方式，如电视机和数码照相机等，其原始版本规定的速率高达 55Mbit/s，使用基于 802.11 但不兼容的物理层。后来多数厂商倾向于使用 802.15.3a，它使用超宽带（Ultra Wide Band，UWB）的多频段 OFDM 联盟（Multi-Band OFDM Alliance，MBOA）的物理层，速率高达 480Mbit/s。打算生产 802.15.3a 产品的厂商成立了 Wi-Media 联盟，其任务是对设备进行测试和贴牌，以保证标准的一致性。

1. UWB 的原理

UWB 技术最基本的工作原理是发送和接收脉冲间隔严格受控的高斯单周期超短时脉冲，超短时单周期脉冲决定了信号的带宽很宽，接收机直接用一级前端交叉相关器就把脉冲序列转换成基带信号，省去了传统通信设备中的中频级，极大地降低了设备复杂性。UWB 技术采用脉冲位置调制 PPM 单周期脉冲来携带信息和信道编码，一般工作脉宽 0.1～1.5ns，重复周期在 25～1000ns。

早期的 UWB 系统利用占用频带极宽的超短基带脉冲进行通信，所以又称为基带、无载波或脉冲系统。早期的 UWB 技术主要应用于军用的雷达，以及低截获率/低侦测率的通信系统。近年来，UWB 技术开始应用于民用高速无线通信领域，并有了较大的发展和变化，产生了进行载波调制的直接序列码分多址（Direct Sequence-Code Division Multiple Access，DS-CDMA）和多带时频交织正交频分复用（Multi Band-Time Frequency Interleave-Orthogonal Frequency Division Multiplex，MB-TFI-OFDM）等多种实现方式。

UWB 不采用正弦载波，而是发送许多小于 1ns 的脉冲，因此这种通信方式占用带宽非常宽。UWB 信号类似于基带信号，可采用二进制启闭键控（On-Off Keying，OOK）调制方式，它在时间轴上是稀疏分布的，其功率谱密度相当低，无线射频可同时发射多个 UWB 信号，覆盖范围在 10m 以内，传输速率可达 100Mbit/s。

2. UWB 的发展

在 MB-OFDM 和 DS-UWB 两种体制之外，UWB Forum 也推出了自己基于 CWave 体制的产品。CWave 技术采用窄带载波的 BPSK 调制解调，而发射采用 UWB，原始数据传输速率可达 1.35 Gbit/s，其演示系统具有比 MB-OFDM 和 DS-UWB 更好的传输性能。Pulse～LINK 宣称 CWave 技术独立于传输介质，可用同轴电缆、电力线和无线设备传输超宽带信号，并可用作室内传输多媒体内容的一个公用平台。

目前，Wi-Media、DS-UWB 和 CWave 三种体制产品以 Wi-Media 实力最强，但各有所长，在市场上的激烈竞争势在必行，犹如三国鼎立。据权威机构预测，UWB 芯片市场年增长率将超过 400%，到 2011 年出货量会接近 3 亿组，UWB 相关产业即将进入腾飞阶段，各国都在加紧进行 UWB 产品的测试评估，争取用最短的时间确定 UWB 频谱规范。

美国在 UWB 的积极投入，引起欧盟、日本和中国的重视。由 Wisair、Philips 等六家公司和团体，成立了 Ultrawaves 组织，进行 UWB 在 AV 设备高速传输的可行性研究。位于以色列的 Wisair

多次发表所开发的 UWB 芯片组。STMicro、Thales 集团和摩托罗拉等 10 家公司和团体则成立了 UCAN 组织，利用 UWB 达成 PWAN 的技术，包括实体层、MAC 层、路由与硬件技术等。PULSERS 是由位于瑞士的 IBM 研究公司、英国的 Philips 研究组织等 45 家以上的研究团体组成，研究 UWB 的近距离无线界面技术和位置测量技术。

日本在 2003 年 1 月成立了 UWB 研究开发协会，计有 40 家以上的学者和大学参加，并在同年 3 月构筑 UWB 通信试验设备，宣布多个研究机构可在不经过核准的情况下，先行从事研究。日本 YEDATA 公司于 2006 年 9 月宣布成功开发出 UWB 产品 Wireless-HUB，该 Wireless-HUB 配备了 UWB 无线通信模块、4 个 USB 接口和具备 UWB 无线功能的 USB Dongle（加密狗）。根据 YEDATA 的试验结果，在没有障碍物的情况下，10 m 以内数据传输速度接近 100 Mbit/s。

中国在 2001 年 9 月初发布的"十五"国家 863 计划通信技术主题研究项目中，首次将"超宽带无线通信关键技术及其共存与兼容技术"作为无线通信共性技术与创新技术的研究内容，鼓励国内学者加强这方面的研究工作。

此外，无论是软件还是硬件，UWB 的发展都如火如荼。首先，在 UWB 的专业 IC 设计公司已有数家，如 Time Domain，Wisair，Discrete Time Communications。最具代表性的 Xtreme Spectrum 在 2003 年夏天被摩托罗拉并购，该公司在 2002 年 7 月推出芯片组 Trinity 及其参考用电路板，芯片组由 MAC、LNA、RF、Baseband 所组成，耗电量为 200mW，使用 3.1～7.5GHz 频段，速度为 100Mbit/s；其次，为了争夺未来的家庭无线网络市场，许多厂商都已推出了自己的网络产品，如 Intel 的 Digital Media Adapter，Sony 的 RoomLink（这两种适配器应用的是 802.11 协议），Xtreme Spectrum 则推出了基于 UWB 技术的 TRINITY 芯片组和一些消费电子产品；最后，Microsoft 推出了 Windows XP Media Center Edition，以确保 PC 成为智能网络的枢纽。

3. UWB 的技术优势

（1）传输速率高

理论上一个宽度趋于 0 的脉冲具有无限的带宽，所以 UWB 即使把发送信号功率谱密度控制得很低，也可以实现高达 100～500bit/s 的传输速率。在民用上，UWB 脉冲宽度一般为纳秒级，如果一个脉冲代表一个数位，那么理论上 UWB 可达 1Gbit/s 的速率，这样在实际中实现 100Mbit/s 以上的速率是完全可能的。

（2）发射功率低

因为不使用载波，UWB 仅在发射窄脉冲时消耗少量能量，从而省略了发射连续载波的大量功耗。这使得 UWB 在通过缩小脉冲宽度的同时提高带宽，并且不增加功耗，这就打破了过去任何一项传输技术的功耗和带宽成正比的定律。在短距离应用中，UWB 发射机的发射功率通常低于 1mW（这也是 FCC 为了避免对其他设备造成干扰而对 UWB 做出的技术指标要求）。虽然现在实际上使用芯片实现后的整体电路能耗在 300mW 左右，但随着技术的不断成熟和进步，这项指标会随之下降。

（3）分辨率高

由于 UWB 采用连续时间很短的窄脉冲，它的时间、空间分辨力很强，因此系统的多径分辨率很高（1ns 脉冲的多径分辨率为 30cm），接收机可以获得很强的抗衰落能力，同时在进行测距、定位、跟踪时也能达到更高精度。此外，窄脉冲具有很强的穿透力，这使 UWB 具有比红外线更广泛的应用，如解救那些被围困在倒塌建筑物里面的人们。

（4）电磁兼容性好

由于 UWB 的带宽相当于 1000 个电视频道或 3 万个 FM 广播频道的带宽,这会对其他电子设备形成强大的干扰。不过 FCC 规定，UWB 的发送功率谱密度必须低于美国发射噪声规定值-41.3dBm/MHz，因此从理论上讲相对于其他通信系统，UWB 信号所产生的干扰仅相当于一个宽带白噪声，影响是比较小的。

（5）适合于便携型应用

由于 UWB 技术使用基带传输，无需进行射频调制和解调，所以不需要混频器、过滤器、RF/IF 转换器及本地振荡器等复杂元件，系统结构简化，成本大大降低，同时更容易集成到 CMOS 电路中。这样带来的好处是设备的功耗小、灵活性高，适合于便携型无线应用。

（6）系统安全性能好

由于 UWB 的发射功率低，信号隐蔽在环境噪声和其他信号之中，用传统的接收机无法接收和识别，必须采用与发送端一致的扩频码脉冲序列才能进行解调，因此增强了系统的安全性。除此之外，抗干扰性能强、频谱资源利用率高、系统容量大等特点，都使得 UWB 的应用前景被看好。

4.2.4　IEEE 802.15.4 与 ZigBee 协议

IEEE 802.15.4 属于低速率短距离的通信规划，用于无线个人局域网中，它的设计目标是低成本、低速率和低功耗（长电池寿命）。ZigBee 是基于 IEEE 802.15.4 标准的低功耗个域网协议，根据这个协议规定的技术必须是一种短距离、低功耗的无线通信技术。ZigBee 这一名称来源于蜜蜂的八字舞，由于蜜蜂（bee）是靠飞翔和"嗡嗡"（zig）地抖动翅膀的"舞蹈"来与同伴传递花粉所在方位信息，也就是说蜜蜂依靠这样的方式构成了群体中的通信网络。ZigBee 技术的特点是近距离、低复杂度、自组织、低功耗、低数据速率、低成本，主要适合用于自动控制和远程控制领域，可以嵌入各种设备。

1. ZigBee 的由来

长期以来，低价位、低速率、短距离、低功率的无线通信市场一直存在着。蓝牙的出现，曾让工业控制、家用自动控制、玩具制造商等业者雀跃不已，但是蓝牙的售价一直居高不下，严重影响了这些厂商的使用意愿。最重要的是在蓝牙技术的使用过程中，人们发现蓝牙技术尽管有许多优点，但仍存在许多缺陷，如蓝牙技术太复杂，功耗大，距离近，组网规模太小等，这对工业、家庭自动化控制和工业遥测遥控领域的应用而言都是不可接受的。此外，对于工业现场，还要求无线传输必须是高可靠的，能抵抗工业现场的各种电磁干扰。经过人们长期努力，ZigBee 协议在 2003 年正式问世，ZigBee 使用了在它之前所研究过的面向家庭网络的通信协议 Home RF Lite。工业自动化对无线数据通信的强烈需求使得上述对蓝牙失望的业者都参加了 IEEE 802.15.4 小组，负责制定 ZigBee 的物理层和媒体介质访问层。

IEEE 802.15.4 规范是一种经济、高效、低数据速率(< 250kbit/s)、工作在 2.4GHz 和 868/915MHz 的无线技术，用于个人区域网和对等网络，它是 ZigBee 应用层和网络层协议的基础。ZigBee 依据 802.15.4 标准，在数千个微小的传感器之间相互协调实现通信。这些传感器只需要很少的能量，以接力的方式通过无线电波将数据从一个网络节点传到另一个节点，所以它们的通信效率非常高。

互联网标准化组织 IETF 看到了无线传感器网络（或者物联网）的广泛应用前景，也加入到相应的标准化制定中。以前许多标准化组织和研究者认为 IP 技术过于复杂，不适合低功耗、资源受限的无线传感器网络，因此都是采用非 IP 技术。在实际应用中，如 ZigBee 需要接入互联网时需要复杂的应用层网关，不能实现端到端的数据传输和控制。与此同时，与 Zigbee 类似的标准还有 z-wave、ANT、Enocean 等，这些标准相互之间不兼容，不利于产业化。IETF 和许多研究者发现了存在的这些问题，尤其是 Cisco 的工程师基于开源的 uIP 协议实现了轻量级的 IPv6 协议，证明了 IPv6 不仅可以运行在低功耗资源受限的设备上，而且，比 Zigbee 更加简单，彻底改变了大家的偏见，之后基于 IPv6 的无线传感器网络技术得到了迅速发展。IETF 已经完成了核心的标准规范，包括 IPv6 数据报文和帧头压缩规范（IPv6 over Low power WPAN, 6Lowpan）、面向低功耗、低速率、链路动态变化的无线网络路由协议（Routing Protocol for Low Power and Lossy Networks, RPL）、以及面向无线传感器网络应用的应用层标准（Constrained Application Protocol, CoAP）等相关的标准规范已经发布。IETF 组织成立了 IPSO（IP for Smart Objects）联盟，推动该标准的应用，并发布了一系列白皮书。

IPv6/6Lowpan 已经成为许多其他标准的核心，包括智能电网 ZigBee SEP 2.0、工业控制标准 ISA100.11a、有源 RFID ISO1800-7.4（DASH）等。IPv6/6Lowpan 具有诸多优势：可以运行在多种介质上，如低功耗无线、电力线载波、Wi-Fi 和以太网，有利于实现统一通信；IPv6 可以实现端到端的通信，无需网关，降低成本；6Lowpan 中采用 RPL 路由协议，路由器可以休眠，也可以采用电池供电，应用范围广，而 zigbee 技术路由器不能休眠，应用领域受到限制。6Lowpan 标准已经在大量开源软件中实现，如最著名的 Contiki、TinyOS 系统，已经实现完整的协议栈，全部开源，完全免费，已经在许多产品中得到应用。IPv6/6Lowpan 协议将随着无线传感器网络以及物联网的普及而被广泛应用，并很有可能成为该领域的事实标准。

ZigBee 译为"紫蜂"，由 IEEE 802.15 工作组中提出，并由其 TG4 工作组制定规范。ZigBee 作为一种新兴的短距离无线通信技术，可工作在 2.4GHz、868MHz、915 MHz 这 3 个频段，传输速率分别为 250kbit/s、20kbit/s 和 40kbit/s 的，它的传输距离在 10～70m 的范围内。ZigBee 的底层技术基于 IEEE 802.15.4，即其物理层和媒体访问控制层直接使用了 IEEE 802.15.4 的定义。

2. ZigBee 协调器

ZigBee 协调器在无线传感器网络中可以作为汇聚节点。ZigBee 协调器必须是全功能设备（个人无线局域网中的无线设备之一），一个 ZigBee 网络只有一个 ZigBee 协调器，它往往比网络中其他节点的功能更强大，是整个网络的主控节点。它负责发起建立新的网络、设定网络参数、管理网络中的节点以及存储网络中节点信息等，网络形成后也可以执行路由器的功能。ZigBee 中每个协调点最多可连接 255 个节点，一个 ZigBee 网络最多可容纳 65535 个节点。ZigBee 协调器是其 3 种类型节点中最为复杂的一种，一般由交流电源持续供电。

3. 技术联盟

ZigBee 联盟是一个高速成长的非盈利业界组织，成员包括国际著名半导体生产商、技术提供者、技术集成商以及最终使用者。联盟制定了基于 IEEE 802.15.4，具有高可靠、高性价比、低功耗的网络应用规格。ZigBee 联盟的主要目标是以通过加入无线网络功能，为消费者提供更富有弹性、更容易使用的电子产品。ZigBee 技术能融入各类电子产品，应用范围横跨全球的民用、商用、公共事业以及工业等市场。使得联盟会员可以利用 ZigBee 这个标准化无线网络平台，设计出简单、可靠、便宜又节省电力的各种产品来。

ZigBee 联盟所锁定的焦点为制定网络、安全和应用软件层，提供不同产品的协调性及互通性测试规格，在世界各地推广 ZigBee 品牌并争取市场的关注，管理技术的发展。

IEEE 802.15.4 的物理层、MAC 层及数据链路层的标准已在 2003 年 5 月发布，ZigBee 网络层、加密层及应用描述层的制定也取得了较大的进展，V1.0 版本已经发布，其他应用领域及其相关的设备描述也会陆续发布。由于 IEEE 仅处理低级 MAC 层和物理层协议，因此 ZigBee 联盟对其网络层协议和 API 进行了标准化。完全协议用于一次可直接连接到一个设备的基本节点的 4KB 或者作为 Hub 或路由器的协调器的 32KB，每个协调器可连接多达 255 个节点，而几个协调器则可形成一个网络，对路由传输的数目则没有限制。ZigBee 联盟还开发了安全层，以保证这种便携设备不会意外泄漏其标识，而且这种利用网络的远距离传输不会被其他节点获得。

4. 应用前景

ZigBee 并不是用来与蓝牙或者其他已经存在的标准竞争，它的目标定位于现存的系统还不能满足其需求的特定的市场，它有着广阔的应用前景。据估计，ZigBee 市场价值将达到数亿美元。其应用领域主要包括家庭和楼宇网络、工业控制、商业、公共场所、农业控制和医疗等。在家庭和楼宇网络方面，如空调系统的温度控制时的通信、照明的自动控制的通信、窗帘的自动控制的通信、煤气计量控制的通信、家用电器的远程控制的通信等；在工业控制方面，如各种监控器、传感器的自动化控制的通信；在商业方面，如智慧型标签读取时的通信等；在公共场所方面，如烟雾探测器的通信等；在农业控制方面，如收集各种土壤信息和气候信息之后的通信；在医疗方面，如老人与行动不便者的紧急呼叫器和医疗传感器的通信等。

4.2.5 IEEE 802.16

IEEE 802.16 是为用户站点和核心网络（如公共电话网和 Internet）间提供通信路径而定义的无线服务，无线城域网技术也称为 WiMAX，这种无线宽带访问标准解决了城域网中"最后一公里"问题，因为数字用户专线（Digital Subscriber Line，DSL）、电缆及其他带宽访问方法的解决方案要么行不通，要么成本太高。

IEEE 802.16 负责对无线本地环路的无线接口及其相关功能制定标准，它由三个小工作组组成，每个小工作组分别负责不同的方面：IEEE 802.16.1 负责制定频率为 10～60GHz 的无线接口标准；IEEE 802.16.2 负责制定宽带无线接入系统共存方面的标准；IEEE 802.16.3 负责制定频率范围在 2～10GHz 之间获得频率使用许可应用的无线接口标准。我们可以看到，802.16.1 所负责的频率是非常高的，而它的工作也是在这三个组中走在最前沿的，由于其所定位的带宽很特殊，在将来 802.16.1 最有可能会引起工业界的兴趣。IEEE 802.16 无线服务的作用就是在用户站点同核心网络之间建立起一个通信路径，这个核心网络可以是公用电话网络也可以是因特网。IEEE 802.16 标准所关心的是用户的收发机同基站收发机之间的无线接口。其中的协议专门对在网络中传输大数据块时的无线传输地址问题做了规定，协议标准是按照三层体系结构组织的。

三层结构中的最底层是物理层，该层的协议主要是关于频率带宽、调制模式、纠错技术以及发射机同接收机之间的同步、数据传输率和时分复用结构等方面的。对于从用户到基站的通信，标准使用的是按需分配多路寻址 – 时分多址技术（Demand Assigned Multiple Access-Time Division Multiple Access，DAMA-TDMA）。按需分配多路寻址（DAMA）技术是一种根据多个站点之间容量需要的不同而动态地分配信道容量的技术。时分多址（TDMA）是一种时分技术，它将一个信道分成一系列的帧，每个帧都包含很多的小时间单位，称为时隙。时分多址技术可以根据每个站点的需要为其在每个帧中分配一定数量的时隙来组成每个站点的逻辑信道，通过 DAMA-TDMA 技术，每个信道的时隙分配可以动态地改变。

在物理层之上是数据链路层，在该层上 IEEE 802.16 规定的主要是为用户提供服务所需的各种功能。这些功能都包括在介质访问控制 MAC 层中，主要负责将数据组成帧格式来传输和对用户如何接入到共享的无线介质中进行控制。MAC 协议对基站或用户在什么时候采用何种方式来初始化信道做了规定。因为 MAC 层之上的一些层如 ATM 需要提供服务质量（QoS）保障，所以 MAC 协议必须能够分配无线信道容量。位于多个 TDMA 帧中的一系列时隙为用户组成一个逻辑上的信道，而 MAC 帧则通过这个逻辑信道来传输。IEEE 802.16.1 规定每个单独信道的数据传输率范围是 2M ~ 155Mbit/s。

在数据链路层之上是一个会聚层，该层根据提供服务的不同提供不同的功能。对于 IEEE 802.16 来说，能提供的服务包括数字音频/视频广播、数字电话、异步传输模式（Asynchronous Transfer Mode，ATM）、因特网接入、电话网络中无线中继和帧中继。

1. WiMAX 简介

WiMAX（Worldwide Interoperability for Microwave Access），即全球微波互联接入。WiMAX 也叫 802.16 无线城域网或 802.16，WiMAX 是一项新兴的宽带无线接入技术，能提供面向互联网的高速连接，数据传输距离最远可达 50km。WiMAX 还具有 QoS 保障、传输速率高、业务丰富多样等优点。WiMAX 成立了论坛用于提高大众对宽频潜力的认识，让 WiMAX 技术成为业界使用 IEEE 802.16 系列宽频无线设备的标准。

就短期而言，由于市面已有多种宽频无线网方式，WiMAX 无法另辟新的市场，大型供应商将推出拥有 WiMAX 认证的产品，多数产品的频率不超过 11GHz，但从长期来看，WiMAX 将可以支持"最后一公里"传输，WiMAX 将可以为高速数据应用提供更出色的移动性。此外，凭借这种覆盖范围和高吞吐率，WiMAX 还能够为电信基础设施、企业园区和 Wi-Fi 热点提供服务。

2007 年 10 月 19 日，在日内瓦举行的国际电信联盟无线通信全体会议上，经过多数国家投票通过，WiMAX 正式被批准成为继 WCDMA、CDMA2000 和 TD-SCDMA 之后的第四个全球 3G 标准。

2. 原理及构成

WiMAX 曾被认为是最好的一种接入蜂窝网络，让用户能够便捷地在任何地方连接到运营商的宽带无线网络，并且提供优于 Wi-Fi 的高速宽带互联网体验，它是一个新兴的无线标准，用户还能通过 WiMAX 进行订购或付费点播等业务，类似于接收移动电话服务。运营商部署一个信号塔，就能得到超过数千米的覆盖区域，覆盖区域内任何地方的用户都可以立即启用互联网连接。和 Wi-Fi 一样，WiMAX 也是一个基于开放标准的技术，它可以提供消费者所希望的设备和服务，它会在全球范围内创造一个开放而具有竞争优势的市场。

WiMAX 网络把某一地理范围分成多个重叠的区域，这个重叠的区域称为单元，每一个单元为用户提供覆盖该邻域的服务。当用户设备从一个单元到另一个单元，无线连接也是顺延地从一个单元过渡到另一个单元。WiMAX 网络包括两个主要组件：一个基站和用户设备。WiMAX 基站可以安装在室内或室外，目的是为了广播此无线信号。用户接收到信号，然后启动笔记本电脑上的 WiMAX 功能，或 Mobile Internet Device（MID），或者 WiMAX 调制解调器。

WiMAX 标准支持移动、便携式和固定服务。这使无线供应商可以提供宽带互联网接入。在 WiMAX 部署中，服务相对不发达，但是有电话和电缆接入的公司，提供商提供客户端设备（CPE），作为无线"modem"，以适应各种不同的特定位置，如家庭、网吧或办公室。WiMAX 也适合新兴市场，使经济不太发达的国家或城市也能提供高速互联网体验。

3. 发展现状

20 世纪 90 年代，宽带无线接入技术快速地发展起来，但是一直没有统一的全球性标准。1999 年，IEEE 成立了 802.16 工作组，专门开发宽带固定无线技术标准，目标就是要建立一个全球统一的宽带无线接入标准。为了促进这一目的的达成，几家世界知名企业还发起成立了 WiMAX 论坛，力争在全球范围推广这一标准。

IEEE 802.16 体系标准的推出一直以来都比较引人关注，特别是有英特尔这样的业界巨头推动。随着 WiMAX 组织的发展壮大加快了 802.16 标准的发展，特别是移动 WiMAX 802.16e 标准的提出更加引人注意。

802.16 系统可分为应用于视距和非视距两种，其中使用 2G～11GHz 频带的系统应用于非视距（NLOS）范围，而使用 10G～66GHz 频带的系统应用于视距（LOS）范围。根据是否支持移动特性，802.16 标准又可分为固定宽带无线接入空中接口标准和移动宽带无线接入空中接口标准，标准系列中的 802.16、802.16a、802.16d 属于固定宽带无线接入空中接口标准，而 802.16e 属于移动宽带无线接入空中标准。

IEEE 802.16 标准系列到目前为止包括 802.16、802.16a、802.16c、802.16d、802.16e、802.16f、802.16g、802.16h、802.16i、802.16j、802.16m 等标准，各标准相应负责的技术领域简述如下。

2001 年 12 月颁布的 802.16 标准，对使用 10G～66GHz 频段的固定宽带无线接入系统的空中接口物理层和 MAC 层进行了规范，由于其使用的频段较高，因此仅能应用于视距范围内。

2002 年正式发布的 802.16c 标准是对 802.16 标准的增补文件，是使用 10G～66 GHz 频段 802.16 系统的兼容性标准，它详细规定了 10G～66 GHz 频段 802.16 系统在实现上的一系列特性和功能。

2003 年 1 月颁布的 802.16a 标准对之前颁布的 802.16 标准进行了扩展，对使用 2G～11GHz 许可和免许可频段的固定宽带无线接入系统的空中接口物理层和 MAC 层进行了规范，该频段具有非视距传输的特点，覆盖范围最远可达 50km，通常小区半径为 6～10km。802.16a 的 MAC 层提供了 QoS 保证机制，可支持语音和视频等实时性业务，这些特点使得 802.16a 标准与 802.16 标准相比更具有市场应用价值，真正成为适合应用于城域网的无线接入手段。

802.16d 标准是 802.16 标准系列的一个修订版本，是相对比较成熟并且最具有实用性的一个标准版本，在 2004 年下半年正式发布。802.16d 对 2G～66 GHz 频段的空中接口物理层和 MAC 层进行了详细规定，定义了支持多种业务类型的固定宽带无线接入系统的 MAC 层和相对应的多个物理层。该标准对前几个 802.16 标准进行了整合和修订，但仍属于固定宽带无线接入规范。它保持了 802.16、802.16a 等标准中的所有模式和主要特性，同时未增加新的模式，增加或修改的内容用来提高系统性能和简化部署，或者用来更正错误、不明确或不完整的描述，其中包括对部分系统信息的增补和修订。同时，为了能够后向平滑过渡到支持用户站以车辆速度移动的 802.16e 标准，802.16d 增加了部分功能以支持用户的移动性。

802.16e 标准是 802.16 标准的增强版本，该标准规定了可同时支持固定和移动宽带无线接入的系统，工作在 2G～6GHz 之间适宜于移动性的许可频段，可支持用户站以车辆速度移动，同时 802.16a 规定的固定无线接入用户能力并不因此受到影响。同时该标准也规定了支持基站或扇区间高层切换的功能。802.16e 标准面向更长范围的无线点到多点城域网系统，该系统可提供核心公共网接入。制定 802.16e 标准的目的是希望能够提出一种既能提供高速数据业务又使用户具有移动性的宽带无线接入解决方案，该技术被业界视为唯一能对 3G 构成竞争的下一代宽带无线技术。

802.16f 标准定义了 802.16 系统 MAC 层和物理层的管理信息库（MIB）以及相关的管理流程。

802.16g 标准制定的目的是为了规定标准的 802.16 系统管理流程和接口，从而能够实现 802.16 设备的互操作性和对网络资源、移动性和频谱的有效管理。该标准的制定工作刚处于起步阶段。

802.16h 标准为针对免许可证频段上运作的无线网络系统；802.16i 标准为针对移动宽带无线接入系统空中接口管理信息库要求；802.16j 标准为针对 802.16e 的移动多跳中继组网方式的研究。

IEEE 802.16m 已经被 IEEE 正式批准为下一代 WiMAX 标准，该标准可支持超过 300Mbit/s

的下行速率。IEEE 802.16m 标准也被称作 Wireless MAN-Advanced 或者 WiMAX 2，是继 802.16e 后的第二代移动 WiMA 国际标准。

4. 技术优缺点

WiMAX 自身有许多优势，各厂商也正是看到了 WiMAX 的优势所可能产生的巨大市场需求才对其抱有浓厚的兴趣，其优势可简列如下。

（1）实现更远的传输距离。WiMAX 所能实现的 50km 的无线信号传输距离是无线局域网所不能比拟的，网络覆盖面积是 3G 发射塔的 10 倍，只要少数基站建设就能实现全城覆盖，这样就使得无线网络应用的范围大大扩展。

（2）提供更高速的宽带接入。WiMAX 所能提供的最高接入速度是 70Mbit/s，这个速度是 3G 所能提供的宽带速度的 30 倍。对无线网络来说，这的确是一个惊人的进步。

（3）提供优良的"最后一公里"网络接入服务。作为一种无线城域网技术，它可以将 Wi-Fi 热点连接到互联网，也可作为 DSL 等有线接入方式的无线扩展，实现"最后一公里"的宽带接入。WiMAX 可为 50km 线性区域内提供服务，用户无需线缆即可与基站建立宽带连接。

（4）提供多媒体通信服务。由于 WiMAX 较之 Wi-Fi 具有更好的可扩展性和安全性，从而能够实现电信级的多媒体通信服务。

但 WiMAX 技术并不是完美无缺的，其不足之处体现在以下几个方面。

第一，从标准来讲，WiMAX 技术不能支持在移动过程中无缝切换。

第二，WiMAX 严格意义讲不是一个移动通信系统的标准，而是一个无线城域网的技术。

第三，WiMAX 要到 802.16m 才能成为具有无缝切换功能的移动通信系统。WiMAX 阵营把解决这个问题的希望寄托于未来的 802.16m 标准上，尽管 IEEE 已经批准 IEEE 802.16m 成为下一代 WiMAX 标准，但 802.16m 的进展情况还存在不确定因素。

5. 发展前景

宽带无线接入技术是各种有线接入技术强有力的竞争对手，在高速因特网接入、双向数据通信、私有或公共电话系统、双向多媒体服务和广播视频等领域具有广泛的应用前景。相对于有线网络，宽带无线接入技术具有巨大的优势，如无线网络部署快，建设成本低廉；无线网络具有高度的灵活性，升级方便；无线网络的维护和升级费用低；无线网络可以根据实际使用的需求阶段性地进行投资。

WiMAX 的应用主要可以分成两个部分，一个是固定式无线接入；另一个是移动式无线接入。802.16d 属于固定无线接入标准，而 802.16e 属于移动宽带无线接入标准。

在 WiMAX 产业的上游，英特尔公司是 WiMAX 技术的鼎力支持者。2006 年 7 月，英特尔曾与摩托罗拉 Clearwire 联合注资 9 亿美元，以推动 WiMAX 无线宽带技术的普及，10 月，英特尔发布支持移动网络的第一代 WiMAX 芯片——LSI WiMAX Connection 2250，并宣布立即进入批量生产阶段。

在运营商方面，包括美国、英国、法国、德国、俄罗斯等在内的电信运营商都提出或正在实施 WiMAX 部署计划。

在韩国政府的支持下，韩国电信运营商 KT 和 SK 电讯建成的 Wibro 网，成为全球首个实现商用的移动 WiMAX 网络。WiMAX 技术日益成熟，产业链已经初具规模，全球共有 24 个 WiMAX 网络投入商用，WiMAX 的足迹遍及亚洲、美洲、欧洲、非洲和大洋洲。在 2010 年东京举行的 CEATAC 展会上，三星演示了一种下行速率在 330Mbit/s 的准标准 802.16m 网络，该标准意在为终端用户提供大约 100Mbit/s 的下行速率，802.16m 已经被国际电信联盟（ITU）认定为真正的 4G

技术。

除韩国之外，各国政府都加大了对 WiMAX 的支持力度。美国、英国、法国等国政府积极为 WiMAX 分配频段资源。亚太区的其他国家也积极部署 WiMAX 网络，比如斯里兰卡 ISP Lanka Internet 与 Redline 合作在科伦坡建造 WiMAX 系统；越南本地运营商与英特尔成立合资公司共同推进 WiMAX 技术的测试；日本一家运营商 Yozan 正在采用 Airspan 的设备构建 WiMAX 网络。

在美国，政府积极为 WiMAX 分配频段，美国 FCC 已为 WiMAX 分配频段。拥有 WiMAX 频谱资源（2.5GHz）最多的是 Sprint Nextel 公司，它对美国 WiMAX 市场能否真正起飞起着举足轻重的作用。在过去几年对各种基于 OFDM 无线技术试验和评估的基础上，Sprint Nextel 决定使用 WiMAX 建设一个宽带无线网，与其现有移动网互为补充。Sprint Nextel 希望移动 WiMAX 能够通过提供 2M～4Mbit/s 的传送速率来满足其用户未来更多的数据需求。该公司还将与英特尔、摩托罗拉和三星一起建网，2007 年投资 10 亿美元，2008 年投资 15 亿～20 亿美元。该计划的实现将使 Sprint Nextel 的用户能够体验到一个全国范围的移动数据网，享受到更高的速率、更低的成本、更大的方便和更好的多媒体业务质量。英特尔主要提供移动 WiMAX 的芯片；三星和摩托罗拉都支持 Sprint Nextel 的现有 3G 网，将为 Sprint Nextel 研制 3G 和 WiMAX 的双模终端，三星还要提供移动 WiMAX 的基础设施。Sprint Nextel 的这一举措对 WiMAX 技术是一大促进。

4.2.6　其他协议

在前面几小节，重点介绍了 802.11、802.15 和 802.16 无线通信协议，本节再简单介绍两个并不为人所熟知的无线通信协议：IEEE 802.20 移动宽带无线接入（Mobile Broadband Wireless Access，MBWA）和 IEEE 802.22 无线区域网（Wireless Regional Area Network，WRAN）。

1. 移动宽带无线接入

IEEE 802.20 技术，即移动宽带无线接入（MBWA），也被称为 Mobile-Fi。这个概念最初是由 IEEE 802.16 工作组于 2002 年 3 月提出的，并成立了相应的研究组，其目标是为了实现在高速移动环境下的高速率数据传输，以弥补 IEEE 802.1x 协议族在移动性上的劣势。随后，由于在目标市场定位上的分歧，该研究组脱离 IEEE 802.16 工作组，并于同年 9 月宣告成立 IEEE 802.20 工作组。

IEEE 802.20 主要技术特点如下：在物理层技术上，以 OFDM 和 MIMO 为核心，充分挖掘时域、频域和空间域的资源，大大提高了系统的频谱效率；在设计理念上，基于分组数据的纯 IP 架构应对突发性数据业务的性能也优于现有的 3G 技术，与 3.5G（HSDPA、EV-DO）性能相当；全面支持实时和非实时业务，在空中接口中不存在电路域和分组域的区分；能保持持续的连通性；频率统一，可复用；支持小区间和扇区间的无缝切换，以及与其他无线技术（802.16、802.11 等）间的切换；融入了对 QoS 的支持，与核心网级别的端到端 QoS 相一致；支持 IPv4 和 IPv6 等具有 QoS 保证的协议；支持内部状态快速转变的多种 MAC 协议状态；为上下行链路快速分配所需资源，并根据信道环境的变化自动选择最优的数据传输速率；提供终端与网络间的认证机制；与现有的蜂窝移动通信系统可以共存，降低网络部署成本；包含各个网络间的开放型接口；在实现、部署成本上也具有较大的优势。

802.20 与 802.16 相比，其特点如下。

（1）在移动性上，802.20 相比于 802.16 具有很大的优势——可支持的最高移动速率为 250km/h，已经达到了传统移动通信技术（如 2G 和 3G）的性能。可见它将是 IEEE 步入移动通信领域的基石。

（2）在频谱效率上，802.20 远远高于当前的主流移动技术。举例来说，对于下行链路中的频谱效率，CDMA20001x 最高为 0.1bit/（S·Hz·cell），EV-DO 最高为 0.5bit（S·Hz·cell），而 802.20 却大于 1 bit/（S·Hz·cell）。因此，对于运营商来说 802.20 的到来是个福音——花相同价钱买来的频谱资源，却可以提供更高速率的接入服务。这既是 802.20 自身强有力的"卖点"，更是移动通信技术发展的大势所趋。

（3）对于非视距（NLOS）环境下的系统覆盖，802.20 的单小区覆盖半径为 15km，属于广域网技术；而 802.16 的单小区覆盖半径小于 5km，属于城域网技术。这说明 802.20 与 802.16 的目标市场不同，它们不存在直接的竞争。直接与 802.20 形成竞争的是 WCMDA 等 3G 技术和 HSDPA 等 3G 演进技术。

（4）IEEE 802.20 规定其 MAC 帧往返时延小于 10ms，加上无线链路控制层和应用层上产生的处理时延，足以满足 ITU-T 的 G.114 所规定的电话语音传输最大往返时延（＜300ms）的要求，因而完全可以基于 802.20 来提供优质的无线 VoIP 语音业务。

（5）在下行链路，802.20 可以提供大于 1Mbit/s 的峰值速率，远远高于 3G 技术的性能指标——步行环境下 384kbit/s，高速移动环境下 144kbit/s。

802.20 和其他 3G 协议相比，其优势在于：物理层和 MAC 层都专为突发性分组数据业务而设计，并能够自适应无线信道环境，因此在处理突发性数据业务方面具有与生俱来的优越性。而 WCMDA 等 3G 技术虽然对语音业务能够很好地支持，但因为其设计初衷是要保持与 GSM 等 2.5G 技术的兼容，所以对数据业务的支撑力度显得较为单薄；组网方式灵活简单，便于融合现有的 IP 网络和未来的基于 IMS 的核心网；可充分利用现有的基于 IP 的各种协议，易于实现灵活的业务部署。

2. 无线区域网

2004 年 11 月，IEEE 802.22 工作小组正式成立，该小组试图建立一个新的基于认知无线电的无线空中接口标准。IEEE 802.22 的目标是定义一个能在任何国家监管下操作的国际标准。目前，802.22 项目定义了北美 54～862MHz 的频带范围内的操作，目前也有一种争议要求频带操作范围扩展到 41～910MHz 以满足其他国家的监管需求。目前在电视频道服务方面没有一个世界范围内的统一标准，这个标准应该兼容 6～8MHz 的各种各样的国际电视频道。由于 802.22 要求在不影响电视用户的前提下重新分配空闲的电视频谱资源，因此认知无线电技术的首要任务是寻找和测定频谱并且侦测电视用户信号的出现和消失。

802.22 WRAN 的一个最突出的应用是在农村和偏远地区的无线宽带接入，可以达到现在应用于城市和郊区的固定宽带接入技术（例如 DSL 和有线电视调制解调器）的性能标准。这也促使 FCC 来激励新技术的发展以增加在那些未知市场的宽带无线接入技术的应用，频谱资源的低效应用让我们为这些边远地区提供服务留有很大的空间，这也为无线互联网服务提供商提供了一个巨大的商机，由于在电视频带上工作的 802.22 设备是不需要进行认证的，这样可以进一步的降低成本，从而提供更有效的服务。

4.3　移动通信技术

移动通信是移动体之间的通信，或移动体与固定体之间的通信。移动体可以是人，也可以是汽车、火车、轮船、收音机等在移动状态中的物体。

移动通信可以说从无线电发明之日就产生了，移动通信的发展历史可以追溯到 19 世纪。1864

年麦克斯韦从理论上证明了电磁波的存在；1876 年赫兹用实验证实了电磁波的存在；1900 年马可尼等人利用电磁波进行远距离无线电通信取得了成功，从此世界进入了无线电通信的新时代。

现代意义上的移动通信开始于 20 世纪 20 年代初期。1928 年，美国 Purdue 大学学生发明了工作于 2MHz 的超外差式无线电接收机，并很快在底特律的警察局投入使用，这是世界上第一种可以有效工作的移动通信系统；20 世纪 30 年代初，第一部调幅制式的双向移动通信系统在美国新泽西的警察局投入使用；20 世纪 30 年代末，第一部调频制式的移动通信系统诞生，试验表明调频制式的移动通信系统比调幅制式的移动通信系统更加有效。在 20 世纪 40 年代，调频制式的移动通信系统逐渐占据主流地位，这个时期主要完成通信实验和电磁波传输的实验工作，在短波波段上实现了小容量专用移动通信系统。这种移动通信系统的工作频率较低、语音质量差、自动化程度低，难以与公众网络互通。在第二次世界大战期间，军事上的需求促使技术快速进步，同时导致移动通信的巨大发展。战后，军事移动通信技术逐渐被应用于民用领域，到 20 世纪 50 年代，美国和欧洲部分国家相继成功研制了公用移动电话系统，在技术上实现了移动电话系统与公众电话网络的互通并得到了广泛的使用，蜂窝移动通信的发展是在 20 世纪 70 年代中期以后的事。

移动通信综合利用了无线的传输方式，为人们提供了一种快速便捷的通信手段。由于电子技术，尤其是半导体、集成电路及计算机技术的飞速发展，以及市场的推动，使物美价廉、轻便可靠、性能优越的移动通信设备成为可能。接下来将介绍第一代、第二代、第三代和第四代移动通信技术的发展情况。

4.3.1　第一代移动通信技术

第一代（The First Generation，1G）移动通信系统是指最初的模拟、仅限语音的蜂窝电话移动通信系统，其标准制定于 20 世纪 80 年代，主要特征是采用模拟技术和频分多址（Frequency Division Multiple Access，FDMA）技术。1978 年，美国贝尔实验室开发了先进移动电话系统（Advantage Mobile Phone System，AMPS），这是第一种真正意义上的具有随时随地通信能力的大容量的蜂窝移动通信系统。AMPS 采用频率复用技术，可以保证移动终端在整个服务覆盖区域内自动接入公用电话网，具有更大的容量和更好的语音质量，很好地解决了公用移动通信系统所面临的大容量要求与频谱资源限制的矛盾。20 世纪 70 年代末，美国开始大规模部署 AMPS 系统。AMPS 以优异的网络性能和服务质量获得了广大用户的一致好评。AMPS 在美国的迅速发展促进了在全球范围内对蜂窝移动通信技术的研究。到 20 世纪 80 年代中期，欧洲和日本也纷纷建立了自己的蜂窝移动通信网络，主要包括英国的扩展型全程接入通信系统（Extended Total Access Communications System，ETACS）、北欧的北欧移动电话 450 系统（Nordic Mobile Telephony，NMT450 系统）、日本的 NTT/JTACS/NTACS 系统等。这些系统都是模拟制式的频分双工（Frequency Division Duplex，FDD）系统，又被称为第一代蜂窝移动通信系统或 1G 系统。

第一代移动通信有代表性的终端设备就是众所熟知的"大哥大"。第一代移动通信系统在商业上取得了巨大的成功，但是其弊端也日渐显露出来，如频谱利用率低、业务种类有限、无高速数据业务、制式太多且互不兼容、保密性差、易被盗听和盗号、设备成本高、体积大、质量大。所以，第一代移动通信技术作为 20 世纪 80 年代到 90 年代初移动通信系统的产物，已经完成了其历史使命，退出了历史舞台。

4.3.2 第二代移动通信技术

为了解决模拟系统中存在的这些根本性技术缺陷，从 20 世纪 80 年代中期开始，数字移动通信技术应运而生。与第一代模拟蜂窝移动通信系统相比，第二代移动通信系统实现了数字化，具有保密性强，频谱利用率高，能提供丰富的业务，标准化程度高等特点，使得移动通信得到了空前的发展，从过去的补充地位跃居通信的主导地位。欧洲首先推出了泛欧数字移动通信网（Global System for Mobile Communications，GSM）的体系，随后，美国和日本也制订了各自的数字移动通信体制。数字移动通信相对于模拟移动通信，提高了频谱利用率，支持多种业务服务，并与综合业务数字网（Integrated Services Digital Network，ISDN）等兼容。

第二代移动通信系统从 20 世纪 90 年代初期开始被广泛使用，采用的技术主要有时分多址（Time Division Multiple Access，TDMA）和码分多址（Code Division Multiple Access，CDMA）两种技术，它能够提供高达 28.8kbit/s 的传输速率。全球主要采用 GSM 和 CDMA 两种制式，我国主要采用 GSM 这一标准，主要提供数字化的语音业务及低速数据化业务，克服了模拟系统的弱点。

目前已经广泛部署了多种 2G 标准技术，简介如下：

第二代移动通信系统（The Second Generation，2G）是以传输话音和低速数据业务为目的的，因此又称为窄带数字通信系统。它的典型代表是美国的 DAMPS 系统（Digital Advantage Mobile Phone System）、暂时标准 95（Interim Standard 95，IS-95）和欧洲的 GSM（Global System for Mobile Communications）系统。

1. 全球移动通信系统（GSM）

GSM 发源于欧洲，它是作为全球数字蜂窝通信的 DMA 标准而设计的，支持 64kbit/s 的数据速率，可与 ISDN 互连。GSM 使用 900MHz 频带，使用 1800MHz 频带的称为 DCS1800。GSM 采用 FDD 双工方式和 TDMA 多址方式，每载频支持 8 个信道，信号带宽 200kHz，GSM 以 13kbit/s 和 12.2kbit/s 速率进行语音编码。GSM 标准体制较为完善，技术相对成熟，不足之处是相对于模拟系统容量增加不多，仅仅为模拟系统的两倍左右，无法和模拟系统兼容。GSM 第二代数字蜂窝移动通信（简称 GSM 移动通信）业务利用工作在 900/1800MHz 频段的 GSM 移动通信网络提供语音和数据业务，它的无线接口采用 TDMA 技术，核心网移动性管理协议采用 MAP（Mobility Anchor Point）协议。

900/1800MHz GSM 第二代数字蜂窝移动通信业务的经营者必须自己组建 GSM 移动通信网络，所提供的移动通信业务类型可以是一部分或全部，提供一次移动通信业务经过的网络可以是同一个运营者的网络，也可以由不同运营者的网络共同完成，提供移动网国际通信业务，必须经过国家批准设立的国际通信出入口。其业务主要包括以下类型：端到端的双向语音业务；移动消息业务，利用 GSM 网络和消息平台提供的移动台发起、移动台接收的消息业务；移动承载业务及其上移动数据业务；移动补充业务，如主叫号码显示、呼叫前转业务等；经过 GSM 网络与智能网共同提供的移动智能网业务，如预付费业务等；国内漫游和国际漫游业务。

2. 先进的数字移动电话系统（DAMPS）

DAMPS 也称 IS-54（北美数字蜂窝），使用 800MHz 频带，是两种北美数字蜂窝标准中推出较早的一种，指定使用 TDMA 多址方式。

3. IS-95

IS-95 是北美的另一种数字蜂窝标准，使用 800MHz 或 1900MHz 频带，指定使用 CDMA 多址方式。CDMA 移动通信的无线接口采用窄带码分多址 CDMA 技术，核心网移动性管理协议采用 IS-41 协议。

CDMA 第二代数字蜂窝移动通信（简称 CDMA 移动通信）的经营者必须自己组建 CDMA 移动通信网络，通过工作在 800MHz 频段上的 CDMA 移动通信网络提供语音和数据业务，所提供的移动通信业务类型可以是一部分或全部，提供一次移动通信业务经过的网络，可以是同一个运营者的网络，也可以由不同运营者的网络共同完成，提供移动网国际通信业务，必须经过国家批准设立的国际通信出入口。

CDMA 主要业务类型有端到端的双向话音业务；移动消息业务，利用 CDMA 网络和消息平台提供的移动台发起、移动台接收的消息业务；移动承载业务及其上移动数据业务；移动补充业务，如主叫号码显示、呼叫前转业务等；经过 CDMA 网络与智能网共同提供的移动智能网业务，如预付费业务等；国内漫游和国际漫游业务。

在 20 世纪 90 年代，标准化组织认识到对同时适用于语音和数据通信（包括因特网接入）的 3G 蜂窝技术的需求。但由于官方部署 3G 技术需要很长时间，因此一些公司开发了可以在现有 2G 基础设施上进行数据传输的中间协议和标准，这些系统被称为"2.5G 蜂窝系统"。包括通用分组无线服务（General Packet Radio Service，GPRS）、支持全球演化的增强数据速率（Enhanced Data Rates for Global Evolution，EDGE）和 CDMA 2000 等。

4.3.3 第三代移动通信技术

随着通信业务的迅猛发展和通信量的激增，移动通信系统不仅要有大的系统容量，还要能支持语音、数据、图像、多媒体等多种业务的有效传输。第二代移动通信技术根本不能满足这样的通信要求，在这种情况下出现了第三代（The Third Generation，3G）多媒体移动通信系统。

4.3.3.1 第三代移动通信技术的由来

1940 年，美国女演员海蒂·拉玛和她的作曲家丈夫乔治提出一个 Spread Spectrum 的技术概念，这个被称为"展布频谱技术"（也称码分扩频技术）的理论在此后给我们这个世界带来了不可思议的变化，正是这个技术理论最终演变成我们今天的 3G 技术。

海蒂·拉玛最初研究这个技术是为了帮助美国军方制造出能够对付纳粹德国的电波干扰或防窃听的军事通信系统，因此这个技术最初的用途是用于军事。第二次世界大战结束后因为暂时失去了价值，美国军方封存了这项技术，但它的概念已使很多国家对此产生了兴趣，多国在 20 世纪 60 年代都对此技术展开了研究，但进展不大。

直到 1985 年，在美国的圣迭戈成立了一个名为"高通"的小公司，这个公司利用美国军方解禁的"展布频谱技术"开发出一个名为"CDMA"的新通信技术，就是这个 CDMA 技术直接导致了 3G 的诞生。世界 3G 技术的 3 大标准——美国 CDMA2000、欧洲 WCDMA、中国 TD-SCDMA，都是在 CDMA 的技术基础上开发出来的，CDMA 就是 3G 的基础原理，而展布频谱技术又是 CDMA 的基础原理。

4.3.3.2 第三代移动通信技术的标准

国际电信联盟在 2000 年 5 月确定 WCDMA、CDMA2000、TD-SCDMA 三大主流无线接口标准，写入 3G 技术指导性文件《2000 年国际移动通信计划》（简称 IMT—2000）。2007 年，WiMAX 亦被接受为 3G 标准之一。CDMA（Code Division Multiple Access，码分多址）是第三代移动通信系统的技术基础。第一代移动通信系统采用频分多址的模拟调制方式，这种系统的主要缺点是频谱利用率低，信令干扰话音业务。第二代移动通信系统主要采用时分多址（TDMA）的数字调制方式，提高了系统容量，并采用独立信道传送信令，使系统性能大大改善，但 TDMA 的系统容量仍然有限，越区切换性能仍不完善。CDMA 系统以其频率规划简单、系统容量大、频率复用系数高、抗多径能力强、通信质量好、软容量、软切换等特点显示出巨大的发展潜力。下面分别介绍已经获得批准的 3G 标准。

1. WCDMA

WCDMA 全称为 Wideband CDMA，也称为 CDMA Direct Spread，意为宽频分码多重存取，这是基于 GSM 网发展出来的 3G 技术规范，是欧洲提出的宽带 CDMA 技术，它与日本提出的宽带 CDMA 技术基本相同，目前正在进一步融合。WCDMA 的支持者主要是以 GSM 系统为主的欧洲厂商，日本公司也或多或少参与其中，包括欧美的爱立信、阿尔卡特、诺基亚、朗讯、北电，以及日本的 NTT、富士通、夏普等厂商。该标准提出了 GSM（2G）-GPRS-EDGE-WCDMA（3G）的演进策略。这套系统能够架设在现有的 GSM 网络上，对于系统提供商而言可以较轻易地过渡。在 GSM 系统相当普及的亚洲，对这套技术的接受度相当高，因此 WCDMA 具有先天的市场优势，WCDMA 已是当前世界上采用的国家及地区最广泛的，终端种类最丰富的一种 3G 标准，占据全球 80% 以上市场份额。

2. CDMA2000

CDMA2000 是由窄带 CDMA（CDMA IS-95）技术发展而来的宽带 CDMA 技术，也称为 CDMA Multi-Carrier，它是由美国高通北美公司为主导提出，摩托罗拉、Lucent 和后来加入的三星都有参与，韩国成为该标准的主导者。这套系统是从窄频 CDMAOne 数字标准衍生出来的，可以从原有的 CDMAOne 结构直接升级到 3G，建设成本低廉。但使用 CDMA 的地区只有日本、韩国和北美，所以 CDMA2000 的支持者不如 WCDMA 多。该标准提出了 CDMA IS95（2G）-CDMA20001x-CDMA20003x（3G）的演进策略，CDMA20001x 被称为 2.5G 移动通信技术，CDMA20003x 与 CDMA20001x 的主要区别在于应用了多路载波技术，通过采用三载波使带宽提高。

3. TD–SCDMA

TD-SCDMA 全称为 Time Division Synchronous CDMA（时分同步 CDMA），该标准是由中国独自制定的 3G 标准。TD-SCDMA 具有辐射低的特点，被誉为绿色 3G。该标准将智能无线、同步 CDMA 和软件无线电等当今国际领先技术融于其中，在频谱利用率、业务灵活性、频率灵活性及成本等方面具有独特优势。另外，由于中国庞大的市场，该标准受到各大电信设备厂商的重视，全球一半以上的设备厂商都宣布可以支持 TD-SCDMA 标准。该标准提出不经过 2.5G 的中间环节，直接向 3G 过渡，非常适用于 GSM 系统向 3G 升级。相对于另两个主要 3G 标准 CDMA2000 和 WCDMA，它的起步较晚，技术不够成熟。

4. WiMAX

2007 年 10 月 19 日，在日内瓦举行的国际电信联盟无线通信全体会议上，经过投票通过，WiMAX 正式被批准成为继 WCDMA、CDMA2000 和 TD-SCDMA 之后的第四个全球 3G 标准。

4.3.3.3　第三代移动通信技术的应用

与 2G 主要提供数字化的语音业务及低速数据化业务不同，3G 可以提供更多的高速数据服务。

1. 宽带上网

宽带上网是 3G 手机的一项很重要的功能，我们可以在 3G 手机上收发语音邮件、写博客、聊天、搜索、下载图铃等。

2. 手机商务

与传统的 OA 系统相比,手机办公冲破了传统 OA 线缆的限制,使办公人员可以随时随地访问政府和企业的数据库,进行实时办公和处理业务,极大地提高了工作效率。

3. 视频通话

3G 时代被谈论得最多的是手机的视频通话功能,这也是在国外最为流行的 3G 服务之一。相信不少人都用过 QQ、MSN 或 Skype 的视频聊天功能,与远方的亲人、朋友"面对面"地聊天。今后,依靠 3G 网络的高速数据传输,3G 手机用户也可以"面谈"了。当你用 3G 手机拨打视频电话时,不再是把手机放在耳边,而是面对手机并戴上有线耳麦或蓝牙耳麦,你会在手机屏幕上看到对方影像,你自己也会被录制下来并传送给对方。

4. 手机电视

从运营商层面来说,3G 牌照的发放解决了一个很大的技术障碍,TD 和 CMMB 等标准的建设也推动了整个行业的发展。手机流媒体软件会成为 3G 时代最多使用的手机电视软件,在视频影像的流畅和画面质量上不断提升,突破技术瓶颈,真正大规模被应用。

5. 无线搜索

对用户来说,这是比较实用的移动网络服务,也能让人快速接受。随时随地用手机搜索将会变成更多手机用户一种平常的生活习惯。

6. 手机音乐

3G 时代,只要在手机上安装一款手机音乐软件,就能通过手机网络,随时随地让手机变成音乐播放器。

7. 手机购物

专家预计,中国未来手机购物会有一个高速增长期,用户只要开通手机上网服务,就可以通过手机查询商品信息,并在线支付购买产品。高速 3G 可以让手机购物变得更实在,高质量的图片与视频会话能使商家与消费者的距离拉近,提高购物体验,让手机购物变为新潮流。

8. 手机网游

与电脑的网游相比,手机网游的体验并不好,但手机方便携带,玩网游不受时间地点的限制,这种利用了零碎时间的网游是年轻人的新宠。在 3G 时代,游戏平台会更加稳定和快速,兼容性更高。

4.3.4 第四代移动通信技术

通信技术日新月异,给人们带来不少享受。随着数据通信与多媒体业务需求的发展,适应移动数据、移动计算及移动多媒体运作需要的第四代移动通信开始兴起,因此有理由期待这种第四代移动通信技术(The Fourth Generation,4G)给人们带来更加美好的未来。第四代移动通信技术可称为宽带接入和分布网络,具有超过 2Mbit/s 的非对称数据传输能力。它包括宽带无线固定接入、宽带无线局域网、移动宽带系统和互操作的广播网络。第四代移动通信可以在不同的固定、无线平台和跨越不同的频带网络中提供无线服务,可以在任何地方宽带接入互联网(包括卫星通信和平流层通信),能够提供定位定时、数据采集、远程控制等综合功能。此外,4G 将是多功能集成的宽带移动通信系统,也是宽带接入 IP 系统,即 4G 将是多种无线技术的综合系统。

4.3.4.1　第四代移动通信技术的由来

就在 3G 通信技术正处于酝酿之中时，第四代移动通信系统的最新技术的研发也在实验室悄然进行当中。

直到 2009 年为止人们还无法对 4G 通信进行精确的定义，无论是学术界还是工业界对 4G 通信都有自己的定义，但不管人们对 4G 通信怎样进行定义，有一点人们能够肯定的是，4G 通信可能是一个比 3G 通信更加完美的新无线世界，它可创造出许多消费者难以想象的应用。4G 最大的数据传输速率超过 100Mbit/s，这个速率是移动电话数据传输速率的 1 万倍，也是 3G 移动电话速率的 50 倍。4G 手机可以提供高性能的汇流媒体内容，并通过应用程序成为个人身份鉴定的设备，它也可以接受高分辨率的电影和电视节目，从而成为合并广播和通信的新基础设施中的一个纽带。

4G 通信技术并没有脱离以前的通信技术，而是以传统通信技术为基础，并利用了一些新的通信技术，来不断提高无线通信的网络效率和功能。如果说 3G 能为人们提供一个高速传输的无线通信环境的话，那么 4G 通信会是一种超高速无线网络，一种不需要电缆的信息超级高速公路，这种新网络可使电话用户以无线及三维空间虚拟实境连线。

与传统的通信技术相比，4G 通信技术最明显的优势在于通话质量及数据通信速度。数据通信速度的高速化的确是一个很大优点，它的最大数据传输速率达到 100Mbit/s。但为了充分利用 4G 通信给人们带来的先进服务，人们还必须借助各种各样的 4G 终端才能实现。不少通信营运商正是看到了未来通信的巨大市场潜力，他们已经开始把眼光瞄准到生产 4G 通信终端产品上，例如生产具有高速分组通信功能的小型终端、生产对应配备摄像机的可视电话以及电影电视的影像发送服务的终端，或者是生产与计算机相匹配的卡式数据通信专用终端。有了这些通信终端后，手机用户就可以随心所欲地漫游，随时随地地享受高质量的通信了。

4.3.4.2　第四代移动通信技术的特点

第四代移动通信技术有以下显著特点。

1. 技术先进

4G 中将采用多项先进技术，如 OFDM（Orthogonal Frequency Division Mutiplexer）技术、无线接入技术、光纤通信技术、软件无线电技术等。这些先进技术将数据传输速率从 2Mbit/s 提高到 100Mbit/s。

2. 实现无缝通信

4G 通信可在不同的接入技术（包括蜂窝、WLAN、短距离连接及有线）之间进行全球漫游及互通，实现无缝通信。其中既有水平（系统内）切换，又有垂直（系统间）切换，还可以在不同速率间切换。

3. 灵活性强

4G 系统能自适应分配资源，处理变化的业务流和信道条件，有很强的自组织性。在信道条件不同的各种复杂的环境下，采用智能信号处理技术正常发送和接收信号，有很强的智能性、适应性和灵活性。

4. 无线频谱利用率高

4G 网络的带宽将比 3G 网络带宽高很多，蜂窝组网的概念也将被突破，以达到更完美的网络覆盖。核心网将全面采用分组交换，使网络根据用户的需要分配带宽，从而大大地提高了无线频谱的使用效率，将实现真正的宽带通信。

5. 无线系统容量大

在容量方面，将可能在 FDMA、TDMA、CDMA 的基础上引入空分多址（SD-MA）。空分多址将采用自适应波束，如同无线电波一样连接到每一个用户，从而使无线系统容量比现在高 1~2 个数量级。

6. 实现多媒体通信

4G 系统采用 IPv6 等先进的无线接入技术，支持各空中接口，提供无线多媒体通信服务，将包括语音、高清晰度图像、虚拟现实等业务，大量的信息通过宽频的信道传送出去。

7. 终端手机的多样化和智能化

语音数据传输只是 4G 移动电话微不足道的功能之一，4G 手机从样式和外观上都将有更惊人的突破，4G 通信终端设备的设计和操作更具智能化，可以实现更多难以想象的功能。

4.3.4.3 第四代移动通信技术用到的关键技术

1. 正交频分复用（OFDM）技术

OFDM 属于无线环境下的高速传输技术，是一种多载波数字调制技术，该技术的特点是易于实现信道均衡，降低了均衡器的复杂性。无线信道的频率响应曲线大多是非平坦的，OFDM 技术的主要思想就是在频域内把给定信道分成许多正交子信道，每个子信道用一个子载波进行调制，各子载波并行传输。OFDM 技术的最大优点是能对抗频率选择性衰落或窄带干扰。在 OFDM 系统中，各个子信道的载波相互正交，频谱相互重叠，这样不但减少了子载波间的相互干扰，同时可提高频谱利用率。

2. 软件无线电技术

软件无线电是利用软件来实现无线电通信系统中的各种功能，是将标准化、模块化的硬件功能单元通过一个通用硬件平台，利用软件加载方式来实现各种类型的无线电通信系统的一种具有开放式结构的新技术。

3. 智能天线

智能天线具有抑制信号干扰、自动跟踪以及数字波束调节等功能，是移动通信的关键技术。智能天线可以明显改善无线通信系统的性能，提高系统的容量，具体体现在提高频谱利用率，迅速解决稠密市区容量瓶颈，抑制干扰信号，抗衰落，实现移动台定位。

4. 切换技术

切换技术是指移动用户终端在通话过程中从一个基站覆盖区内移动到另一个基站覆盖区内，或者脱离一个移动交换中心（Mobile Switching Center，MSC）的服务区进入另一个移动交换中心服务区内，以维持移动用户通话不中断。有效的切换算法可以提高蜂窝移动通信系统的容量和 QoS，在 4G 通信系统中，切换技术的适用范围更广。

4.3.4.4 第四代移动通信技术的标准

2012 年 1 月 18 日,国际电信联盟在 2012 年无线电通信全体会议上,正式审议通过将 LTE-Advanced 和 Wireless MAN-Advanced（802.16m）技术规范确立为 IMT-Advanced（4G）国际标准，中国主导制定的 TD-LTE-Advanced 和 FDD-LTE-Advanced 同时并列成为 4G 国际标准。

1. LTE–Advanced

长期演进（Long Term Evolution, LTE）项目是 3G 的演进，它改进并增强了 3G 的空中接入技术，采用 OFDM 和 MIMO 作为其无线网络演进的唯一标准。主要特点是在 20MHz 频谱带宽下能够提供下行 100Mbit/s 与上行 50Mbit/s 的峰值速率，相对于 3G 网络大大地提高了小区的容量，同时将网络延迟大大降低。内部单向传输时延低于 5ms，控制平面从睡眠状态到激活状态迁移时间低于 50ms，从驻留状态到激活状态的迁移时间小于 100ms。这一标准也是 3GPP 长期演进项目，是近年来 3GPP 启动的最大的新技术研发项目，其演进的历史为 GSM→GPRS→EDGE→WCDMA→HSDPA/HSUPA→HSDPA+/HSUPA+→FDD-LTE。由于 WCDMA 网络的升级版 HSPA 和 HSPA+ 均能够演化到 FDD-LTE 这一状态，所以这一 4G 标准获得了最大的支持，也将是未来 4G 标准的主流。2013 年，黎巴嫩移动运营商 Touch 已与华为合作，完成了一项 FDD-LTE 800MHz/1800MHz 载波聚合技术现场试验，实现了最高达 250Mbit/s 的下载吞吐量。TD-LTE 与 TD-SCDMA 实际上没有关系，TD-SCDMA 不能直接向 TD-LTE 演进。

LTE-Advanced 的正式名称为 Further Advancements for E-UTRA，它满足 ITU-R 的 IMT-Advanced 技术征集的需求，是 3GPP 形成欧洲 IMT-Advanced 技术提案的一个重要来源。LTE-Advanced 是一个后向兼容的技术，完全兼容 LTE，是演进而不是革命，相当于 HSPA 和 WCDMA 这样的关系。如果严格地讲，LTE 作为 3.9G 移动互联网技术，那么 LTE-Advanced 作为 4G 标准更加确切一些。LTE-Advanced 的入围，包含 TDD 和 FDD 两种制式，其中 TD-SCDMA 将能够进化到 TDD 制式，而 WCDMA 网络能够进化到 FDD 制式。移动主导的 TD-SCDMA 网络期望能够直接绕过 HSPA+网络而直接进入到 LTE。LTE-Advanced 的相关特性如下：带宽为 100MHz；峰值速率下行为 1Gbit/s，上行 500Mbit/s；峰值频谱效率下行为 30bit/（s·Hz），上行 15bit/（s·Hz）；针对室内环境进行优化；有效支持新频段和大带宽应用；峰值速率大幅提高，频谱效率有限的改进。

2. Wireless MAN–Advanced

Wireless MAN- Advanced 事实上就是 WiMAX 的升级版，即 IEEE 802.16m 标准。802.16m 最高可以提供 1Gbit/s 无线传输速率，还将兼容未来的 4G 无线网络。802.16m 可在"漫游"模式或高效率/强信号模式下提供 1Gbit/s 的下行速率，其优势如下。

（1）提高网络覆盖，改建链路预算。

（2）提高频谱效率。

（3）提高数据和 VoIP 容量。

（4）低时延和 QoS 增强。

（5）功耗节省。

4.3.5　移动通信技术的发展趋势

课后延伸阅读

到目前为止，移动通信从 1G 发展到 4G，用户获得的上传和下载的速度不断加快。5G（The Fifth Generation），尽管目前还没有任何电信公司或标准制定组织（像 3GPP、WiMAX 论坛及 ITU-R）的公开规格或官方文件有提到，但各大通信公司的研究室肯定正在研究比 4G 更快更稳定的无线通信技术。有消息报道韩国成功研发第五代移动通信技术，手机在利用该技术后无线下载速度可以达到 3.6Gbit/s。这一新的通信技术名为 Nomadic Local Area Wireless Access，简称 NoLA。

三星电子计划以 2020 年实现该技术的商用化为目标，全面研发 5G 移动通信核心技术。随着韩国研发出这一技术，世界各国的第五代移动通信技术的研究将更加活跃，其国际标准的出台和商用化也将提速。

欧盟宣布，将拨款 5000 万欧元，加快 5G 移动技术的发展，计划到 2020 年推出成熟的标准。

华为 5G 技术研发的负责人表示，5G 技术是目前华为重点研发的领域之一。华为从 2009 年开始研发 5G，并与 20 多所顶级高校已经开始了探讨。开发 5G 方案需要许多创新，并会面临许多技术挑战。在华为，研究专家们正在研究新的无线链路技术和新的无线接入网络架构，开发原型机，并在基于云的无线接入网络（Cloud-RAN）上进行外场试验。

4.4 无线传感器网络技术

作为物联网的网络层一大核心技术，无线传感器网络的重要性是不言而喻的。本节只是简单地介绍无线传感器网络的概念、特点和应用领域。

4.4.1 无线传感器网络概述

随着计算机技术、网络技术和无线通信技术的飞速发展，以更小、更廉价的低功耗的嵌入式系统加上新兴的网络通信技术，发展出了许多新的信息获取、处理和传输的模式，无线传感器网络（Wireless Sensor Network，WSN）就是其中之一。

无线传感器网络是由大量的随机分布的集成有传感器、数据处理单元和通信模块的微小节点组成，节点间通过自组织的方式构成网络，它是一种大规模、无人值守、资源严格受限的分布系统，节点中内置的形式多样的传感器测量所在周边环境参数，如温度、湿度、pH 值、噪声、CO_2、光强度、压力、土壤成分、移动物体的大小、速度和方向等，采集的数据通过网络的方式汇集，并在网络之间或通过上层网络进行传输。

无线传感器网络系统通常包括传感器节点（End Device）、汇聚节点（Router）和管理节点（Coordinator，也称协调器）。

大量传感器节点随机部署在监测区域内部或附近，能够通过自组织方式构成网络。传感器节点监测的数据沿着其他传感器节点逐跳地进行传输，在传输过程中监测数据可能被多个节点处理，经过多跳后路由到汇聚节点，最后通过互联网或卫星到达管理节点。用户通过管理节点对传感器网络进行配置和管理，发布监测任务以及收集监测数据。

传感器节点是指处理能力、存储能力和通信能力相对较弱，通过小容量电池供电的终端设备。从网络功能上看，每个传感器节点除了进行本地信息收集和数据处理外，还要对其他节点转发来的数据进行存储、管理和融合，并与其他节点协作完成一些特定任务。

汇聚节点的处理能力、存储能力和通信能力相对较强，它是连接传感器网络与 Internet 等外部网络的网关，实现两种协议间的转换，同时向传感器节点发布来自管理节点的监测任务，并把 WSN 收集到的数据转发到外部网络上。汇聚节点可以是一个具有增强功能的传感器节点，有足够的能量供给，可将 Flash 和 SRAM 中的所有信息传输到计算机中，通过汇编软件，很方便地把获取的信息转换成汇编文件格式，从而分析出传感器节点所存储的程序代码、路由协议及密钥等机密信息，同时还可以修改程序代码，并加载到传感器节点中。

管理节点用于动态地管理整个无线传感器网络。传感器网络的所有者通过管理节点访问无线传感器网络的资源。

无线传感网在国际上被认为是继互联网之后的第二大网络，2003 年美国《技术评论》杂志评出对人类未来生活产生深远影响的十大新兴技术，其中传感器网络被列为第一。

无线传感器的研究起始于 20 世纪 90 年代末期。其巨大的商业和军事应用价值,吸引了世界上许多国家和跨国公司的关注,日本、德国、英国、意大利等科技发达国家对无线传感器网络表现出了极大的兴趣,纷纷展开了该领域的研究工作,英特尔、微软等 IT 业巨头也开始了无线传感器网络方面的研究工作。

在现代意义上的无线传感网研究及其应用方面,我国与发达国家几乎同步启动,它已经成为我国信息领域位居世界前列的少数方向之一。在 2006 年我国发布的《国家中长期科学与技术发展规划纲要》中,为信息技术确定了三个前沿方向,其中有两项与传感器网络直接相关,即智能感知和自组网技术。

4.4.2　无线传感器网络特点

无线传感器网络具有以下特点。

1. 大规模

为了获取精确信息,在监测区域通常部署大量传感器节点,可能达到成千上万,甚至更多。传感器网络的大规模性包括两方面的含义:一方面是传感器节点分布在很大的地理区域内,如在原始大森林采用传感器网络进行森林防火和环境监测,需要部署大量的传感器节点;另一方面,传感器节点部署很密集,在面积较小的空间内,密集部署了大量的传感器节点。

传感器网络的大规模性具有如下优点:通过不同空间视角获得的信息具有更大的信噪比;通过分布式处理大量的采集信息能够提高监测的精确度,降低对单个节点传感器的精度要求;大量冗余节点的存在,使得系统具有很强的容错性能;大量节点能够增大覆盖的监测区域,减少洞穴或者盲区。

2. 自组织

在传感器网络应用中,通常情况下传感器节点被放置在没有基础结构的地方,传感器节点的位置不能预先精确设定,节点之间的相互邻居关系预先也不知道,如通过飞机播撒大量传感器节点到面积广阔的原始森林中,或随意放置到人不可到达或危险的区域。这样就要求传感器节点具有自组织的能力,能够自动进行配置和管理,通过拓扑控制机制和网络协议自动形成转发监测数据的多跳无线网络系统。

在传感器网络使用过程中,部分传感器节点由于能量耗尽或环境因素造成失效,也有一些节点为了弥补失效节点、增加监测精度而补充到网络中,这样在传感器网络中的节点个数就动态地增加或减少,从而使网络的拓扑结构随之动态地变化。传感器网络的自组织性要能够适应这种网络拓扑结构的动态变化。

3. 动态性

传感器网络的拓扑结构可能因为下列因素而改变:环境因素或电能耗尽造成的传感器节点故障或失效;环境条件变化可能造成无线通信链路带宽变化,甚至时断时通;传感器网络的传感器、感知对象和观察者这三要素都可能具有移动性;新节点加入传感器网络等。这就要求传感器网络系统要能够适应这种变化,具有动态的系统可重构性。

4. 可靠性

WSN 特别适合部署在恶劣环境或人类不宜到达的区域,节点可能工作在露天环境中,遭受日晒、风吹、雨淋,甚至遭到人或动物的破坏。传感器节点往往采用随机部署,如通过飞机撒播或发射炮弹到指定区域进行部署。这些都要求传感器节点非常坚固,不易损坏,适应各种恶劣环境条件。

由于监测区域环境的限制以及传感器节点数目巨大，网络的维护十分困难甚至不可维护。传感器网络的通信保密性和安全性也十分重要，要防止监测数据被盗取和获取伪造的监测信息。因此，传感器网络的软硬件必须具有可靠性和容错性。

5. 以数据为中心

传感器网络是任务型的网络，脱离传感器网络谈论传感器节点没有任何意义。传感器网络中的节点采用节点编号标识，节点编号是否需要全网唯一取决于网络通信协议的设计。由于传感器节点随机部署，构成的传感器网络与节点编号之间的关系是完全动态的，表现为节点编号与节点位置没有必然联系。用户使用传感器网络查询事件时，直接将所关心的事件通告给网络，而不是通告给某个确定编号的节点。网络在获得指定事件的信息后汇报给用户，所以通常说传感器网络是一个以数据为中心的网络。

6. 集成化

传感器节点的功耗低，体积小，价格便宜，实现了集成化。微机电系统技术的快速发展为无线传感器网络节点实现上述功能提供了相应的技术条件，相信随着技术的不断进步，预计在未来，类似"灰尘"的传感器节点也将会被研发出来。

7. 协作方式执行任务

传感器节点以协作方式执行任务，这种方式通常包括协作式采集、处理、存储以及传输信息。通过协作的方式，传感器的节点可以共同实现对象的感知，得到完整的信息。在协作方式下，传感器之间的节点实现远距离通信，可以通过多跳中继转发，也可以通过多节点协作发射的方式进行，这种方式可以有效克服处理和存储能力不足的缺点，共同完成复杂任务的执行。

4.4.3　无线传感器网络的应用领域

无线传感器网络有着许多不同的应用。在工业界和商业界中，它用于监测数据，而如果使用有线传感器，则成本较高且实现起来困难。无线传感器可以长期放置在荒芜的地区，用于监测环境变量，而不需要将它们重新充电再放回去。由于技术等方面的制约，WSN 的大规模商用还有待时日。但随着微处理器体积的缩小和性能的提升，已经有中小规模的 WSN 在工业市场上开始投入商用。其应用主要集中在以下领域。

1. 环境监测

随着人们对于环境问题的关注程度越来越高，需要采集的环境数据也越来越多，无线传感器网络的出现为随机性的研究数据获取提供了便利，并且还可以避免传统数据收集方式给环境带来的侵入式破坏。比如，英特尔研究实验室研究人员曾经将 32 个小型传感器连进互联网，以读出缅因州"大鸭岛"上的气候，用来评价一种海燕巢的自然条件。无线传感器网络还可以跟踪候鸟和昆虫的迁移，研究环境变化对农作物的影响，监测海洋、大气和土壤的成分等。此外，它也可以应用在精细农业中，来监测农作物中的害虫、土壤的酸碱度和施肥状况等。

2. 医疗护理

罗彻斯特大学的科学家使用无线传感器创建了一个智能医疗房间，使用微尘来测量居住者的重要征兆（血压、脉搏和呼吸）、睡觉姿势以及每天 24h 的活动状况。英特尔也推出了基于 WSN 的家庭护理技术。该技术是作为探讨应对老龄化社会的技术项目 Center for Aging Services Technologies（CAST）的一个环节开发的。该系统通过在鞋、家具、家用电器等家中道具和设备中嵌入半导体传感器，帮助老龄人士、阿尔茨海默氏病患者以及残障人士的家庭生活。利用无线通信将各传感器联网可高效传递必要的信息，从而方便接受护理，而且还可以减轻护理人员的负担。

3. 军事领域

由于无线传感器网络具有密集型、随机分布的特点，使其非常适合应用于恶劣的战场环境中，包括侦察敌情，监控兵力、装备和物资，判断生物化学攻击等多方面用途。美国国防部远景计划研究局已投资几千万美元，帮助大学进行"智能尘埃"传感器技术的研发。

4. 目标跟踪

美国国防部支持的 Sensor IT 项目探索如何将 WSN 技术应用于军事领域，实现所谓"超视距"战场监测。UCB 的教授主持的 Sensor Web 是 Sensor IT 的一个子项目，原理性地验证了应用 WSN 进行战场目标跟踪的技术可行性。翼下携带 WSN 节点的无人机飞到目标区域后抛下节点，最终随机散落在被监测区域，利用安装在节点上的地震波传感器可以探测到外部目标，如坦克、装甲车等，并根据信号的强弱估算距离，综合多个节点的观测数据，最终定位目标，并绘制出其移动的轨迹。虽然该演示系统在精度等方面还远达不到装备部队用于实战的要求，这种战场侦察模式尚未应用于实战，但随着美国国防部将其武器系统研制的主要技术目标从精确制导转向目标感知与定位，相信 WSN 提供的这种新颖的战场侦察模式会受到军方的关注。

5. 其他用途

WSN 还被应用于一些危险的工业环境如井矿、核电厂等，工作人员可以通过它来实施安全监测，也可以用在交通领域作为车辆监控的有力工具。此外还可以用在工业自动化生产线等诸多领域。英特尔对工厂中的一个无线网络进行了测试，该网络由 40 台机器上的 210 个传感器组成，这样组成的监控系统将可以大大改善工厂的运作条件。它可以大幅降低检查设备的成本，同时由于可以提前发现问题，因此将能够缩短停机时间，提高效率，并延长设备的使用时间。

尽管无线传感器技术仍处于初步应用阶段，但已经展示出了非凡的应用价值，相信随着相关技术的发展和进一步推广，一定会得到广泛的应用。

4.5　小　　结

本章主要以通用网络技术、无线网络技术、移动通信技术和无线传感网络技术这四个方面来介绍计算机网络层。

在通用网络中主要介绍了几种接入因特网的媒体介质，如双绞线、同轴电缆、光缆等，及各种媒体介质的优缺点及使用场合。

随着近年来的发展，无线通信技术发展相当快，本章主要介绍了 IEEE 802.11、802.15 及 802.16 等无线通信技术，重点介绍了红外技术、Wi-Fi 技术、蓝牙技术、UWB 技术、ZigBee 技术等无线通信技术。

移动通信技术在我们身边是最为常见的了。本章主要介绍从一代到四代的通信技术发展情况。从 1G 的"大哥大"到 2G 的普通手机（语音业务为主），再到 3G 的智能手机，一直到现在的 4G，都是我们十分熟悉的通信专业术语。每一代移动通信技术都有其自身的特点，但是随着人们需求的不断增加，通信技术也不断地发展，速度不断地提高。

本章还简单介绍了无线传感器网络的基本知识、特点及应用领域。

习题四

一、选择题

1. 因特网的接入中，分有线和无线两种通信介质，以下（　　　）不属于有线接入。

    A. 同轴电缆　　　　　　B. 双绞线　　　　　　C. 蓝牙　　　　　　D. 光纤

2. 因特网的巨大成功和 TCP/IP 协议是分不开的，以下（　　　）属于因特网数据链路层协议。

    A. HTTP　　　　　　B. ARP　　　　　　C. UDP　　　　　　D. PPP

3. 无线传感器是一种集传感器、控制器、（　　　）、通信能力于一身的嵌入式设备。

    A. 存储器　　　　　　B. 计算能力　　　　　　C. 传输　　　　　　D. 采集

4. IEEE 802.11 规定了三种发送及接收技术，包括扩频技术、（　　　）和窄带技术。

    A. 红外技术　　　　　　B. 蓝牙技术　　　　　　C. 超宽带技术　　　　　　D. 无线电技术

5. 蓝牙是一种支持设备短距离通信的无线电技术。它的数据速率较低，可实现（　　　）传输。

    A. 单工　　　　　　B. 半双工　　　　　　C. 全双工　　　　　　D. 混合模式

6. IEEE 802.15 下设多个工作组，（　　　）不属于其工作组制定的无线通信协议。

    A. Bluetooth　　　　　　B. UWB　　　　　　C. ZigBee　　　　　　D. HTML

7. 对于 IEEE 802.16 来说，能提供的服务包括数字音频/视频广播、（　　　）、异步传输模式和因特网接入等。

    A. 电子邮箱　　　　　　B. BBS　　　　　　C. 同步传输模式　　　　　　D. 数字电话

8. 与第一代模拟移动通信及第二代数字移动通信系统相比，第三代移动通信技术最主要的特征是可提供（　　　）业务。

    A. 语音　　　　　　B. 移动多媒体　　　　　　C. QQ　　　　　　D. 微信

9. 下列（　　　）不属于第三代移动通信技术的国际标准。

    A. CDMA2000　　　　　　B. WCDMA　　　　　　C. TD-SCDMA　　　　　　D. TDMA

10. 无线传感器网络系统通常不包括（　　　）。

    A. 传感器节点　　　　　　B. 汇聚节点　　　　　　C. 管理节点　　　　　　D. RFID 终端

二、填空题

1. 双绞线目前是综合布线工程中_____、最常用的一种传输介质，它是由两条相互绝缘的导线按照一定的规格_____在一起而制成的一种通用配线，属于信息通信网络_____。

2. TCP 是面向连接的通信协议，通过_____建立连接，通信完成时要_____，由于 TCP 是_____，所以只能用于_____的通信。

3. IEEE 802.15 工作组内有若干任务组，即_____、_____、IEEE 802.15.3 和 IEEE 802.15.4 等。

4. 第一代移动通信系统的主要特征是采用_____和_____。

5. 国际电信联盟在 2012 年无线电通信全体会议上，正式审议通过将_____、_____、_____和 FDD-LTE-Advanced 技术规范确立为 4G 国际标准。

三、简答题

1. 双绞线、同轴电缆和光缆都可以用于因特网的接入，它们各有什么优缺点？

2. 因特网能够得到广泛应用的一大原因是 TCP/IP 协议的普适性，请简述此协议优缺点。物联网若大规模应用，其通信协议能从因特网的 TCP/IP 协议中学习什么？

3. 简述无线网络通信协议在物联网的网络层中的应用前景。

4. 简述 IEEE 802.15 下各协议的特点。

5. 简述 IEEE 802.16 协议的发展历史。

6. 简述移动通信技术的每一代的特点。

7. 谈谈你对移动通信技术未来的看法。

8. 无线传感网络的特点有哪些？未来的应用前景如何？

第5章
应用层

应用层是物联网三层架构中的最高层，被用于直接为最终用户提供各种服务及应用。工信部发布的《物联网"十二五"发展规划》提出了重点发展的物联网九大应用，包括智能工业、智能农业、智能物流、智能电网、智能交通、智能环保、智能安防、智能医疗和智能家居。这说明应用层不是孤立的，而是与具体的行业紧密相关。

本章首先简单介绍应用层的基本情况，然后从工业、农业、物流、电网、交通、家居和医疗行业来详细介绍物联网在这些行业的应用及发展情况。

5.1　应用层概述

如果说数据采集是感知层的核心任务，数据传输是网络层的核心任务，那么物联网应用层的核心任务就是数据使用。物联网的应用层主要完成数据的管理和数据的处理，并将这些数据与各行业应用相结合。应用层要解决的问题就是如何提供一个友好的交互界面，让用户能够及时、正确并满意地使用信息。

在产业分布方面，国内物联网产业已初步形成环渤海、长三角、珠三角和中西部地区四大区域集聚发展的总体产业空间格局，其中，长三角地区产业规模位列四大区域之首。

在市场应用方面，物联网在2011年的产业规模超过2600亿元人民币，占据中国物联网市场主要份额的应用领域为智能工业、智能物流、智能交通、智能电网、智能医疗、智能农业和智能环保，其中智能工业占比最大，为20.0%。

2012年我国物联网产业市场规模达到3650亿元，比2011年增长38.6%。从智能安防到智能电网，从二维码普及到智慧城市落地，作为被寄予厚望的新兴产业，物联网正四处开花，悄然影响着人们的生活。随着我国物联网产业发展迅猛的态势和产业规模集群的形成，我国物联网时代下的产业革命也初露端倪。

随着物联网技术的研发和产业的发展，预计2013年中国物联网市场规模将达4896亿元，到2015年，这一规模将达到7500亿元，发展前景将超过计算机、互联网、移动通信等传统IT领域。作为信息产业发展的第三次革命，物联网涉及的领域越来越广，其理念也日趋成熟，可寻址、可通信、可控制、泛在化与开放模式正逐渐成为物联网发展的演进目标。

从具体的情况来看，我国物联网技术已经融入到了纺织、冶金、机械、石化、制药等工业制造领域。在工业流程监控、生产链管理、物资供应链管理、产品质量监控、装备维修、检验检测、安全生产、用能管理等生产环节着重推进了物联网的应用和发展，建立了应用协调机制，提高了工业生产效率和产品质量，实现了工业的集约化生产、企业的智能化管理和节能降耗。

应用层主要确定物联网系统的功能、服务要求，在物联网系统构建时确定相应的任务与目标，以"智慧城市"的建设为例，物联网将信息交换延伸到物与物的范畴，价值信息极大丰富和无处不在的智能处理将成为城市管理者解决问题的重要手段。在基于物联网的各项应用中，传统的应用所采用的架构如 C/S 架构、B/S 架构和混合架构仍大行其道，下面简介如下。

1. C/S 架构

C/S 又称 Client/Server 或客户/服务器模式。C/S 架构应用由两部分组成：服务器和客户机。服务器指数据库管理系统（Database Management System，DBMS），用于描述、管理和维护数据库的程序系统是数据库系统核心组成部分，对数据库进行统一的管理和控制。客户机则将用户的需求送交到服务器，再从服务器返回数据给用户。C/S 型数据库非常适合于网络应用，可以同时被多个用户所访问，并赋予不同的用户以不同的安全权限。C/S 型数据库支持的数据量一般比文件型数据库大得多，还支持分布式的数据库（即同一数据库位于多台服务器上）。同时，C/S 型数据库一般都能完善地支持 SQL 语言（所以也被称作 SQL 数据库）。这些特性决定了 C/S 型数据库适合于高端应用。常见的 C/S 型数据库有著名的 Oracle、Sybase、Informix、微软的 SQL Server、IBM 的 DB2 以及 Delphi 自带的 Interbase 等。

C/S 的优点是能充分发挥客户端 PC 的处理能力，很多工作可以在客户端处理后再提交给服务器，对应的优点就是客户端响应速度快。传统的 C/S 架构缺点主要有以下几个。

（1）只适用于局域网。而随着互联网的飞速发展，移动办公和分布式办公越来越普及，这就需要系统具有扩展性。以这种方式进行远程访问需要专门的技术，同时要对系统进行专门的设计来处理分布式的数据。

（2）客户端需要安装专用的客户端软件。首先涉及安装的工作量，其次任何一台客户机出现问题（如病毒、硬件损坏），都需要进行安装或维护。特别是有很多分部或专卖店的情况，不仅是工作量的问题，还有路程的问题。另外系统软件升级时，每一台客户机需要重新安装，其维护和升级成本非常高。

（3）对客户端的操作系统一般也会有限制。可能适应于 Win 2000 或 Windows XP，但不适用于微软新的操作系统，也不适用于 Linux、UNIX。

但随着不断改进和创新，传统的 C/S 架构的应用也正在突破上述限制。

2. B/S 架构

B/S 是 Brower/Server 的缩写，在 B/S 结构中，客户机上安装一个浏览器（Browser），如 Netscape Navigator 或 Internet Explorer，服务器上安装 Oracle、Sybase、Informix 或 SQL Serve 等数据库和应用程序。用户通过浏览器发出某个请求，通过应用程序服务器和数据库服务器之间一系列复杂的操作后，返回相应的页面给浏览器。

B/S 最大的优点就是可以在任何地方进行操作而不用安装任何专门的软件。只要有一台能上网的电脑就能使用，客户端零维护。系统的扩展非常容易，只要能上网，再由系统管理员分配一个用户名和密码，就可以使用了，甚至可以在线申请，通过公司内部的安全认证（如 CA 证书）后，不需要人的参与，系统可以自动分配给用户一个账户进入系统。

3. 混合架构

由于物联网终端的推出，尤其是智能手机的普及，越来越多的应用系统不再局限于上述两种架构，而是分别在 C/S 和 B/S 架构上作了相应的拓展，引入了中间层的概念，产生了 C/S/S 和 B/S/S 架构，或者同时结合 C/S 和 B/S 架构的优点而产生混合架构，以获得更好的重用性并降低维护的成本。

5.2 智能工业

5.2.1 智能工业的概念

智能工业是将具有环境感知能力的各类终端、基于泛在技术的计算模式、移动通信等不断融入到工业生产的各个环节，大幅提高制造效率，改善产品质量，降低产品成本和资源消耗，将传统工业提升到智能化的新阶段。总的来说，智能工业的实现是基于物联网技术的渗透和应用，并与未来先进制造技术相结合，形成新的智能化的制造体系。

18世纪，英国人瓦特发明了蒸汽机，引发了第一次工业革命，开创了以机器代替手工工具的时代，人类从此进入了工业时代。1870年以后，科学技术的发展突飞猛进，各种新技术、新发明层出不穷，并被迅速应用于工业生产，大大促进了经济的发展，这就是第二次工业革命。当时，科学技术的突出发展主要表现在三个方面，即电力的广泛应用、内燃机和新交通工具的创制、新通信手段的发明。进入21世纪以后，随着科技的发展，以及物联网的发展，智能化成为了科技发展的趋势。工业作为社会经济的一大主体，推动着社会的进步，其科技的发展也朝智能化的方向发展。英国《经济学人》发表文章，宣告"第三次工业革命"的来临：18世纪末在英国发生的第一次工业革命，以机器取代了手工；20世纪初福特发明完善的流水线大批量生产，掀起了第二次工业革命；第三次工业革命则正发生在我们的身边，其核心是"制造业数字化"，即为"智能工业"。智能工业的核心技术是物联网技术，它是基于物联网技术的渗透和应用，并与未来先进制造技术相结合，形成新的智能化的制造体系。

5.2.2 智能工业的应用领域

工业和信息化部制定的《物联网"十二五"发展规划》中将智能工业应用示范工程归纳为生产过程控制、生产环境监测、制造供应链跟踪、产品全生命周期监测，促进安全生产和节能减排。

1. 生产过程工艺优化

物联网技术的应用提高了生产线过程检测、实时参数采集、生产设备监控、材料消耗监测的能力和水平。生产过程的智能监控、智能控制、智能诊断、智能决策、智能维护水平不断提高。钢铁企业应用各种传感器和通信网络，在生产过程中实现对加工产品的宽度、厚度、温度的实时监控，从而提高了产品质量，优化了生产流程。

2. 环保监测及能源管理

物联网与环保设备的融合实现了对工业生产过程中产生的各种污染源及污染治理各环节关键指标的实时监控。在重点排污企业排污口安装无线传感设备，不仅可以实时监测企业排污数据，而且可以远程关闭排污口，防止突发性环境污染事故的发生。电信运营商已开始推广基于物联网的污染治理实时监测解决方案。

3. 制造业供应链管理

物联网应用于企业原材料采购、库存、销售等领域，通过完善和优化供应链管理体系，提高了供应链效率，降低了成本。空中客车（Airbus）通过在供应链体系中应用传感网络技术，构建了全球制造业中规模最大、效率最高的供应链体系。

4. 产品设备监控管理

各种传感技术与制造技术融合，实现了对产品设备操作使用记录、设备故障诊断的远程监控。通用电气油气集团在全球建立了 13 个面向不同产品的 i-Center，通过传感器和网络对设备进行在线监测和实时监控，并提供设备维护和故障诊断的解决方案。

5. 工业安全生产管理

把传感器嵌入和装备到矿山设备、油气管道、矿工设备中，可以感知危险环境中工作人员、设备机器、周边环境等方面的安全状态信息，将现有分散、独立、单一的网络监管平台提升为系统、开放、多元的综合网络监管平台，实现实时感知、准确辨识、快捷响应、有效控制。

5.2.3　智能化制造技术

物联网是信息通信技术发展的新一轮制高点，正在工业领域广泛渗透和应用，并与未来先进制造技术相结合，形成新的智能化的制造体系，这是智能工业的一个极为重要的分支领域，具体包括泛在感知网络技术、泛在制造信息处理技术、虚拟现实技术、人机交互技术、空间协同技术、平行管理技术、电子商务技术和系统集成制造技术。

1. 泛在感知网络技术

建立服务于智能制造的泛在网络技术体系，为制造中的设计、设备、过程、管理和商务提供无处不在的网络服务。目前，面向未来智能制造的泛在网络技术发展还处于初始阶段。

2. 泛在制造信息处理技术

建立以泛在信息处理为基础的新型制造模式，提升制造行业的整体实力和水平。目前，泛在信息制造及泛在信息处理尚处于概念和实验阶段，各国政府均将此列入国家发展计划，大力推动实施。

3. 虚拟现实技术

采用真三维显示与人机自然交互的方式进行工业生产，进一步提高制造业的效率。目前，虚拟环境已经在许多重大工程领域得到了广泛的应用和研究。未来，虚拟现实技术的发展方向是三维数字产品设计、数字产品生产过程仿真、真三维显示和装配维修等。

4. 人机交互技术

传感技术、传感器网、工业无线网以及新材料的发展，提高了人机交互的效率和水平。目前制造业处在一个信息有限的时代，人要服从和服务于机器。随着人机交互技术的不断发展，我们将逐步进入基于泛在感知的信息化制造人机交互时代。

5. 空间协同技术

空间协同技术的发展目标是以泛在网络、人机交互、泛在信息处理和制造系统集成为基础，突破现有制造系统在信息获取、监控、人机交互和管理方面集成度差、协同能力弱的局限，提高制造系统的敏捷性、适应性、高效性。

6. 平行管理技术

未来的制造系统将由某一个实际制造系统和对应的一个或多个虚拟的人工制造系统所组成。平行管理技术就是要实现制造系统与虚拟系统的有机融合，不断提升企业认识和预防非正常状态的能力，提高企业的智能决策和应急管理水平。

7. 电子商务技术

目前制造与商务过程一体化特征日趋明显，整体呈现出纵向整合和横向联合两种趋势。未来要建立健全先进制造业中的电子商务技术框架，发展电子商务以提高制造企业在动态市场中的决策与适应能力，构建和谐、可持续发展的先进制造业。

8. 系统集成制造技术

系统集成制造是由智能机器人和专家共同组成的人机共存、协同合作的工业制造系统。它集自动化、集成化、网络化和智能化于一身，使制造具有修正或重构自身结构和参数的能力，具有自组织和协调能力，可满足瞬息万变的市场需求，应对激烈的市场竞争。

5.2.4 智能工业的挑战

从整体上来看，物联网还处于起步阶段。物联网在工业领域的大规模应用还面临一些关键技术问题，如设计和制造工业用传感器、开发和部署工业无线网络技术以及对工业过程进行建模。

1. 工业用传感器

工业用传感器是一种检测装置，能够测量或感知特定物体的状态和变化，并转化为可传输、可处理、可存储的电子信号或其他形式信息。工业用传感器是实现工业自动检测和自动控制的首要环节。在现代工业生产尤其是自动化生产过程中，要用各种传感器来监视和控制生产过程中的各个参数，使设备工作在正常状态或最佳状态，并使产品达到最好的质量。可以说，没有众多质优价廉的工业用传感器，就没有现代化工业生产体系。

2. 工业无线网络技术

工业无线网络是一种由大量随机分布的、具有实时感知和自组织能力的传感器节点组成的网状（Mesh）网络，综合了传感器技术、嵌入式计算技术、现代网络及无线通信技术、分布式信息处理技术等，具有低耗自组、泛在协同、异构互连的特点。工业无线网络技术是继现场总线之后工业控制系统领域的又一热点技术，是降低工业测控系统成本、提高工业测控系统应用范围的革命性技术，也是未来几年工业自动化产品新的增长点，已经引起许多国家学术界和工业界的高度重视。

3. 工业过程建模

没有模型就不可能实施先进有效的控制，传统的集中式、封闭式的仿真系统结构已不能满足现代工业发展的需要。工业过程建模是系统设计、分析、仿真和先进控制必不可少的基础。

5.3 智能农业

传统农业生产的物质技术手段落后，主要是依靠人力、畜力和各种手工工具以及一些简单机械，粗放的管理与滥用化肥导致的是低效益与环境污染。如何对大面积土地的规模化耕种实施信息技术指导下科学的精确管理，是农业生产中最为棘手的问题之一。

精确农业(Precision Agriculture) 是当今世界农业发展的新潮流，是由信息技术支持的根据空间变异，定位、定时、定量地实施一整套现代化农事操作技术与管理的系统，其基本含义是根据作物生长的土壤性状，调节对作物的投入，即一方面查清田块内部的土壤性状与生产力空间变异，另一方面确定农作物的生产目标，进行定位的"系统诊断、优化配方、技术组装、科学管理"，调动土壤生产力，以最少的或最节省的投入达到同等收入或更高的收入，并改善环境，高效地利用各类农业资源，取得经济效益和环境效益。智能农业则是在精确农业的基础上，引入物联网技术而成。

5.3.1　智能农业的概念

智能农业是指在相对可控的环境条件下，采用工业化生产，实现集约高效可持续发展的现代超前农业生产方式，就是农业先进设施与露地相配套、具有高度的技术规范和高效益的集约化规模经营的生产方式。它集科研、生产、加工、销售于一体，实现周年性、全天候、反季节的企业化规模生产；它集成现代生物技术、农业工程、农用新材料等学科，以现代化农业设施为依托，科技含量高，产品附加值高，土地产出率高和劳动生产率高，是我国农业新技术革命的跨世纪工程。

智能农业产品通过实时采集温室内温度、土壤温度、CO_2 浓度、湿度信号以及光照、叶面湿度、露点温度等环境参数，自动开启或者关闭指定设备。可以根据用户需求，随时进行处理，为设施农业综合生态信息自动监测、对环境进行自动控制和智能化管理提供科学依据。通过模块采集温度传感器等信号，经由无线信号收发模块传输数据，实现对大棚温湿度的远程控制。智能农业还包括智能粮库系统，该系统通过将粮库内温湿度变化的感知与计算机或手机的连接进行实时观察，记录现场情况以保证粮库的温湿度平衡。

5.3.2　智能农业的支撑技术

智能农业有两个大的发展方向，即规模化和精细化。智能农业的规模化需要有定位系统和遥感技术作为支撑。

1. 全球定位系统（GPS）

GPS 是利用地球上空的通信卫星、地面上的接收系统和用户设备等组成的高精度、全天候、全球性的精确定位系统。GPS 是智能农业的基础，主要用于实时、快速地进行田间信息的采集和田间操作的精确定位，在智能农业中发挥了重要作用。GPS 可以为农田信息定位，指挥农机行走和农机作业，同时对周边环境进行不定期监测定位，为农业专家系统提供有益的空间信息。

2. 地理信息系统（GIS）

GIS 是基于计算机、数据库技术的数据管理技术。人们使用的地形图、专业图和文字表示的各种地理要素储存在计算机内，通过计算机及数据库管理软件，可以对有关内容进行快速查询、评估、分析、更新、修改、存档、传输等。通过 GIS 可快速检索各点的土壤、空气等农业状况，再据此采取措施，有针对性地运用精准农机进行操作。

3. 遥感系统（RS）

RS 由传感器、载体和指挥系统等 3 部分组成。农业遥感技术是现代航空技术、计算机技术等相结合的产物，是人类从空间对地球进行观察的手段。RS 对各种物体如土地、河流水系、农作物等进行观测，使人们快速获得相关农业信息，其准确性比人工预报大大提高。

5.3.3　智能农业的典型应用

1. 农产品生长过程无线网络监测平台

建立无线网络监测平台，对农产品的生长过程进行全面监管和精准调控。在大棚控制系统中，物联网系统的温度传感器、湿度传感器、pH 值传感器、光传感器、离子传感器、生物传感器、CO_2 传感器等设备，检测环境中的温度、相对湿度、pH 值、光照强度、土壤养分、CO_2 浓度等物理量参数，通过各种仪器仪表实时显示或作为自动控制的参变量参与到自动控制中，保证农作物有一个良好的、适宜的生长环境。远程控制的实现使技术人员在办公室就能对多个大棚的环境进行监测控制。采用无线网络来测量以获得作物生长的最佳条件，可以为温室精准调控提供科学依据，从而调节生长周期，达到农作物增产增收和提高经济效益的目的。

2. 基于物联网感应的农业灌溉控制系统

开发基于物联网感应的农业灌溉控制系统，达到节水、节能、高效的目的。利用传感器感应土壤的水分并控制灌溉系统以实现自动节水节能，可以构建高效、低能耗、低投入、多功能的农业节水灌溉平台。农业灌溉是我国的用水大户，其用水量约占总用水量的70%。据统计，因干旱我国粮食每年平均受灾面积达2000万公顷，损失粮食占全国因灾减产粮食的50%。长期以来，由于技术、管理水平落后，导致灌溉用水浪费十分严重，农业灌溉用水的利用率仅40%。如果根据监测土壤墒情信息，实时控制灌溉时机和水量，可以有效提高用水效率。而人工定时测量墒情，不但耗费大量人力，而且做不到实时监控；采用有线测控系统，则需要较高的布线成本，不便于扩展，而且给农田耕作带来不便。因此，设计一种基于无线传感器网络的节水灌溉控制系统，该系统主要由低功耗无线传感网络节点通过ZigBee自组网方式构成，从而避免了布线的不便、灵活性较差的缺点，实现土壤墒情的连续在线监测，农田节水灌溉的自动化控制，既提高灌溉用水利用率，缓解我国水资源日趋紧张的矛盾，也为作物生长提供良好的生长环境。

3. 智能农业大棚物联网信息系统

构建智能农业大棚物联网信息系统，实现农业从生产到质检和运输的标准化和网络化管理。智能农业大棚物联网信息系统主要利用温度、化学等多种传感器对农产品的生长过程进行全程监控和数据化管理，结合RFID电子标签在培育、生产、质检、运输等过程中，进行可识别的实时数据存储和管理，构建基于物联网的专用农业评估信息系统，以实现数据的存储和管理，实现农业生产的标准化、网络化、数字化。

5.4 智能物流

如何配置和利用资源，有效地降低制造成本是企业所要重点关注的问题。要实现这种战略，没有一个高度发达的、可靠快捷的物流系统是无法实现的。随着经济全球化的发展和网络经济的兴起，物流的功能也不再是单纯为了降低成本，而是发展成为提高客户服务质量的重要因素之一，最终有利于提高企业综合竞争力。当前物流产业正逐步形成七个发展趋势，它们分别为信息化、智能化、环保化、企业全球化与国际化、服务优质化、产业协同化以及第三方物流。

1. 信息化趋势

信息网络技术的发展和不断普及，推动传统物流方式向物流信息化转变。物流信息化是现代物流的核心，是指信息技术在物流系统规划、物流经营管理、物流流程设计与控制和物流作业等物流活动中全面而深入的应用，并且成为物流企业和社会物流系统核心竞争能力的重要组成部分。物流信息化一般表现为以下三方面：（1）公共物流信息平台的建立将成为国际物流发展的突破点；（2）物流信息安全技术将日益被重视；（3）信息网络将成为国际物流发展的最佳平台。

2. 智能化趋势

国际物流的智能化已经成为电子商务下物流发展的一个方向。智能化是物流自动化、信息化的一种高层次应用，物流作业过程中大量的运筹和决策，如库存水平的确定、运输（搬运）路线的选择，自动导向车的运行轨迹和作业控制，自动分拣机的运行、物流配送中心经营管理的决策支持等问题，都可以借助专家系统、人工智能和机器人等相关技术加以解决。

3. 环保化趋势

物流与社会经济的发展是相辅相成的，现代物流一方面促进了国民经济从粗放型向集约型转变，另一方面成为消费生活高度化发展的支柱。然而，无论是在"大量生产、大量流通、大量消费"的时代，还是在"多样化消费、有限生产、高效率流通"的时代，都需要从环境的角度对物流体系进行改进，即需要形成一个环境共生型的物流管理系统。环境共生型的物流管理就是要改变原来经济发展与物流，消费生活与物流的单向作用关系，在抑制物流对环境造成危害的同时，形成一种催促经济和消费生活同时健康发展的物流系统，即向环保型、循环型物流转变。

绿色物流正在这一背景下成为全球经济可持续发展的一个重要组成部分。绿色物流是指在物流过程中抑制物流对环境造成危害的同时，实现对物流体系的净化和优化，从而使物流资源得到充分的利用。在我国，由于经营者和消费者对绿色经营、绿色消费理念的提高，绿色物流正日益受到广泛和高度的重视，初步搭建起企业绿色物流的平台。不少企业使用"绿色"运输工具，采用小型货车等低排放运输工具，降低运输车辆尾气排放量；采用绿色包装，使用可降解的包装材料，提高包装废弃物的回收再生利用率；开展绿色流通加工，以规模作业方式提高资源利用率，减少环境污染。到 2005 年年底，全国已有 12000 多家企业获得了 ISO14000 环境管理体系认证，800 多个企业、18000 多种规格型号产品获得环境标志认证。物流绿色化作为一种可持续发展的观念正在得到普遍认同。

4. 企业全球化与国际化趋势

近些年，经济全球化以及我国对外开放不断扩大，更多的外国企业和国际资本"走进来"和国内物流企业"走出去"，推动国内物流产业融入全球经济。在我国承诺国内涉及物流的大部分领域全面开放之后，联邦快递、联合包裹、日本中央仓库等跨国企业不断通过独资形式或控股方式进入中国市场。目前，外资物流企业已经形成以长三角、珠三角和环渤海地区等经济发达区域为基地，分别向东北和中西部扩展的态势。同时，伴随新一轮全球制造业向我国转移，我国正在成为名副其实的世界工厂，在与世界各国之间的物资、原材料、零部件和制成品的进出口运输上，无论是数量还是质量正在发生较大变化。这必然要求物流国际化，即物流设施国际化、物流技术国际化、物流服务国际化、货物运输国际化和流通加工国际化等，促进世界资源的优化配置和区域经济的协调发展。

5. 服务优质化趋势

在消费多样化、生产柔性化、流通高效化时代，客户对现代物流服务提出更高的要求，各种新兴的信息技术手段在物流业的使用，对传统物流形式带来了新的挑战，进而使得物流发展出现服务优质化的发展趋势。物流服务优质化努力实现物流企业优质服务的共同标准：即把好的产品在规定的时间、规定的地点，以适当的数量、合适的价格提供给客户。物流服务优质化趋势代表了现代物流向服务经济发展的进一步延伸，表明物流服务的质量正在取代物流成本，成为客户选择物流服务的重要标准之一。

6. 产业协同化趋势

21 世纪是一个物流全球化的时代，制造业和服务业逐步一体化，大规模生产、大量消费使得经济中的物流规模日趋庞大和复杂，传统的、分散的物流活动正逐步拓展，整个供应链向集约化、协同化的方向发展，成为物流领域的重要发展趋势之一。从物流资源整合和一体化角度来看，物流产业重组、并购不再仅仅局限于企业层面上，而是转移到相互联系、分工协作的整个产业链条上，经过服务功能、行业资源及市场的一系列重新整合，形成以利益供应链管理为核心的、社会化的物流系统；从物流市场竞争角度看，随着全球贸易的发展，发达国家一些大型物流企业跨越国境展开连横合纵式的并购，大力拓展物流市场，争取更大的市场份额。物流行业已经从企业内部的竞争拓展为全球供应链之间的竞争；从物流技术角度看，信息技术把单个物流企业连成一个网络，形成一个环环相扣的供应链，使多个企业能在一个整体的管理下实现协作经营和协调运作。

7. 第三方物流趋势

随着物流技术的不断发展，第三方物流作为一个提高物资流通速度、节省仓储费用和资金等在途费用的有效手段，已越来越引起人们的高度重视。第三方物流是在物流渠道中由中间商提供的服务，中间商以合同的形式在一定期限内，提供企业所需的全部或部分物流服务。经过调查统计，全世界的第三方物流市场具有潜力大、渐进性和高增长率的特性。它的潜力性集中表现在它极高的优越性，主要表现在节约费用，减少资本积压、减少库存和提升企业形象，给企业和顾客带来了众多益处。此外，大多数公司开始时并不是第三方物流服务公司，而是逐渐发展进入该行业的，可见，它的发展空间很大。

智能物流是物流行业在上述信息化、智能化等趋势下，通过利用集成智能化技术，使物流系统能模仿人的智能，具有思维，感知，学习，推理判断和自行解决物流中某些问题的能力。智能物流的未来发展将会体现出四个特点：智能化，一体化和层次化，柔性化以及社会化。在物流作业过程中的大量运筹与决策的智能化；以物流管理为核心，实现物流过程中运输，存储，包装，装卸等环节的一体化和智能物流系统的层次化；智能物流的发展会更加突出"以顾客为中心"的理念，根据消费者需求变化来灵活调节生产工艺；智能物流的发展将会促进区域经济的发展和世界资源优化配置，实现社会化。

通过智能物流系统的四个智能机理，即综合使用信息的智能获取技术，智能传递技术，智能处理技术，智能利用技术来分析智能物流的应用前景。智能获取技术使物流从被动走向主动，实现物流过程中的主动获取信息，主动监控车辆与货物，主动分析信息，使商品从源头开始被实施跟踪与管理，实现信息流快于实物流；智能传递技术应用于企业内部，外部的数据传递功能。智能物流的发展趋势是实现整个供应链管理的智能化，因此需要实现数据间的交换与传递；智能处理技术应用于企业内部决策，通过对大量数据的分析，对客户的需求，商品库存，智能仿真等做出决策；智能利用技术在物流管理的优化，预测，决策支持，建模和仿真，全球化管理等方面应用，使企业的决策更加准确和科学。

5.4.1　智能物流的由来

传统物流运输中，运输的种类和风险、物流过程中的运输环节和动作方式以及物流企业的服务，都影响到物流运输的成本和质量。随着物流的快速发展，物流过程越来越复杂，物流资源优化配置和管理的难度也随之提高，物资在流通过程各个环节的联合调度和管理更重要，也更复杂。我国传统物流企业的信息化管理程度还比较低，无法实现物流组织效率和管理方法的提升，阻碍了物流的发展。

物流企业一方面可以通过对物流资源进行信息化优化调度和有效配置，来降低物流成本；另一方面，物流过程中加强管理和提高物流效率，以改进物流服务质量。然而，要实现物流行业长远发展，就要实现从物流企业到整个物流网络的信息化、智能化，智能物流就是利用集成智能化技术，使物流系统能模仿人的智能，具有思维、感知、学习、推理判断和自行解决物流中某些问题的能力，因此，发展智能物流成为必然。

智能物流是根据自身的实际水平和客户需求对智能物流信息化进行定位，是国际未来物流信息化发展的方向，预计到 2015 年，中国智能物流核心技术将形成的产业规模达 2000 亿元，智能物流"十二五"规划已经出台。

5.4.2 智能物流的主要支撑技术

1. 自动识别技术

自动识别技术是以计算机、光、机、电、通信等技术的发展为基础的一种高度自动化的数据采集技术。它通过应用一定的识别装置，自动地获取被识别物体的相关信息，并提供给后台的处理系统来完成相关后续处理的一种技术。它能够帮助人们快速而又准确地进行海量数据的自动采集和输入，目前在运输、仓储、配送等方面已得到广泛的应用。自动识别技术在 20 世纪 70 年代初步形成规模，经过近 30 年的发展，自动识别技术已经发展成为由条码识别技术、智能卡识别技术、光字符识别技术、射频识别技术、生物识别技术等组成的综合技术，并正在向集成应用的方向发展。条码识别技术是目前使用最广泛的自动识别技术，它是利用光电扫描设备识读条码符号，从而实现信息自动录入。条码是由一组按特定规则排列的条、空及对应字符组成的表示一定信息的符号。不同的码制，条码符号的组成规则不同。目前，较常使用的码制有：EAN/UPC 条码、128 条码、ITF-14 条码、交插二五条码、三九条码、库德巴条码等。射频识别（RFID）技术是近几年发展起来的现代自动识别技术，它是利用感应、无线电波或微波技术的读写器设备对射频标签进行非接触式识读，达到对数据自动采集的目的。它可以识别高速运动物体，也可以同时识读多个对象，具有抗恶劣环境、保密性强等特点。生物识别技术是利用人类自身生理或行为特征进行身份认定的一种技术。生物特征包括手形、指纹、脸形、虹膜、视网膜、脉搏、耳廓等，行为特征包括签字、声音等。由于人体特征具有不可复制的特性，这一技术的安全性较传统意义上的身份验证机制有很大的提高。目前，人们已经发展了虹膜识别技术、视网膜识别技术、面部识别技术、签名识别技术、声音识别技术、指纹识别技术六种生物识别技术。

2. 数据仓库和数据挖掘技术

数据仓库出现在 20 世纪 80 年代中期，它是一个面向主题的、集成的、非易失的、时变的数据集合，数据仓库的目标是把来源不同的、结构相异的数据经加工后在数据仓库中存储、提取和维护，它支持全面的、大量的复杂数据的分析处理和高层次的决策支持。数据仓库使用户拥有任意提取数据的自由，而不干扰业务数据库的正常运行。数据挖掘是从大量的、不完全的、有噪声的、模糊的及随机的实际应用数据中，挖掘出隐含的、未知的、对决策有潜在价值的知识和规则的过程。一般分为描述型数据挖掘和预测型数据挖掘两种。描述型数据挖掘包括数据总结、聚类及关联分析等，预测型数据挖掘包括分类、回归及时间序列分析等。其目的是通过对数据的统计、分析、综合、归纳和推理，揭示事件间的相互关系，预测未来的发展趋势，为企业的决策者提供决策依据。

3. 人工智能技术

人工智能就是探索研究用各种机器模拟人类智能的途径，使人类的智能得以物化与延伸的一门学科。它借鉴仿生学思想，用数学语言抽象描述知识，用以模仿生物体系和人类的智能机制，目前主要的方法有神经网络、进化计算和粒度计算三种。

神经网络是在生物神经网络研究的基础上模拟人类的形象直觉思维，根据生物神经元和神经网络的特点，通过简化、归纳，提炼总结出来的一类并行处理网络。神经网络的主要功能有联想记忆、分类聚类和优化计算等。虽然神经网络具有结构复杂、可解释性差、训练时间长等缺点，但由于其对噪声数据的高承受能力和低错误率的优点，以及各种网络训练算法如网络剪枝算法和规则提取算法的不断提出与完善，使得神经网络在数据挖掘中的应用越来越为广大使用者所青睐。

进化计算是模拟生物进化理论而发展起来的一种通用的问题求解的方法。因为它来源于自然界的生物进化，所以它具有自然界生物所共有的极强的适应性特点，这使得它能够解决那些难以用传统方法来解决的复杂问题。它采用了多点并行搜索的方式，通过选择、交叉和变异等进化操作，反复叠代，在个体的适应度值的指导下，使得每代进化的结果都优于上一代，如此逐代进化，直至产生全局最优解或全局近优解。其中最具代表性的就是遗传算法，它是基于自然界的生物遗传进化机理而演化出来的一种自适应优化算法。

早在 1990 年，我国学者就进行了关于粒度问题的讨论，并指出人类智能的一个公认的特点，就是人们能从极不相同的粒度（granularity）上观察和分析同一问题。人们不仅能在不同粒度的世界上进行问题的求解，而且能够很快地从一个粒度世界跳到另一个粒度世界，往返自如，毫无困难。这种处理不同粒度世界的能力，正是人类问题求解的强有力的表现。随后，Zadeh 讨论模糊信息粒度理论时，提出人类认知的三个主要概念，即粒度（包括将全体分解为部分）、组织（包括从部分集成全体）和因果（包括因果的关联），并进一步提出了粒度计算。他认为，粒度计算是一把大伞，它覆盖了所有有关粒度的理论、方法论、技术和工具的研究。目前主要有模糊集理论、粗糙集理论和商空间理论三种。

5.4.3　改变我国物流业现状的主要对策

总的来看，我国物流业的问题主要有：规模小、成本高、封闭运作、效率低下和信息化水平低等。

目前我国出现了很多物流公司，但普遍规模不大，总体水平比较低，提供的服务单一，地域分割严重，没有形成较大规模，这也造成物流企业的成本偏高。

中国流通企业的电子商务仍属于"单家独户"封闭运行的电子商务信息，未能形成信息资源共享和产业的网络平台，与世界一流流通企业的差距仍然很大。

我国缺乏连接制造商、零售商、客户之间的信息集成平台，造成整个产业链过长，跨国公司不能在信息平台上与客户直接沟通，导致物流的效率十分低下。

主要原因在于"专业化、网络化、信息化"程度普遍偏低。导致中国物流企业成长缓慢的主要原因是其缺乏一个有效的环境，大多数企业没有物流观念，它们重视质量和销售，却忽视了在物流上节约成本，创造价值。

为了改变我国物流业现状，可考虑以下对策：

1. 树立现代物流经营理念

首先要增强现代物流企业的市场意识。必须摒弃过去那种闭关经营的官商作风，以用户需求为己任，紧贴市场，确立国有物流企业的市场定位，根据需求并结合自身的基础对企业进行资产、人员、业务的重组，形成与市场需求相适应的服务系统。其次，要增强现代物流业的开放意识。与先进国家相比，我们还有很大的差距，要加强国际物流合作，积极引进外国的资金、技术和经验。

2. 构建企业内部互联网

企业内部互联网主要是提供市场营销功能、项目、管理功能、客户服务与支持功能，能够帮助客户服务与支持部门共享客户的反馈信息，创造一个相应的支撑系统。国有物流企业可根据自己的行业特点和实际状况，设计和实施企业内部互联网方案，能够以低廉的成本和更高的效率，进行企业内外信息沟通和管理，集约地实现物流功能，缩小与世界先进物流企业的差距。

3. 培养物流管理人才

国有物流企业向现代化物流提升转型的成败，物流专业人才显得尤为重要。物流管理者必须对每一个物流环节都有足够的了解；物流管理者不仅是运输专家，还应熟知财务、市场营销和采购等工作环节，必须具备对物流诸环节进行协调的能力。现代物流更加要求物流管理者具有创新意识，包括知识创新和服务创新，用创新为企业提供技术支持，保证为顾客提供在本行业中的领先地位的服务，利用创新来产生良好的用人机制，保障国有物流企业在激烈的市场竞争中立于不败之地。

4. 树立现代管理新理念

随着全球信息化和知识经济的发展，尤其是大型制造企业的运行所必需的业务和技术的广度不断扩大，同时知识的快速更新又使得这些业务和技术的专业化程度不断提高，尤其是相关管理的专业化程度也不断提高。因此，国内物流企业的管理者必须树立现代管理的新理念，以促进企业的管理水平的提高。

5.5 智能电网

智能电网就是电网的智能化，它是建立在集成的、高速双向通信网络的基础上，通过先进的传感和测量技术、先进的设备技术、先进的控制方法以及先进的决策支持系统技术的应用，实现电网的可靠、安全、经济、高效、环境友好和使用安全的目标。

智能电网的建立是一个巨大的历史性工程，目前很多复杂的智能电网项目正在进行中，但缺口仍是巨大的。根据派克调查机构的最新报告，智能电网技术市场将从 2012 年的 330 亿美元增长到 2020 年的 730 亿美元，8 年间市场累积将达到 4940 亿美元。

5.5.1 智能电网的发展历程

2005 年，坎贝尔发明了一种技术，利用的是群体行为原理，让大楼里的电器互相协调，减少大楼在用电高峰期的用电量。坎贝尔设计了一种无线控制器，与大楼的各个电器相连，并实现有效控制。比如，一台空调运转 15min，以便把室内温度维持在 24℃；而另外两台空调可能会在保证室内温度的前提下，停运 15min。这样，在不牺牲每个个体的前提下，整个大楼的节能目标便可以实现。这个技术赋予电器于智能，提高能源的利用效率。

2006 年，欧盟理事会的能源绿皮书《欧洲可持续的、竞争的和安全的电能策略》强调智能电网技术是保证欧盟电网电能质量的一个关键技术和发展方向，这时候的智能电网应该是指输配电过程中的自动化技术。

2006 年中期，一家名叫"网点"（Grid Point）的公司开始出售一种可用于监测家用电器耗电量的电子产品，可以通过互联网通信技术调整家用电器的用电量，这个电子产品具有了一部分交互功能，可以看作智能电网中的一个基础设施。

2006 年，美国 IBM 公司与全球电力专业研究机构、电力企业合作开发了"智能电网"解决方案。这一方案被形象比喻为电力系统的"中枢神经系统"，电力公司可以通过使用传感器、计量表、数字控件和分析工具，自动监控电网，优化电网性能、防止断电、更快地恢复供电，消费者对电力使用的管理也可细化到每个联网的装置。这个可以看作智能电网最完整的一个解决方案，标志着智能电网概念的正式诞生。

2007 年 10 月，华东电网正式启动了智能电网可行性研究项目，并规划了从 2008 年至 2030 年的"三步走"战略，即：在 2010 年初步建成电网高级调度中心，2020 年全面建成具有初步智能特性的数字化电网，2030 年真正建成具有自愈能力的智能电网。该项目的启动标志着中国开始进入智能电网领域。

2008 年，美国科罗拉多州的波尔得（Boulder）成为了全美第一个智能电网城市，每户家庭都安装了智能电表，人们可以很直观地了解当时的电价，从而把一些事情，比如洗衣服、烫衣服等安排在电价低的时间段。电表还可以帮助人们优先使用风电和太阳能等清洁能源。同时，变电站可以收集到每家每户的用电情况。一旦有问题出现，可以重新配备电力。

2008 年 9 月，谷歌与通用电气联合发表声明对外宣布，他们正在共同开发清洁能源业务，核心是为美国打造国家智能电网。

2009 年 1 月 25 日，美国白宫发布的《复苏计划尺度报告》宣布：将铺设或更新 3000 英里输电线路，并为 4000 万美国家庭安装智能电表——美国行将推动互动电网的整体革命。

2009 年 2 月 2 日，能源问题专家武建东在《全面推动互动电网革命拉动经济创新转型》的文章中，明确提出中国电网亟须实施"互动电网"革命性改造。

2009 年 2 月 4 日，地中海岛国马耳他公布了和 IBM 达成的协议，双方同意建立一个"智能公用系统"，实现该国电网和供水系统数字化。IBM 及其合作伙伴将会把马耳他 2 万个普通电表替换成互动式电表，这样马耳他的电厂就能实时监控用电，并制定不同的电价来奖励节约用电的用户。这个工程价值高达 9100 万美元（合 7000 万欧元），其中包括在电网中建立一个传感器网络。这种传感器网络和输电线、各发电站以及其他的基础设施一起提供相关数据，让电厂能更有效地进行电力分配并检测到潜在问题。IBM 将会提供搜集分析数据的软件，帮助电厂发现机会，降低成本，减少该国碳密集型发电厂的排放量。

2009 年 2 月 10 日，谷歌表示已开始测试名为谷歌电表的用电监测软件。这是一个测试版在线仪表盘，相当于谷歌正在成为信息时代的公用基础设施。

2009 年 2 月 28 日，作为华北公司智能化电网建设的一部分——华北电网稳态、动态、暂态三位一体安全防御及全过程发电控制系统在北京通过专家组的验收。这套系统首次将以往分散的能量管理系统、电网广域动态监测系统、在线稳定分析预警系统高度集成，调度人员无需在不同系统和平台间频繁切换，便可实现对电网综合运行情况的全景监视并获取辅助决策支持。此外，该系统通过搭建并网电厂管理考核和辅助服务市场品质分析平台，能有效提升调度部门对并网电厂管理的标准化和流程化水平。

2009 年 3 月 3 日，美国谷歌向美国议会进言，要求在建设智能电网时采用非垄断性标准。

2010 年 1 月 12 日，国家电网公司制定了《关于加快推进坚强智能电网建设的意见》，确定了建设坚强智能电网的基本原则和总体目标。

2011 年 3 月 1 日，国家电网 750kV 延安洛川智能变电站成功投运，这是世界最高电压等级的智能变电站。

IEEE 正致力于制定一套智能电网的标准和互通原则（IEEE P2030），主要内容在于电力工程、信息技术和互通协议等方面的标准和原则。除 IEEE 外，国际电工委员会（IEC）也在发挥重要作用，美国国家标准与技术研究院（National Institute of Standards and Technology，NIST）协调各部门之间的合作。参与标准制定的 15 家机构分别负责标准制定的不同环节，IEEE 主要致力于互通入网过程的标准，如各个能量源头如何与整个智能电网链接，计量设备的接入（如电表）和时间同步性的标准等，美国机动车工程师学会（SAE）则主要关注机动车接入网络的标准，IEC 则负责信息自动化的模式和环境标准。

5.5.2 智能电网概念的发展

智能电网概念的发展有 3 个里程碑。

第一个就是 2006 年，美国 IBM 公司提出的"智能电网"解决方案。IBM 的智能电网主要是解决电网安全运行、提高可靠性，从其在中国发布的《建设智能电网创新运营管理——中国电力发展的新思路》白皮书可以看出，解决方案主要包括以下几个方面：一是通过传感器连接资产和设备提高数字化程度；二是数据的整合体系和数据的收集体系；三是进行分析的能力，即依据已经掌握的数据进行相关分析，以优化运行和管理。该方案提供了一个大的框架，通过对电力生产、输送、零售的各个环节的优化管理，为相关企业提高运行效率及可靠性、降低成本描绘了一个蓝图。

第二个是奥巴马上任后提出的能源计划，除了已公布的计划，美国还将集中对每年要耗费 1200 亿美元的电路损耗和故障维修的电网系统进行升级换代，建立美国横跨四个时区的统一电网；发展智能电网产业，最大限度发挥美国国家电网的价值和效率，将逐步实现美国太阳能、风能、地热能的统一入网管理；全面推进分布式能源管理，创造世界上最高的能源使用效率。

可以看出美国政府的智能电网有三个目的，一个是由于美国电网设备比较落后，急需进行更新改造，提高电网运营的可靠性；二是通过智能电网建设将美国拉出金融危机的泥潭；三是提高能源利用效率。

第三个是中国能源专家武建东提出的"互动电网"概念的提出。互动电网，英文为 Interactive Smart Grid，它将智能电网的含义涵盖其中。互动电网定义为：在开放和互联的信息模式基础上，通过加载系统数字设备和升级电网网络管理系统，实现发电、输电、供电、用电、客户售电、电网分级调度、综合服务等电力产业全流程的智能化、信息化、分级化互动管理，是集合了产业革命、技术革命和管理革命的综合性的效率变革。它将再造电网的信息回路，构建用户新型的反馈方式，推动电网整体转型为节能基础设施，提高能源效率，降低客户成本，减少温室气体排放，创造电网价值的最大化。

5.5.3 智能电网的定义和特点

智能电网的发展在全世界还处于起步阶段，没有一个共同的精确定义，下面介绍几个比较典型的定义。

（1）美国能源部《Grid 2030》认为智能电网是一个完全自动化的电力传输网络，能够监视和控制每个用户和电网节点，保证从电厂到终端用户整个输配电过程中所有节点之间的信息和电能的双向流动。

（2）中国物联网校企联盟认为智能电网由智能变电站、智能配电网、智能电能表、智能交互终端、智能调度、智能家电、智能用电楼宇、智能城市用电网、智能发电系统和新型储能系统等组成。

（3）欧洲技术论坛认为智能电网是一个可整合所有连接到电网用户所有行为的电力传输网络，以有效提供持续、经济和安全的电力。

（4）中国科学院电工研究所认为，智能电网是以各种发电设备、输配电网络、用电设备和储能设备的物理电网为基础，将现代先进的传感测量技术、网络技术、通信技术、计算技术、自动化与智能控制技术等与物理电网高度集成而形成的新型电网，它能够实现可观测（能够监测电网所有设备的状态）、可控制（能够控制电网所有设备的状态）、完全自动化（可自适应并实现自愈）

和系统综合优化平衡（发电、输配电和用电之间的优化平衡），从而使电力系统更加清洁、高效、安全、可靠。

（5）美国电力科学研究院认为智能电网是一个由众多自动化的输电和配电系统构成的电力系统，以协调、有效和可靠的方式实现所有的电网运作：具有自愈功能；快速响应电力市场和企业业务需求；具有智能化的通信架构，实现实时、安全和灵活的信息流，为用户提供可靠、经济的电力服务。

（6）国家电网中国电力科学研究院认为智能电网是以物理电网为基础（中国的智能电网是以特高压电网为骨干网架、各电压等级电网协调发展的坚强电网为基础），将现代先进的传感测量技术、通信技术、信息技术、计算机技术和控制技术与物理电网高度集成而形成的新型电网。它以充分满足用户对电力的需求，优化资源配置，确保电力供应的安全性、可靠性和经济性，满足环保约束、保证电能质量、适应电力市场化发展等为目的，实现对用户可靠、经济、清洁、互动的电力供应和增值服务。

与现有电网相比，智能电网体现出电力流、信息流和业务流高度融合的显著特点，其先进性和优势主要表现在以下几方面。

（1）具有坚强的电网基础体系和技术支撑体系，能够抵御各类外部干扰和攻击，能够适应大规模清洁能源和可再生能源的接入，电网的坚强性得到巩固和提升。

（2）信息技术、传感器技术、自动控制技术与电网基础设施有机融合，可获取电网的全景信息，以帮助及时发现、预见可能发生的故障。故障发生时，电网可以快速隔离故障，实现自我恢复，从而避免大面积停电的发生。

（3）柔性交/直流输电、网厂协调、智能调度、电力储能、配电自动化等技术的广泛应用，使电网运行控制更加灵活、经济，并能适应大量分布式电源、微电网及电动汽车充放电设施的接入。

（4）通信、信息和现代管理技术的综合运用，将大大提高电力设备使用效率，降低电能损耗，使电网运行更加经济和高效。

（5）实现实时和非实时信息的高度集成、共享与利用，为运行管理展示全面、完整和精细的电网运营状态图，同时能够提供相应的辅助决策支持、控制实施方案和应对预案。

（6）建立双向互动的服务模式，用户可以实时了解供电能力、电能质量、电价状况和停电信息，合理安排电器使用；电力企业可以获取用户的详细用电信息，为其提供更多的增值服务。

5.5.4　智能电网的发展意义

坚持智能电网的发展，使得电网功能逐步扩展到促进能源资源优化配置、保障电力系统安全稳定运行、提供多元开放的电力服务、推动战略性新兴产业发展等多个方面。作为我国重要的能源输送和配置平台，坚持智能电网从投资建设到生产运营的全过程都将为国民经济发展、能源生产和利用、环境保护等方面带来巨大效益，具体如下。

（1）具备强大的资源优化配置能力。我国智能电网建成后，将实现大水电、大煤电、大核电、大规模可再生能源的跨区域、远距离、大容量、低损耗、高效率输送，区域间电力交换能力明显提升。

（2）具备更高的安全稳定运行水平。电网的安全稳定性和供电可靠性将大幅提升，电网各级防线之间紧密协调，具备抵御突发性事件和严重故障的能力，能够有效避免大范围连锁故障的发生，显著提高供电可靠性，减少停电损失。

（3）适应并促进清洁能源发展。电网将具备风电机组功率预测和动态建模、低电压穿越和有功无功控制以及常规机组快速调节等控制机制，结合大容量储能技术的推广应用，对清洁能源并网的运行控制能力将显著提升，使清洁能源成为更加经济、高效、可靠的能源供给方式。

（4）实现高度智能化的电网调度。全面建成横向集成、纵向贯通的智能电网调度技术支持系统，实现电网在线智能分析、预警和决策，以及各类新型发输电技术设备的高效调控和交直流混合电网的精细化控制。

（5）满足电动汽车等新型电力用户的服务要求。将形成完善的电动汽车充放电配套基础设施网，满足电动汽车行业的发展需要，适应用户需求，实现电动汽车与电网的高效互动。

（6）实现电网资产高效利用和全寿命周期管理。可实现电网设施全寿命周期内的统筹管理。通过智能电网调度和需求侧管理，电网资产利用小时数大幅提升，电网资产利用效率显著提高。

（7）实现电力用户与电网之间的便捷互动。将形成智能用电互动平台，完善需求侧管理，为用户提供优质的电力服务。同时，电网可综合利用分布式电源、智能电能表、分时电价政策以及电动汽车充放电机制，有效平衡电网负荷，降低负荷峰谷差，减少电网及电源建设成本。

（8）实现电网管理信息化和精细化。将形成覆盖电网各个环节的通信网络体系，实现电网数据管理、信息运行维护综合监管、电网空间信息服务以及生产和调度应用集成等功能，全面实现电网管理的信息化和精细化。

（9）发挥电网基础设施的增值服务潜力。在提供电力的同时，服务国家"三网融合"战略，为用户提供社区广告、网络电视、语音等集成服务，为供水、热力、燃气等行业的信息化、互动化提供平台支持，拓展及提升电网基础设施增值服务的范围和能力，有力推动智能城市的发展。

（10）促进电网相关产业的快速发展。电力工业属于资金密集型和技术密集型行业，具有投资大、产业链长等特点。建设智能电网，有利于促进装备制造和通信信息等行业的技术升级，为我国占领世界电力装备制造领域的制高点奠定基础。

5.5.5　智能电网的主要特征

智能电网包括八个方面的主要特征，这些特征从功能上描述了电网的特性，而不是最终应用的具体技术，它们形成了智能电网完整的景象。

1. 智能电网是自愈电网

"自愈"指的是把电网中有问题的元件从系统中隔离出来并且在很少或不用人为干预的情况下可以使系统迅速恢复到正常运行状态，从而几乎不中断对用户的供电服务。从本质上讲，自愈就是智能电网的"免疫系统"。这是智能电网最重要的特征。自愈电网进行连续不断地在线自我评估以预测电网可能出现的问题，发现已经存在的或正在发展的问题，并立即采取措施加以控制或纠正。自愈电网确保了电网的可靠性、安全性、电能质量和效率。自愈电网将尽量减少供电服务中断，充分应用数据获取技术，执行决策支持算法，避免或限制电力供应的中断，迅速恢复供电服务。基于实时测量的概率风险评估将确定最有可能失败的设备、发电厂和线路；实时应急分析将确定电网整体的健康水平，触发可能导致电网故障发展的早期预警，确定是否需要立即进行检查或采取相应的措施；和本地及远程设备的通信将帮助分析故障、电压降低、电能质量差、过载和其他不希望的系统状态，基于这些分析，采取适当的控制行动。自愈电网经常应用连接多个电源的网络设计方式。当出现故障或发生其他的问题时，在电网设备中的先进的传感器确定故障并和附近的设备进行通信，以切除故障元件或将用户迅速地切换到另外的可靠的电源上，同时传感器还有检测故障前兆的能力，在故障实际发生前，将设备状况告知系统，系统就会及时地提出预警信息。

2. 智能电网促进用户参与

在智能电网中，用户将是电力系统不可分割的一部分。鼓励和促进用户参与电力系统的运行和管理是智能电网的另一重要特征。从智能电网的角度来看，用户的需求完全是另一种可管理的资源，它将有助于平衡供求关系，确保系统的可靠性；从用户的角度来看，电力消费是一种经济的选择，通过参与电网的运行和管理，修正其使用和购买电力的方式，从而获得实实在在的好处。在智能电网中，用户将根据其电力需求和电力系统满足其需求的能力的平衡来调整其消费。同时需求响应计划将满足用户在能源购买中有更多选择的基本需求，减少或转移高峰电力需求的能力使电力公司尽量减少资本开支和营运开支，通过降低线损和减少效率低下的调峰电厂的运营，同时也提供了大量的环境效益。在智能电网中，和用户建立的双向实时的通信系统是实现鼓励和促进用户积极参与电力系统运行和管理的基础。实时通知用户其电力消费的成本、实时电价、电网的状况、计划停电信息以及其他一些服务的信息，同时用户也可以根据这些信息制定自己的电力使用方案。

3. 智能电网将抵御攻击

电网的安全性要求一个降低对电网物理攻击和网络攻击的脆弱性并快速从供电中断中恢复的全系统的解决方案。智能电网的设计和运行都将阻止攻击，最大限度地降低其不良后果和快速恢复供电服务。智能电网也能同时承受对电力系统的几个部分的攻击和在一段时间内多重协调的攻击。智能电网的安全策略将包含威慑、预防、检测、反应，以尽量减少和减轻对电网和经济发展的影响。不管是物理攻击还是网络攻击，智能电网要通过加强电力企业与政府之间重大威胁信息的密切沟通，在电网规划中强调安全风险，加强网络安全等手段，提高智能电网抵御风险的能力。

4. 容许各种不同类型发电和储能系统的接入

智能电网将安全、无缝地容许各种不同类型的发电和储能系统接入系统，简化联网的过程，类似于"即插即用"，这一特征对电网提出了严峻的挑战。改进的互联标准将使各种各样的发电和储能系统容易接入。从小到大各种不同容量的发电和储能在所有的电压等级上都可以互联，包括分布式电源如光伏发电、风电、先进的电池系统、即插式混合动力汽车和燃料电池。商业用户安装自己的发电设备（包括高效热电联产装置）和电力储能设施将更加容易和更加有利可图。在智能电网中，大型集中式发电厂包括环境友好型电源，如风电和大型太阳能电厂和先进的核电厂将继续发挥重要的作用。加强输电系统的建设使这些大型电厂仍然能够远距离输送电力。同时各种各样的分布式电源的接入一方面减少对外来能源的依赖，另一方面提高供电可靠性和电能质量，特别是应对战争和恐怖袭击具有重要的意义。

5. 智能电网将使电力市场管理更有效

在智能电网中，先进的设备和广泛的通信系统在每个时间段内支持市场的运作，并为市场参与者提供了充分的数据，因此电力市场的基础设施及其技术支持系统是电力市场蓬勃发展的关键因素。智能电网通过市场上供给和需求的互动，可以最有效地管理如能源、容量、容量变化率、潮流阻塞等参量，降低潮流阻塞，扩大市场，汇集更多的买家和卖家。用户通过实时报价来感受到价格的增长从而降低电力需求，推动成本更低的解决方案，并促进新技术的开发，新型洁净的能源产品也将给市场提供更多选择的机会。

6. 优化资产应用，使运行更加高效

智能电网优化调整其电网资产的管理和运行，以实现用最低的成本提供所期望的功能。这并不意味着资产将被连续不断地被用到其极限，而是有效地管理需要什么资产以及何时需要某一资产，每个资产将和所有其他资产进行很好的整合，以最大限度地发挥其功能，同时降低成本。智

能电网将应用最新技术以优化其资产的应用。例如，通过动态评估技术以使资产发挥其最佳的能力，通过连续不断地监测和评价其能力使资产能够在更大的负荷下使用。

智能电网通过高速通信网络实现对运行设备的在线状态监测，以获取设备的运行状态，在最恰当的时间给出需要维修设备的信号，实现设备的状态检修，同时使设备运行在最佳状态。系统的控制装置可以被调整到降低损耗和消除阻塞的状态。通过对系统控制装置的这些调整，选择最小成本的能源输送系统，提高运行的效率。最佳的容量、最佳的状态和最佳的运行将大大降低电网运行的费用。此外，先进的信息技术将提供大量的数据和资料，并将集成到现有的企业范围的系统中，大大加强其能力，以优化运行和维修过程。这些信息将为设计人员提供更好的工具，创造出最佳的设计来，为规划人员提供所需的数据，从而提高其电网规划的能力和水平。这样，运行和维护费用以及电网建设投资将得到更为有效的管理。

5.5.6　智能电网的关键技术

1. 通信技术

建立高速、双向、实时、集成的通信系统是实现智能电网的基础，没有这样的通信系统，任何智能电网的特征都无法实现。因为智能电网的数据获取、保护和控制都需要这样的通信系统的支持，因此建立这样的通信系统是迈向智能电网的第一步。同时通信系统要和电网一样深入到千家万户，这样就形成了两张紧密联系的网络——电网和通信网络，只有这样才能实现智能电网的目标和主要特征。

在这一技术领域主要有两个方面的技术需要重点关注，其一是开放的通信架构，它形成一个"即插即用"的环境，使电网元件之间能够进行网络化的通信；其二是统一的技术标准，它能使所有的传感器、智能电子设备以及应用系统之间实现无缝的通信，也就是信息在所有这些设备和系统之间能够得到完全的理解，实现设备和设备之间、设备和系统之间、系统和系统之间的互操作功能。这就需要电力公司、设备制造企业以及标准制定机构进行通力的合作，才能实现通信系统的互联互通。

2. 量测技术

参数量测技术是智能电网的基础，先进的参数量测技术获得数据并将其转换成数据信息，以供智能电网的各个方面使用。

未来的智能电网将取消所有的电磁表计及其读取系统，取而代之的是可以使电力公司与用户进行双向通信的智能固态表计。基于微处理器的智能表计将有更多的功能，除了可以计量每天不同时段电力的使用和电费外，还储存有电力公司下达的高峰电力价格信号及电费费率，并通知用户实施什么样的费率政策。更高级的功能有用户自行根据费率政策，编制时间表，自动控制用户内部电力使用的策略。

对于电力公司来说，参数量测技术给电力系统运行人员和规划人员提供更多的数据支持，包括功率因数、电能质量、相位关系、设备健康状况和能力、表计的损坏、故障定位、变压器和线路负荷、关键元件的温度、停电确认、电能消费和预测等数据。新的软件系统将收集、储存、分析和处理这些数据，为电力公司的其他业务所用。

3. 设备技术

智能电网要广泛应用先进的设备技术，极大地提高输配电系统的性能。未来的智能电网中的设备将充分应用在材料、超导、储能、电力电子和微电子技术方面的最新研究成果，从而提高功率密度、供电可靠性和电能质量以及电力生产的效率。

未来智能电网将主要应用三个方面的先进技术：电力电子技术、超导技术以及大容量储能技术。通过采用新技术以及在电网和负荷特性之间寻求最佳的平衡点来提高电能质量。通过应用和改造各种各样的先进设备，如基于电力电子技术和新型导体技术的设备，来提高电网输送容量和可靠性。配电系统中要引进许多新的储能设备和电源，同时要利用新的网络结构，如微电网。

4. 控制技术

先进的控制技术是指智能电网中分析、诊断和预测状态并确定和采取适当的措施以消除、减轻和防止供电中断和电能质量扰动的装置和算法。这些技术将提供对输电、配电和用户侧的控制方法并且可以管理整个电网的有功和无功。从某种程度上说，先进控制技术紧密依靠并服务于其他四个关键技术领域，如先进控制技术监测基本的元件（参数量测技术），提供及时和适当的响应（集成通信技术、先进设备技术）并且对任何事件进行快速的诊断（先进决策技术）。另外，先进控制技术支持市场报价技术以及提高资产的管理水平。

未来先进控制技术的分析和诊断功能将引进预设的专家系统，在专家系统允许的范围内，采取自动的控制行动。这样所执行的行动将在秒一级水平上，这一自愈电网的特性将极大地提高电网的可靠性。当然先进控制技术需要一个集成的高速通信系统以及对应的通信标准，以处理大量的数据。先进控制技术将支持分布式智能代理软件、分析工具以及其他应用软件。

5.6 智能交通

智能交通系统（Intelligent Transportation System，ITS）是未来交通系统的发展方向，它是将先进的信息技术、数据通信传输技术、电子传感技术、控制技术及计算机技术等有效地集成运用于整个地面交通管理系统而建立的一种在大范围内、全方位发挥作用的，实时、准确、高效的综合交通运输管理系统。ITS 可以有效地利用现有交通设施、减少交通负荷和环境污染、保证交通安全、提高运输效率，因而日益受到各国的重视。

21 世纪将是公路交通智能化的世纪，人们将要采用的智能交通系统，是一种先进的一体化交通综合管理系统。在该系统中，车辆靠自己的智能在道路上自由行驶，公路靠自身的智能将交通流量调整至最佳状态，借助于这个系统，管理人员对道路、车辆的行踪将掌握得一清二楚。

5.6.1 智能交通的发展背景

面对当今世界全球化、信息化发展趋势，传统的交通技术和手段已不适应经济社会发展的要求。智能交通系统是交通事业发展的必然选择，是交通事业的一场革命。通过先进的信息技术、通信技术、控制技术、传感技术、计算器技术和系统综合技术有效的集成和应用，使人、车、路之间的相互作用关系以新的方式呈现，从而实现实时、准确、高效、安全、节能的目标。以下为智能交通发展的社会背景和技术背景。

工业化国家在市场经济的指导下，大都经历了经济的发展促进汽车的发展，而汽车产业的发展又刺激经济发展的过程，从而这些国家超前实现了汽车化的时代。汽车化社会带来的诸如交通阻塞、交通事故、能源消费和环境污染等社会问题日趋恶化，交通阻塞造成的经济损失巨大，使道路设施十分发达的美国、日本等也不得不从以往只靠供给来满足需求的思维模式转向采取供、需两方面共同管理的技术和方法来改善日益尖锐的交通问题。这些建立在汽车轮子上的工业国家在努力寻求维护汽车化社会和缓解交通拥挤问题的办法，试图借助于现代化科技改善交通状况，以实现"保障安全，提高效率、改善环境、节约能源"的目标，逐步形成了 ITS 概念。

　　工业化国家在工业化、城市化发展的进程中面临着日益严重的资源短缺与环境恶化问题，这一问题在发展中国家同样存在，20 世纪 50 年代以来，生存与发展问题成为人类社会面临的最紧迫的任务，1972 年联合国人类环境会议上通过了《人类环境宣言》。城市化是生产力发展的一个必然结果，按世界经济发展的规律，城市化水平达到 30% 以上，将出现经济的飞速发展阶段，美国、日本、英国等发达国家，在 1990 年城市化水平达到了 75%、77%、89%，这些国家针对交通发展对资源和环境的影响，逐步调整交通运输体系与结构。这些国家都经历了为满足车辆发展的需求，而大力开发建设交通基础设施（如美国 1944 年规划的 7 万 km 高速公路规划，经过 50 年已基本完成，但仍产生拥挤和阻塞），在大量土地、燃油等资源占用和消耗的同时，不但交通需求没有完全满足，而且还造成汽车尾气由于道路拥挤排放量剧增，不仅经济造成巨大损失，而且给环境带来恶劣影响。

　　20 世纪 60、70 年代以来，由于石油危机及环境恶化，工业化国家开始采取以提高效益和节约能源为目的的交通系统管理和交通需求管理，同时大力发展大运量轨道及实施公交优先政策，在社会可持续化发展的目标下调整运输结构，建立对能源均衡利用和环境保护最优化的交通运输体系。90 年代以后，ITS 作为综合解决交通问题的手段，保护社会经济可持续发展和建立与环境相协调的新一代交通运输系统，随着信息技术的迅速发展，成为世界范围内的重要发展趋势。

　　用科学的方法实现交通管理的现代化，一直是人们的梦想。早期的交通信号控制系统装置采用了电子、传感、传输等技术实现科学管理，随着科学技术的发展，尤其是计算机技术科学以及 GPS、信息通信的普及和应用，交通监视控制系统、交通诱导系统、信息采集系统等在交通管理中发挥了很大作用，但这些技术单纯对车辆或道路实施科学化管理，系统性不强。

　　随着传感器技术、通信技术、GIS 技术（地理信息系统）、3S 技术（遥感技术、地理信息系统、全球定位系统三种技术）和计算机技术的不断发展，交通信息的采集经历了从人工采集到单一的磁性检测器交通信息采集到多源的多种采集方式组合的交通信息采集的历史发展过程，同时国内外对交通信息处理研究的逐步深入，统计分析技术、人工智能技术、数据融合技术、并行计算技术等逐步被应用于交通信息的处理中，使得交通信息的处理方法得到不断的发展和革新，更加满足 ITS 各子系统管理者和用户的需求。

　　ITS 以信息技术为先导，融合其他相关技术应用到交通运输智能管理上。美国政府于 1991 年开始投资对 ITS 的开发研究，仅美国高速公路安全局 1993 年的投资预算就达 2010 万美元；欧洲 19 个国家投资 50 亿美元到 EUREKA 项目。

　　交通安全、交通堵塞及环境污染是困扰当今国际交通领域的三大难题，尤其以交通安全问题最为严重。采用智能交通技术提高道路管理水平后，每年仅交通事故死亡人数就可减少 30% 以上，并能提高交通工具的使用效率 50% 以上。世界各发达国家竞相投入大量资金和人力，进行大规模的智能交通技术研究试验，很多发达国家已从对该系统的研究与测试转入全面部署阶段。

　　智能交通系统将是 21 世纪交通发展的主流，这一系统可使现有公路使用率提高 15% 到 30%。美、欧、日是世界上智能交通系统开发应用的最好国家，从它们发展情况看，智能交通系统的发展，已不限于解决交通拥堵、交通事故、交通污染等问题。经 30 余年发展，ITS 的开发应用已取得巨大成就。美、欧、日等发达国家基本上完成了 ITS 体系框架，在重点发展领域大规模应用。可以说，科学技术的进步极大推动了交通的发展，而 ITS 的提出并实施，又为高新技术发展提供了广阔的发展空间。

5.6.2　智能交通的组成

智能交通可由车辆控制系统、交通监控系统、车辆管理系统和旅行信息系统等组成，简述如下。

（1）车辆控制系统

指辅助驾驶员驾驶汽车或替代驾驶员自动驾驶汽车的系统。该系统通过安装在汽车前部和旁侧的雷达或红外探测仪，可以准确地判断车与障碍物之间的距离，遇紧急情况，车载电脑能及时发出警报或自动刹车避让，并根据路况自己调节行车速度，人称"智能汽车"。美国已有 3000 多家公司从事高智能汽车的研制，已推出自动恒速控制器、红外智能导驶仪等高科技产品。

（2）交通监控系统

该系统类似于机场的航空控制器，它将在道路、车辆和驾驶员之间建立快速通讯联系。哪里发生了交通事故，哪里交通拥挤，哪条路最为畅通，该系统会以最快的速度提供给驾驶员和交通管理人员。

（3）车辆管理系统

该系统通过汽车的车载电脑、高度管理中心计算机与全球定位系统卫星联网，实现驾驶员与调度管理中心之间的双向通信，来提供商业车辆、公共汽车和出租汽车的运营效率。该系统通信能力极强，可以对全国乃至更大范围内的车辆实施控制。行驶在法国巴黎大街上的 20 辆公共汽车和英国伦敦的约 2500 辆出租汽车已经在接受卫星的指挥。

（4）旅行信息系统

是专为外出旅行人员及时提供各种交通信息的系统。该系统提供信息的媒介是多种多样的，如电脑、电视、电话、路标、无线电、车内显示屏等，任何一种方式都可以。无论你是在办公室、大街上、家中、汽车上，只要采用其中任何一种方式，你都能从信息系统中获得所需要的信息。有了该系统，外出旅行者就可以眼观六路、耳听八方了。

5.6.3　智能交通的特点

智能交通系统具有以下两个特点：一是着眼于交通信息的广泛应用与服务，二是着眼于提高既有交通设施的运行效率。与一般技术系统相比，智能交通系统建设过程中的整体性要求更加严格。这种整体性体现在：

（1）跨行业特点。智能交通系统建设涉及众多行业领域，是社会广泛参与的复杂巨型系统工程，从而造成复杂的行业间协调问题。

（2）技术领域特点。智能交通系统综合了交通工程、信息工程，通信技术、控制工程、计算机技术等众多科学领域的成果，需要众多领域的技术人员共同协作。

（3）政府、企业、科研单位及高等院校共同参与，恰当的角色定位和任务分担是系统有效展开的重要前提条件。

（4）智能交通系统将主要由移动通信、宽带网、RFID、传感器、云计算等新一代信息技术作支撑，更符合人的应用需求，可信任程度提高并变得"无处不在"。

5.6.4　智能交通的应用

智能交通有许多实际应用，下面以先进的交通信息服务系统、先进的交通管理系统、先进的公共交通系统和先进的车辆控制系统等为例介绍如下。

（1）先进的交通信息服务系统（ATIS）

Advanced Traffic Enformation System ATIS 是建立在完善的信息网络基础上的。交通参与者通过装备在道路上、车上、换乘站上、停车场上以及气象中心的传感器和传输设备，向交通信息中心提供各地的实时交通信息；ATIS 得到这些信息并通过处理后，实时向交通参与者提供道路交通信息、公共交通信息、换乘信息、交通气象信息、停车场信息以及与出行相关的其他信息；出行者根据这些信息确定自己的出行方式、选择路线。更进一步，当车上装备了自动定位和导航系统时，该系统可以帮助驾驶员自动选择行驶路线。

（2）先进的交通管理系统（ATMS）

Advanced Traffic Management System ATMS 有一部分与 ATIS 共用信息采集、处理和传输系统，但是 ATMS 主要是给交通管理者使用的，用于检测控制和管理公路交通，在道路、车辆和驾驶员之间提供通信联系。它将对道路系统中的交通状况、交通事故、气象状况和交通环境进行实时的监视，依靠先进的车辆检测技术和计算机信息处理技术，获得有关交通状况的信息，并根据收集到的信息对交通进行控制，如信号灯、发布诱导信息、道路管制、事故处理与救援等。

（3）先进的公共交通系统（APTS）

Advanced Public Transportation System APTS 的主要目的是采用各种智能技术促进公共运输业的发展，使公交系统实现安全便捷、经济、运量大的目标。如通过个人计算机、闭路电视等向公众就出行方式和事件、路线及车次选择等提供咨询，在公交车站通过显示器向候车者提供车辆的实时运行信息。在公交车辆管理中心，可以根据车辆的实时状态合理安排发车、收车等计划，提高工作效率和服务质量。

（4）先进的车辆控制系统（AVCS）

Advanced Vehicle Control System AVCS 的目的是开发帮助驾驶员实行本车辆控制的各种技术，从而使汽车行驶安全、高效。AVCS 包括对驾驶员的警告和帮助，障碍物避免等自动驾驶技术。

（5）货运管理系统

指以高速道路网和信息管理系统为基础，利用物流理论进行管理的智能化物流管理系统。综合利用卫星定位、地理信息系统、物流信息及网络技术有效组织货物运输，提高货运效率。

（6）电子收费系统（ETC）

Electronic Toll Collection ETC 是世界上最先进的路桥收费方式。通过安装在车辆挡风玻璃上的车载器与在收费站 ETC 车道上的微波天线之间的微波专用短程通讯，利用计算机联网技术与银行进行后台结算处理，从而达到车辆通过路桥收费站不需停车而能交纳路桥费的目的，且所缴纳的费用经过后台处理后分给相关的收益业主。在现有的车道上安装电子不停车收费系统，可以使车道的通行能力提高 3~5 倍。

（7）紧急救援系统（EMS）

Emergency Management System EMS 是一个特殊的系统，它的基础是 ATIS、ATMS 和有关的救援机构和设施，通过 ATIS 和 ATMS 将交通监控中心与职业的救援机构联成有机的整体，为道路使用者提供车辆故障现场紧急处置、拖车、现场救护、排除事故车辆等服务。具体包括：1）车主可通过电话、短信、翼卡车联网三种方式了解车辆具体位置和行驶轨迹等信息；2）车辆失盗处理：此系统可对被盗车辆进行远程断油锁电操作并追踪车辆位置；3）车辆故障处理：接通救援专线，协助救援机构展开援助工作；4）交通意外处理：此系统会在 10 秒钟后自动发出求救信号，通知救援机构进行救援。

5.7 智能家居

智能家居是以住宅为平台，利用综合布线技术、网络通信技术、安全防范技术、自动控制技术、音视频技术将家居生活有关的设施集成，构建高效的住宅设施与家庭日程事务的管理系统，提升家居安全性、便利性、舒适性、艺术性，并实现环保节能的居住环境。智能家居通过物联网技术将家中的各种设备连接到一起，提供家电控制、照明控制、窗帘控制、电话远程控制、室内外遥控、防盗报警、环境监测、暖通控制、红外转发以及可编程定时控制等多种功能和手段。与普通家居相比，智能家居不仅具有传统的居住功能，兼备建筑、网络通信、信息家电、设备自动化，集系统、结构、服务、管理为一体的高效、舒适、安全、便利、环保的居住环境，提供全方位的信息交互功能，帮助家庭与外部保持信息交流畅通，优化人们的生活方式，帮助人们有效安排时间，增强家居生活的安全性，甚至为各种能源费用节约资金。

5.7.1 智能家居的由来

智能家居概念的起源很早，但一直未有具体的建筑案例出现，直到 1984 年美国联合科技公司将建筑设备信息化、整合化概念应用于美国康涅狄格州哈特福德市的都市大厦（City Place Building）时，才出现了首栋的"智能型建筑"，从此揭开了全世界争相建造智能家居的序幕。

自从世界上第一幢智能建筑出现后，美国、加拿大、欧洲、澳大利亚和东南亚等经济比较发达的国家和地区先后提出了各种智能家居的方案。智能家居在美国、德国、新加坡、日本等国都有广泛应用。

1998 年 5 月，在新加坡举办的"亚洲家庭电器与电子消费品国际展览会"上，通过在场内模拟"未来之家"，推出了新加坡模式的家庭智能化系统。它的系统功能包括三表抄送功能、安防报警功能、可视对讲功能、监控中心功能、家电控制功能、有线电视接入、电话接入、住户信息留言功能、家庭智能控制面板、智能布线箱、宽带网接入和软件配置等。

5.7.2 智能家居的相关概念

智能家居的相关概念很多，下面简单介绍家庭自动化、家庭网络、网络家电等。

1. 家庭自动化

家庭自动化是指利用微处理电子技术，来集成或控制家中的电子电器产品或系统，如照明灯、咖啡炉、电脑设备、保安系统、暖气及冷气系统、视讯及音响系统等。家庭自动化系统主要是以一个中央微处理机接收来自相关电子电器产品的信息后，再以既定的程序发送适当的信息给其他电子电器产品。中央微处理机必须透过许多界面来控制家中的电器产品，这些界面可以是键盘，也可以是触摸式荧幕、按钮、电脑、电话机、遥控器等；消费者可发送信号至中央微处理机，或接收来自中央微处理机的信号。

家庭自动化是智能家居的一个重要系统，在智能家居刚出现时，家庭自动化甚至就等同于智能家居，今天它仍是智能家居的核心之一。但随着网络技术的普遍应用，网络家电/信息家电的成熟，家庭自动化的许多产品功能将融入到这些新产品中去，从而使单纯的家庭自动化产品在系统设计中越来越少，其核心地位也将被家庭网络/家庭信息系统所代替，将作为家庭网络中的控制网络部分在智能家居中发挥作用。

2. 家庭网络

家庭网络是在家庭范围内（可扩展至邻居、小区）将 PC、家电、安全系统、照明系统和广域网相连接的一种新技术。当前在家庭网络所采用的连接技术可以分为"有线"和"无线"两大类。有线方案主要包括双绞线或同轴电缆连接、电话线连接、电力线连接等；无线方案主要包括红外线连接、无线电连接、基于 RF 技术的连接和基于 PC 的无线连接等。家庭网络相比起传统的办公网络来说，加入了很多家庭应用产品和系统，如家电设备、照明系统，因此相应技术标准也错综复杂，这里面也牵涉太多知名的网络厂家和家电厂家的利益。

3. 网络家电

网络家电是将普通家用电器利用数字技术、网络技术及智能控制技术设计改进的新型家电产品。网络家电可以实现互联组成一个家庭内部网络，同时这个家庭网络又可以与外部互联网相连接。可见，网络家电技术包括两个层面：首先就是家电之间的互联问题，也就是使不同家电之间能够互相识别，协同工作。第二个层面是解决家电网络与外部网络的通信，使家庭中的家电网络真正成为外部网络的延伸。

要实现家电间互联和信息交换，就需要解决两个问题：第一，描述家电工作特性的产品模型，使得数据的交换具有特定含义；第二，信息传输的网络媒介。在解决网络媒介这一难点中，可选择的方案有电力线、无线射频、双绞线、同轴电缆、红外线、光纤。比较可行的网络家电包括网络冰箱、网络空调、网络洗衣机、网络热水器、网络微波炉、网络炊具等。网络家电未来的方向也是充分融合到家庭网络中去。

4. 信息家电

信息家电应该是一种价格低廉、操作简便、实用性强、带有 PC 主要功能的家电产品。信息家电包括 PC、机顶盒、HPC、DVD、超级 VCD、无线数据通信设备、视频游戏设备、网络电视、网络电话等，所有能够通过网络系统交互信息的家电产品，都可以称之为信息家电。音频、视频和通信设备是信息家电的主要组成部分。将信息技术融入传统的家电当中，使其功能更加强大，使用更加简单、方便和实用，可以为家庭生活创造更高品质的生活环境，比如模拟电视发展成数字电视，VCD 变成 DVD，电冰箱、洗衣机、微波炉等也将会变成数字化、网络化、智能化的信息家电。

从广义的分类来看，信息家电产品实际上包含了网络家电产品，但如果从狭义的定义来界定，我们可以这样做一简单分类：信息家电更多的指带有嵌入式处理器的小型家用(个人用)信息设备，它的基本特征是与网络（主要指互联网）相连而有一些具体功能，可以是成套产品，也可以是一个辅助配件。而网络家电则指一个具有网络操作功能的家电类产品，这种家电可以理解是我们原来普通家电产品的升级。

信息家电由嵌入式处理器、相关支撑硬件（如显示卡、存储介质、IC 卡或信用卡等读取设备）、嵌入式操作系统以及应用层的软件包组成。信息家电把 PC 的某些功能分解出来，设计成应用性更强、更家电化的产品，使普通居民步入信息时代的步伐更为快速，是具备高性能、低价格、易操作特点的 Internet 工具。信息家电的出现将推动家庭网络市场的兴起，同时家庭网络市场的发展又反过来推动信息家电的普及和深入应用。

5.7.3 智能家居的设计原则

衡量一个住宅小区智能化系统的成功与否，并非仅仅取决于智能化系统的多少、系统的先进性或集成度，而是取决于系统的设计和配置是否经济合理并且系统能否成功运行，系统的使用、管理和维护是否方便，系统或产品的技术是否成熟适用，换句话说，就是如何以最少的投入、最简便的实现途径来换取最大的功效，实现便捷高质量的生活。为了实现上述目标，智能家居系统设计时要遵循以下原则。

1. 实用便利

智能家居最基本的目标是为人们提供一个舒适、安全、方便和高效的生活环境。对智能家居产品来说，最重要的是以实用为核心，摒弃掉那些华而不实、只能充作摆设的功能，产品以实用性、易用性和人性化为主。

在设计智能家居系统时，应根据用户对智能家居功能的需求，整合一些最实用最基本的家居控制功能，包括智能家电控制、智能灯光控制、电动窗帘控制、防盗报警、门禁对讲、煤气泄漏报警等，同时还可以拓展诸如三表抄送、视频点播等服务增值功能。同时，也要使智能家居的控制方式丰富多样，比如本地控制、遥控控制、集中控制、手机远程控制、感应控制、网络控制、定时控制等，其本意是让人们摆脱烦琐的事务，提高效率，如果操作过程和程序设置过于烦琐，容易让用户产生排斥心理。所以在对智能家居进行设计时，一定要充分考虑到用户体验，注重操作的便利化和直观性，最好能采用图形图像化的控制界面，让操作所见即所得。

2. 可靠性

整个建筑的各个智能化子系统应能 24h 运转，系统的安全性、可靠性和容错能力必须予以高度重视。对各个子系统，在电源、系统备份等方面采取相应的容错措施，保证系统正常安全使用，质量、性能良好，具备应对各种复杂环境变化的能力。

3. 标准化

智能家居系统方案的设计应依照国家和地区的有关标准进行，确保系统的扩充性和扩展性，在系统传输上采用标准的 TCP/IP 协议网络技术，保证不同产品之间系统可以兼容与互联。系统的前端设备是多功能的、开放的、可以扩展的设备。如系统主机、终端与模块采用标准化接口设计，为家居智能系统外部厂商提供集成的平台，而且其功能可以扩展，当需要增加功能时，不必再开挖管网，简单可靠、方便节约。设计选用的系统和产品能够使本系统与未来不断发展的第三方受控设备进行互通互连。

4. 方便性

布线安装是否简单直接关系到成本、可扩展性、可维护性的问题，一定要选择布线简单的系统，施工时可与小区宽带一起布线，简单、容易；设备方面容易学习掌握、操作和维护简便。系统在工程安装调试中的方便设计也非常重要。家庭智能化有一个显著的特点，就是安装、调试与维护的工作量非常大，需要大量的人力物力投入，成为制约行业发展的瓶颈。针对这个问题，系统在设计时，就应考虑安装与维护的方便性，比如系统可以通过 Internet 远程调试与维护。通过网络，不仅使住户能够实现家庭智能化系统的控制功能，还允许工程人员在远程检查系统的工作状况，对系统出现的故障进行诊断。这样，系统设置与版本更新可以在异地进行，从而大大方便了系统的应用与维护，提高了响应速度，降低了维护成本。

5.7.4 智能家居系统组成及典型应用

智能家居系统包含家居布线系统、家庭网络系统、智能家居（中央）控制管理系统、家居照明控制系统、家庭安防系统、背景音乐系统（如 TVC 平板音响）、家庭影院与多媒体系统、家庭环境控制系统八大系统。其中，智能家居（中央）控制管理系统、家居照明控制系统、家庭安防系统是必备系统，家居布线系统、家庭网络系统、背景音乐系统、家庭影院与多媒体系统、家庭环境控制系统为可选系统。以下为智能家居一些典型应用。

1. 智能灯光控制

通过家居照明控制系统实现对全宅灯光的智能管理，可以用遥控方式实现全宅灯光的开关、调光、全开全关及"会客、影院"等多种一键式灯光场景效果；并可用定时控制、电话远程控制、电脑本地控制及互联网远程控制等多种控制方式实现功能，从而达到智能照明的节能、环保、舒适、方便的功能。

2. 智能电器控制

电器控制采用弱电控制强电方式，既安全又智能。可以用遥控、定时等多种智能控制方式对饮水机、插座、空调、地暖、投影机等进行智能控制，避免饮水机在夜晚反复加热影响水质，在外出时断开插排通电，避免电器发热引发安全隐患；以及对空调地暖进行定时或者远程控制，让用户到家后马上享受舒适的温度和新鲜的空气。

3. 安防监控系统

随着居住环境的升级，人们越来越重视自己的个人安全和财产安全，对人、家庭以及住宅小区的安全方面提出了更高的要求；同时，经济的飞速发展伴随着城市流动人口的急剧增加，给城市的社会治安增加了新的难题，要保障小区的安全，防止偷抢事件的发生，就必须有自己的安全防范系统，智能安防已成为当前的发展趋势。

视频监控系统已经广泛地存在于银行、商场、车站和交通路口等公共场所，但实际的监控任务仍需要较多的人工完成，而且现有的视频监控系统通常只是录制视频图像，提供的信息是没有经过解释的视频图像，只能用作事后取证，没有充分发挥监控的实时性和主动性。为了能实时分析、跟踪、判别监控对象，并在异常事件发生时提示、上报，为政府部门、安全领域及时决策、正确行动提供支持，视频监控的"智能化"就显得尤为重要。

4. 智能背景音乐

家庭背景音乐是在公共背景音乐的基本原理基础上结合家庭生活的特点发展而来的新型背景音乐系统。简单地说，就是在家庭任何一间房子里，比如客厅、卧室、酒吧、厨房或卫生间，可以将 MP3、FM、DVD、电脑等多种音源进行系统组合，让每个房间都能听到美妙的背景音乐。音乐系统既可以美化空间，又起到很好的装饰作用。

5. 智能视频共享

视频共享系统是将数字电视机顶盒、DVD 机、录像机、卫星接收机等视频设备集中安装于隐蔽的地方，系统可以做到让客厅、餐厅、卧室等多个房间的电视机共享家庭影音库，并可以通过遥控器选择自己喜欢的节目进行观看。采用这样的方式既可以让电视机共享音视频设备，又不需要重复购买设备和布线，既节省了资金又节约了空间。

6. 可视对讲系统

可视对讲产品已比较成熟，这其中有大型联网对讲系统，也有单独的对讲系统，一般可以实现呼叫、可视、对讲等功能。

5.8 智能医疗

智能医疗是通过打造健康档案区域医疗信息平台，利用最先进的物联网技术，实现患者与医务人员、医疗机构、医疗设备之间的互动，逐步达到信息化。在不久的将来医疗行业将融入更多人工智慧、传感技术等高科技，使医疗服务走向真正意义的智能化，推动医疗事业的繁荣发展。

在中国新医改的大背景下，智能医疗正在走进寻常百姓的生活。

5.8.1 智能医疗的由来

医疗服务信息化是国际发展趋势。随着信息技术的快速发展，国内越来越多的医院正加速实施基于信息化平台、医院信息管理系统的整体建设，以提高医院的服务水平与核心竞争力。信息化不仅提升了医生的工作效率，使医生有更多的时间为患者服务，更提高了患者满意度和信任度，无形之中树立起了医院的科技形象。因此，医疗业务应用与基础网络平台的逐步融合正成为国内医院，尤其是大中型医院信息化发展的新方向。

医疗信息化即医疗服务的数字化、网络化、信息化，是指通过计算机科学和现代网络通信技术及数据库技术，为各医院之间以及医院所属各部门之间提供病人信息和管理信息的收集、存储、处理、提取和数据交换，并满足所有授权用户的功能需求。卫生部"十二五"规划明确提出卫生信息化是深化医疗改革的重要任务。卫生部已经初步确定了我国卫生信息化建设路线图，简称"3521 工程"，即建设国家级、省级和地市级三级卫生信息平台，加强公共卫生、医疗服务、新农合、基本药物制度、综合管理 5 项业务应用，建设健康档案和电子病历 2 个基础数据库和 1 个专用网络建设。分析指出，在新一轮的政策推动下，预计 2013 年中国医疗 IT 总投资额将达到 240 亿元，2010—2013 年复合增长率保持在 20%左右。

在过去几年，美国医疗服务信息化行业取得了长足发展，谷歌跟美国的医疗中心合作，为几百万名社区病人建立了电子档案，医生可以远程监控。微软也推出了一个新的医疗信息化服务平台，帮助医生、病人和病人家属实时了解病人的最新状况。英特尔也在几年前推出数字化医疗平台，通过 IT 手段帮助医生与患者建立互动。IBM 公司也在这方面有很大的努力，它倡导的"智能医疗"就是致力于构建一个以病人为中心的医疗服务体系。力争在服务成本、服务质量和服务可及性三方面取得一个良好的平衡，"智能医疗"将优化医疗实践成果、创新医疗服务模式和业务市场以及提供高质量的个人医疗服务体验。

智能医疗结合无线网技术、条码 RFID、物联网技术、移动计算技术、数据融合技术等，将进一步提升医疗诊疗流程的服务效率和服务质量，提升医院综合管理水平，实现监护工作无线化，全面改变和解决现代化数字医疗模式、智能医疗及健康管理、医院信息系统等的问题和困难，并大幅度实现医疗资源高度共享，从而降低公众医疗成本。通过电子医疗和 RFID 物联网技术能够使大量的医疗监护的工作实现无线化，而远程医疗和自助医疗，信息及时采集和高度共享，可缓解资源短缺、资源分配不均的窘境，降低公众的医疗成本。

5.8.2 智能医疗的特点

智能医疗具有以下特点。

1. 互联互通

不论病人身在何处，当地被授权的医生都可以透过一体化的系统浏览病人的就诊历史、过去的诊疗记录以及保险细节等，使病人在任何地方都可以得到一致的护理服务。

2. 协同合作

这个体系的实现可以铲除信息孤岛，从而记录、整合和共享医疗信息和资源，实现互操作和整合医疗服务，可以在医疗服务、社区卫生、医疗支付等机构之间交换信息和协同工作。

3. 提前预防

随着系统对于新信息的感知、处理和分析，它将可以实时地发现重大疾病即将发生的征兆，并实时地实施快速和有效响应。如果从病人的层面来说，通过个人病况的不断更新，对慢性疾病或其他病症都可以采取相对应的措施，有效预防病情的恶化或者病变的发生。

4. 广泛普及

为了解决"看病难"的症结，智能医疗可以确保农村和地方社区医院能与中心医院链接，从而实时地听取专家建议、转诊和培训，突破城市与乡镇、社区与大医院之间的观念限制，全面地为所有人提供更高质量的医疗服务。

5. 可靠安全

在允许医疗从业者研究分析和参考大量信息去支撑诊断的同时，也保证这些庞大的个人资料被安全地保护和储存，严格控制只有被授权的专业医疗人员能够使用。

5.8.3　智能医疗的组成

智能医疗主要由医院信息系统、远程医疗系统和移动医疗系统三部分组成，简介如下。

1. 医院信息系统

医院信息系统包括医院信息管理系统和临床信息系统。

医院信息管理系统是一门融医学、信息、管理、计算机等多种学科为一体的交叉科学，在发达国家已经得到了广泛的应用，并创造了良好的社会效益和经济效益。医院信息管理系统是现代化医院运营的必要技术支撑和基础设施，其目的就是为了以更现代化、科学化、规范化的手段来加强医院的管理，提高医院的工作效率，改进医疗质量，从而树立现代医院的新形象，这也是未来医院发展的必然方向。

临床信息系统的主要目标是支持医院医护人员的临床活动，收集和处理病人的临床医疗信息，丰富和积累临床医学知识，并提供临床咨询、辅助诊疗、辅助临床决策，提高医护人员工作效率和诊疗质量，为病人提供更多、更快、更好的服务，像医嘱处理系统、病人床边系统、重症监护系统、移动输液系统、合理用药监测系统、医生工作站系统、实验室检验信息系统、药物咨询系统等均属于临床信息系统范围。临床信息系统指与医疗活动直接有关的信息系统，包括医疗专家系统、辅助诊断系统、辅助教学系统、危重病人监护系统、药物咨询监测系统以及一些特殊诊疗系统，如 CT（计算机 X 射线层析摄影）、B 超、心电图自动分析、血细胞及生化自动分析等。这些系统相对独立，形成专用系统或由专用电子计算机控制，主要完成数据采集和初步分析工作，其结果可通过联机网络汇集成诊疗文件和医疗数据库，供医生查询和调用。

20 世纪 60 年代初，美国、日本、欧洲各国开始建立医院信息系统，到 70 年代已建成许多规模较大的医院信息系统。例如，瑞典首都斯德哥尔摩建立了市区所有医院的中央信息系统，可处理 75000 名住院和门诊病人的医疗信息。医院信息系统的发展趋势是将各类医疗器械直接联机并将附近各医院乃至地区和国家的医院信息系统联成网络，其中最关键的问题是使不同系统中的病历登记、检测、诊断指标等都要标准化。医院信息系统的高级阶段将普遍采用医疗专家系统，建立医疗质量监督和控制系统，进一步提高医疗水平和保健水平。

2. 远程医疗系统

从广义上讲，远程医疗是指使用远程通信技术、全息影像技术、电子技术和计算机多媒体技术，发挥大型医学中心医疗技术和设备优势，对医疗卫生条件较差的地区及特殊环境提供远距离医学信息和服务。它包括远程诊断、远程会诊及护理、远程教育、远程医疗信息服务等所有医学活动。从狭义上讲，远程医疗包括远程影像学、远程诊断及会诊、远程护理等医疗活动。国外这一领域的发展已有 40 多年的历史，在我国起步较晚。

（1）远程医疗的发展历程。

20 世纪 50 年代末，美国学者 Wittson 首先将双向电视系统用于医疗；同年，Jutra 等人创立了远程放射医学。此后，美国相继不断有人利用通信和电子技术进行医学活动，并出现了"Telemedicine"这一词汇，现在国内专家统一将其译为"远程医疗"。美国未来学家阿尔文·托夫勒多年以前曾经预言："未来医疗活动中，医生将面对计算机，根据屏幕显示的从远方传来的病人的各种信息对病人进行诊断和治疗"。这种局面已经到来。迄今为止，远程医疗的发展经历了以下阶段，预计全球远程医疗将在今后不太长时间里，取得更大进展。

第一代远程医疗：20 世纪 60 年代初到 80 年代中期的远程医疗活动被视为第一代远程医疗。这一阶段的远程医疗发展较慢。从客观上分析，当时的信息技术还不够发达，信息高速公路正处于新生阶段，信息传送量极为有限，远程医疗受到通信条件的制约。

第二代远程医疗：自 20 世纪 80 年代后期，随着现代通信技术水平的不断提高，一大批有价值的项目相继启动，其声势和影响远远超过了第一代技术，可以被视为第二代远程医疗。从 Medline 所收录的文献数量看，1988—1997 年的 10 年间，远程医疗方面的文献数量呈几何级数增长。在远程医疗系统的实施过程中，美国和西欧国家发展速度最快，联系方式多是通过卫星和综合业务数据网（ISDN），在远程咨询、远程会诊、医学图像的远距离传输、远程会议和军事医学方面取得了较大进展。1988 年美国提出远程医疗系统应作为一个开放的分布式系统的概念，即从广义上讲，远程医疗应包括现代信息技术，特别是双向视听通信技术、计算机及遥感技术，向远方病人传送医学服务或医生之间的信息交流。同时美国学者还对远程医疗系统的概念做了如下定义：远程医疗系统是指一个整体，它通过通信和计算机技术给特定人群提供医疗服务。这一系统包括远程诊断、信息服务、远程教育等多种功能，它是以计算机和网络通信为基础，针对医学资料的多媒体技术，进行远距离视频、音频信息传输、存储、查询及显示。佐治亚州教育医学系统（CSAMS）是目前世界上规模最大、覆盖面最广的远程教育和远程医疗网络，可进行有线、无线和卫星通信活动，远程医疗网是其中的一部分。

欧洲及欧盟组织了 3 个生物医学工程实验室、10 个大公司、20 个病理学实验室和 120 个终端用户参加的大规模远程医疗系统推广实验，推动了远程医疗的普及。澳大利亚、南非、日本、中国香港等国家和地区也相继开展了各种形式的远程医疗活动。1988 年 12 月，前苏联亚美尼亚共和国发生强烈地震，在美苏太空生理联合工作组的支持下，美国国家宇航局首次进行了国际间远程医疗，使亚美尼亚的一家医院与美国四家医院联通会诊。这表明远程医疗能够跨越国际间政治、文化、社会以及经济的界限。

美国的远程医疗虽然起步早，但其司法制度曾一度阻碍了远程医疗的全面开展。所谓远程仅限于某一州内，因为美国要求行医需取得所在州的行医执照，跨州行医涉及法律问题。据统计，1993 年，美国和加拿大约有 2250 名病人通过远程医疗系统就诊，其中 1000 人是由得克萨斯州的定点医生进行的仅 3～5min 的肾透析会诊；其余病种的平均会诊时间约 35min。

美国的远程医疗工程拥有专款，部分由各州和联邦资金委员会提供。1994 年的财政年度中，至少有 13 个不同的联邦拨款计划为远程医疗拨款 8500 万美元，仅佐治亚州就拨款 800 万元，用以建立 6 个地区的远程医疗网络。

第三代远程医疗：从 2010 年开始，远程医疗逐步呈现走进社区、走向家庭，更多地面向个人，提供定向、个性服务的发展特点。随着物联网技术的发展与智能手机的普及，远程医疗也开始与云计算、云服务结合起来，众多的智能健康医疗产品逐渐面世，远程血压仪、远程心电仪，甚至远程胎心仪的出现，给广大的普通用户提供了更方便、更贴心的日常医疗预防、医疗监控服务。

远程医疗也从疾病救治发展到疾病预防的阶段。

（2）我国开展远程医疗的意义。

首先，远程医疗在一定程度上缓解了我国专家资源、中国人口分布极不平衡的现状。我国人口的 80% 分布在县以下医疗卫生资源欠发达地区，而我国医疗卫生资源 80% 分布在大、中城市，医疗水平发展不平衡，三级医院和高、精、尖的医疗设备也以分布在大城市为多。即使在大城市，病人也希望能到三级医院接受专家的治疗，造成基层医院病人纷纷流入市级医院，加重了市级医院的负担，造成床位紧张，而基层床位闲置，最终导致医疗资源分布不均和浪费。利用远程会诊系统可以让欠发达地区的患者也能够接受大医院专家的治疗。另外，通过远程教育等措施也能在一定程度上提高中小医院医师的水平。

其次，远程医疗缓解了偏远地区的患者转诊比例高、费用昂贵的问题。中国幅员辽阔，人口众多，边远地区的病人，由于当地的医疗条件比较落后，危重、疑难病人往往要被送到上级医院进行专家会诊。这样，到外地就诊的交通费、家属陪同费用、住院医疗费等给病人增加了经济上的负担。同时，路途的颠簸也给病人的身体造成了更多的不适，而许多没有条件到大医院就诊的病人则耽误了诊疗，给病人和家属造成了身心上的痛苦。据调查，偏远地区患者转到上一级医院的比例相当高；平均花费非常昂贵，除去治疗费用外的其他花费（诊断费用、各种检查费用、路费、陪护费、住宿费、餐费等）需要数千元，让病人几乎无力承担。而远程会诊系统可以让病人在本地就能得到相应的治疗，大大减少了就诊费用。

目前，远程医疗已在我国的农村和城市逐渐得到广泛的应用。在心脏科、脑外科、精神病科、眼科、放射科及其他医学专科领域的治疗中发挥了积极作用。远程医疗所采用的通信技术手段可能不尽相同，但共同的因素包括病人、医护人员、专家及其不同形式医学信息信号。远程医疗具有强大的生命力，也是经济和社会发展的需要。随着信息技术的发展、高新技术（如远程医疗指导手术、电视介入等）的应用，以及各项法律法规的逐步完善，远程医疗事业必将会获得前所未有的发展契机。

3. 移动医疗系统

移动医疗就是通过使用移动通信技术，例如 PDA、移动电话和卫星通信来提供医疗服务和信息，具体到移动互联网领域，则以基于安卓和 iOS 等移动终端系统的医疗健康类应用为主。它为发展中国家的医疗卫生服务提供了一种有效方法，在医疗人力资源短缺的情况下，通过移动医疗可解决发展中国家的医疗问题。

移动医疗改变了过去人们只能前往医院"看病"的传统方式。无论在家里还是在路上，人们都能够随时听取医生的建议，或者是获得各种与健康相关的资讯。因为移动通信技术的加入，不仅将节省人们之前大量用于挂号、排队等候乃至搭乘交通工具前往的时间和成本，而且会更高效地引导人们养成良好的生活习惯，变治病为防病。

移动医疗对于移动运营商、医疗设备制造商、芯片企业、应用开发商等通信产业链各个环节，是一座"金矿"、一项潜力极大的"朝阳产业"。

对于移动运营商，可以借助应用服务的直接提供者（Service Provider，SP）的收益分成，变单纯的"管道工"为"智能管道"。例如，日本运营商 NTT DoCoMo 就给出了"智能管道"的一个范例。2010 年，NTT DoCoMo 的"智能管道"平台，让用户和各种专业医疗和保健服务提供商共同拥有了一个符合标准的、安全可靠的生命参数采集和分发平台，从而架起了用户与医疗保健机构沟通的桥梁。而在收费模式上，运营商代收费模式值得借鉴。如卡塔尔电信就专门为用户设置了一个移动医疗账号，以便用户支付移动医疗费用。

对于医疗器材制造商，无线宽带网络、RFID 芯片与传统诊疗设备的全新组合，让传统诊疗设备跳动了一颗"智慧心"。美国的 GE 公司 2009 年就研发了一种名叫"Vscan"的手机式超声仪，在中国市场的前期测试中反响相当好，"就像现在的血压仪、听诊器，医生手中拿到这个超声仪，可以一下提供好多信息以辅助诊断"。

对于 SP 们，智能手机的日益普及，也让他们在移动医疗的盛宴中分得一杯羹。中国有家医疗网站"好大夫"，在线推出了完全免费的 iPhone 客户端。"好大夫"已经收入全国 3100 多家正规医院、26 万余位大夫，通过手机，患者可浏览检索到当地医院介绍、科室介绍等相关信息，也能查询到大夫的简历、出诊时间等，甚至可以查看患者对该医生的打分评价。

5.8.4 智能医疗的未来

将物联网技术用于医疗领域，借由数字化、可视化模式，可使有限医疗资源让更多人共享。从目前医疗信息化的发展来看，随着医疗卫生社区化、保健化的发展趋势日益明显，通过射频仪器等相关终端设备在家庭中进行体征信息的实时跟踪与监控，通过有效的物联网，可以实现医院对患者或者是亚健康病人的实时诊断与健康提醒，从而有效地减少和控制病患的发生与发展。此外，物联网技术在药品管理和用药环节的应用过程也将发挥巨大作用。

随着移动互联网的发展，未来医疗向个性化、移动化方向发展，到 2015 年超过 50%的手机用户使用移动医疗应用，如智能护腕、智能健康检测产品等将会广泛应用，借助智能手持终端和传感器，有效地测量和传输健康数据。未来几年，中国智能医疗市场规模将超过 100 亿元，并且涉及的周边产业范围很广，设备和产品种类繁多。这个市场的真正启动，其影响将不仅仅限于医疗服务行业本身，还将直接触动包括网络供应商、系统集成商、无线设备供应商、电信运营商在内的利益链条，从而影响通信产业的现有布局。

5.9 小   结

本章介绍了物联网中为各行各业的终端用户提供服务的应用层，这一层具有十分重要的意义，与具体的行业关系十分紧密。首先对传统互联网应用中广泛应用的 C/S 和 B/S 架构及混合架构作了简单的阐述，因为这些架构也将被应用到物联网中。之后详细介绍了物联网在工业、农业、物流、电网、交通、家居和医疗等行业的应用。

无论是智能工业、智能农业、智能物流，还是智能电网、智能交通、智能家居和智能医疗，都在传统的技术基础上，与物联网技术紧密结合，通过物联网的感知层采集各种信息，并借助于传输层将这些信息交付给应用层使用。随着物联网产业的深入发展，这些行业还将进一步与物联网技术融合，从而更好地改变和服务我们的生活。

习题五

一、选择题

1. 传统应用中有多种架构，以下（　　　）不属于典型的因特网应用的架构。

A. C/S 架构　　　　　B. B/S 架构　　　　C. B/S/S 架构　　　D. java 三层架构

2. 第二次工业革命时科学技术的突出发展主要表现在三个方面，不包括（　　　）。

A. 电力的广泛应用 　　　　　　　　B. 新交通工具的创制

C. 新通信手段的发明 　　　　　　　　D. 蒸汽机的发明

3. 以下（　　　）不属于工业和信息化部制定的《物联网"十二五"发展规划》中智能工业应用示范工程。

A. 生产过程控制 　　　　　　　　B. 生产环境监测

C. 制造供应链跟踪 　　　　　　　　D. 慢性病人监控

4. 智能农业的无线网络监测平台中，感知层设备无法直接采集以下（　　　）环境参数。

A. 土壤温度 　　　B. CO_2 浓度 　　　C. 光照 　　　D. 土壤的肥沃程度

5. 以下（　　　）不属于智能物流的未来发展将会体现出的特点。

A. 智能化 　　　B. 一体化和层次化 　　　C. 社会化 　　　D. 规模化

6. 以下（　　　）不属于智能物流系统的智能机理。

A. 智能获取技术 　　　B. 智能传递技术 　　　C. 智能处理技术 　　　D. 智能识别技术

7. 以下（　　　）不属于美国政府智能电网的目的。

A. 提高电网运营的可靠性

B. 通过智能电网建设将美国拉出金融危机的泥潭

C. 提高能源利用效率

D. 提高电费以获取更多利润

8. 困扰当今国际交通领域的最为严重的难题是（　　　）。

A. 环境污染 　　　B. 交通堵塞 　　　C. 交通安全 　　　D. 肇事逃逸

9. 自从世界上第一幢智能建筑（　　　）年在美国出现后，美国、加拿大、欧洲、澳大利亚和东南亚等经济比较发达的国家和地区先后提出了各种智能家居的方案。

A. 1983 　　　B. 1984 　　　C. 1989 　　　D. 1972

10. "智能医疗"就是致力于构建一个（　　　）的医疗服务体系。通过在服务成本、服务质量和服务可及性三方面取得一个良好的平衡。

A. 以病人为中心 　　　　　　　　B. 以医院为中心

C. 以卫生部为中心 　　　　　　　　D. 以医生为中心

二、填空题

1. 智能工业是将具有_____的各类终端、基于_____的计算模式、移动通信等不断融入到工业生产的各个环节，大幅提高制造效率，改善产品质量，降低产品成本和资源消耗，将传统工业提升到_____的新阶段。

2. 智能农业是指在_____的环境条件下，采用_____，实现集约高效可持续发展的_____，就是农业先进设施与陆地相配套、具有高度的技术规范和高效益的_____的生产方式。

3. 智能电网就是电网的_____，它是建立在_____、高速双向通信网络的基础上，通过_____、先进的设备技术、先进的控制方法以及先进的决策支持系统技术的应用，实现电网的_____、_____、_____、_____、环境友好和使用安全的目标。

4. 智能交通系统是_____的发展方向，它是将先进的_____、数据通信传输技术、_____、控制技术及_____等有效地集成运用于整个地面交通管理系统而建立的一种在_____、全方位发挥作用的，实时、准确、高效的综合交通运输管理系统。

5. 智能医疗是通过打造_____医疗信息平台,利用最先进的_____,实现患者与_____、医疗机构、_____之间的互动,逐步达到信息化。

三、简答题

1. 在物联网的应用层中,将会用到哪些架构?

2. 请谈谈你对智能工业的认识。

3. 请谈谈你对智能农业的理解。

4. 智能物流的关键技术是什么,未来的应用模式将会如何?

5. 简述智能电网的发展历程。

6. 智能交通有哪些典型的应用?

7. 智能家居未来的发展前景如何?

8. 请简述智能医疗的应用前景。

第6章
物联网的前景和挑战

本章主要介绍物联网的发展前景，对其未来进行展望，同时还会介绍物联网在被大规模推广应用的同时可能面对的挑战。如物联网各层中协议的标准化问题，物联网各层在信息采集、传输和应用时的安全问题等，只有解决了物联网产业化过程中的这些重大挑战，才有可能使用物联网技术改变我们的生活。

2012年，中国物联网产业市场规模达到3650亿元，比上年增长38.6%，这一数字展现了物联网应用的诱人前景。从智能安防到智能电网，从二维码普及到"智慧城市"落地，物联网正四处开花，正在不知不觉中影响着人们的生活。伴随着技术的进步和相关配套资源的完善，在未来几年，技术与标准国产化、运营与管理体系化、产业草根化将成为我国物联网发展的三大趋势。随之而来的是与物联网有关的诸多挑战。

6.1 物联网的应用前景

物联网的应用涵盖了国民经济和社会的各个领域，包括工业、农业、电力、城市管理、交通、银行、环保、物流、医疗、家居生活等，其功能包括定位、监控、支付、安保、盘点、预测等，可用于政府、企业、社会组织、家庭、个人等。物联网中心可用于出租车监控，高速自动收费监控，电梯运行监控，燃气监控，空调控制等生活的衣、食、住、行各方面，如图6-1所示。

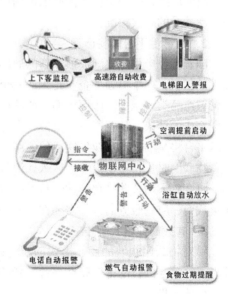

图6-1 物联网在日常生活中的应用

物联网的普及和推广，将给整个物联网产业链带来丰厚的利润。物联网的发展代表了整个社会信息化的发展方向。通信产业长期的发展目标是实现人与人之间无缝的联系和沟通，到现在已经基本实现了。从2009年开始，以"物联网"为代表的信息化概念在全球范围内出现，为通信产业未来的发展指明了方向。

在全球金融危机的大背景下，物联网的本质是行业信息化，各国政府大力推动物联网发展的动力在于寻找新的经济增长点和创造就业机会。在这样的大背景下，全球范围内的运营商成为了物联网的重要推动者，运营商将在物联网的发展中获得巨大的利益，同时带领整个通信产业，朝一个更深更广的方向发展。

6.1.1 物联网产业发展特点

1. 应用引领产业发展

中国物联网产业的发展是以应用为先导，存在着从公共管理和服务市场，到企业、行业应用市场，再到个人家庭市场逐步发展成熟的细分市场递进的趋势。目前，物联网产业在中国还是处于前期的概念导入期和产业链逐步形成阶段，没有成熟的技术标准和完善的技术体系，整体产业处于酝酿阶段。此前，RFID 市场一直期望在物流、零售等领域取得突破，但是由于涉及的产业链过长，产业组织过于复杂，交易成本过高，产业规模有限成本难以降低等问题，使得整体市场成长较为缓慢。

物联网概念提出以后，面向具有迫切需求的公共管理和服务领域，以政府应用示范项目带动物联网市场的启动将是必要之举。进而随着公共管理和服务市场应用解决方案的不断成熟、企业集聚、技术的不断整合和提升，逐步形成比较完整的物联网产业链，从而将可以带动各行业、大型企业的应用市场。待各个行业的应用逐渐成熟后，带动各项服务的完善、流程的改进，个人应用市场才会随之发展起来。

2. 标准体系逐渐成熟

物联网标准体系是一个渐进发展成熟的过程。物联网概念涵盖众多技术、众多行业、众多领域，试图制定一套普适性的统一标准几乎是不可能的。物联网产业的标准将是一个涵盖面很广的标准体系，将随着市场的逐渐发展而发展和成熟。

在物联网产业发展过程中，单一技术的先进性并不能保证其标准一定具有活力和生命力，标准的开放性和所面对的市场的大小是其持续下去的关键和核心问题。随着物联网应用的逐步扩展和市场的成熟，哪一个应用占有的市场份额更大，该应用所衍生出来的相关标准将更有可能成为被广泛接受的事实标准。

3. 综合性平台即将出现

随着行业应用的逐渐成熟，新的通用性强的物联网技术平台将出现。物联网的创新是应用集成性的创新，一个单独的企业是无法完全独立完成一个完整的解决方案的。一个技术成熟、服务完善、产品类型众多、应用界面友好的应用，将是由设备提供商、技术方案商、运营商、服务商协同合作的结果。随着产业的成熟，支持不同设备接口、不同互联协议，可集成多种服务的共性技术平台将是物联网产业发展成熟的结果。

物联网时代，移动设备、嵌入式设备、互联网服务平台将成为主流。随着行业应用的逐渐成熟，将会有大的公共平台、共性技术平台出现。无论终端生产商、网络运营商、软件制造商、系统集成商、应用服务商，都需要在新的一轮竞争中寻找各自的新定位。

4. 有效商业模式逐步形成

针对物联网领域的商业模式创新将是把技术与人的行为模式充分结合的结果。物联网将机器、人、社会的行动都互联在一起。新的商业模式出现将是把物联网相关技术与人的行为模式充分结合的结果。

物联网的应用也从小环境开始面向大环境，原有的商业模式需要更新升级来适应规模化、快速化、跨领域化的应用。而更关键的是要真正建立一个多方共赢的商业模式，这才是推动物联网能够长远有效发展的核心动力。要实现多方共赢，就必须让物联网真正成为一种商业的驱动力，而不是一种行政的强制力。让产业链所有参与物联网建设的各个企业或部门都能从中获益，获取相应的商业回报，才能够使物联网得以持续快速地发展。

6.1.2 RFID 的应用前景

RFID 可通过无线电信号识别特定目标并获取相关的数据信息，RFID 的识别工作不需要人工干预，可工作于各种恶劣环境中，并且 RFID 技术可识别高速运动物体并可识别多个标签，操作快捷方便。

借助基于 RFID 的电子识别系统，智能物流使配送中的物资可被跟踪、监控，为用户提供货物的全程实时跟踪查询，货运车辆全部安装 GPS 卫星定位系统，调度中心可实时掌握车辆及货物的情况，车辆在什么地方，离商店还有多远，还有多长时间能运达商店等。

畜禽水产养殖方面，大量使用 RFID 标签和动物身体微型传感器，对养牛场、养猪场等进行养殖精细化管理。RFID 标签用于动物身份识别，对它们每天的饮水量、进食量、运动量、健康特征、发情期等重要信息进行记录与远程传输，同时还可用于动物疫情预警、疾病防治等精细化养殖管理。图 6-2 所示为使用 RFID 标签对动物身份标识，并利用因特网和智能终端来对其信息进行查询。

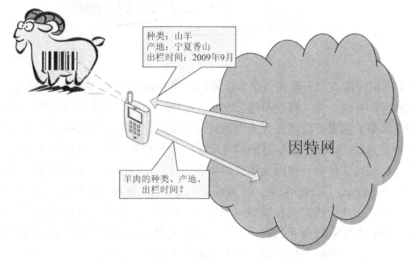

图 6-2 使用 RFID 标签对牲畜进行管理

肉禽类食品溯源方面，以各类动物耳标为追溯标志，利用信息网络技术把动物养殖、防疫、检疫、物流和监督各个环节贯穿起来，全程记录并跟踪，消费者可以在超市通过手机扫描标志码，查询动物食品的来源。目前全国已有超过 10 亿存栏动物贴上了二维码或 RFID 标签，并纳入统一管理。图 6-3 展示了如何利用动物的耳标来追溯其来源。

高速公路 ETC（Electronic Toll Collection）是目前最先进的电子自动收费系统，采用 ETC 系统的路口每 6s 可以通过一辆车，而采用半自动收费平均需要 30s 才可以通过一辆车。图 6-4 展示了高速公路上 ETC 系统的组成部分，通过此图，可以初步了解 ETC 的工作原理。截至 2011 年 1 月，我国已建成开通 ETC 车道 1930 余条，ETC 用户约 120 万。ETC 的普及极大地提高了汽车的通行效率。

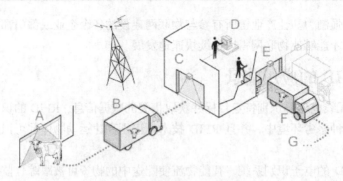

图 6-3　追踪动物食品来源

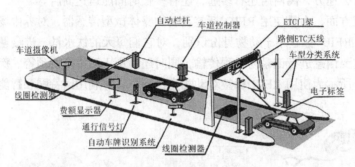

图 6-4　高速公路 ETC 通道

　　此外，北京朝阳区试点无人驾驶公交车也是物联网的典型应用。朝阳区将修建一座占地 4km² 的物联网应用服务产业园。无人驾驶节能公交车、手机刷卡付费等生活方式将在园区内实现。朝阳区物联网示范园最大的看点应该是无人驾驶的公交系统，市民在园区乘坐无人驾驶的节能环保公交车，经过十字路口的时候，红绿灯能够自动感应到公交车驶近，从而迅速变灯。

　　中国电信手机移动支付是一项引人注目的物联网应用，目前移动支付技术实现方案主要有双界面 JAVA card、SIM Pass、RFID-SIM、近场通信（NFC）和智能 SD 卡等，用户通过刷天翼手机就可以坐公交、地铁，今后还会引发新型的消费和应用模式，如小额度购物时的付费。此外，通过手机控制家电这种智能家居也开始进入人们生活。大唐移动已经开发出相应的应用程序，手机上就可以打开空调、窗帘和电视机开关，没人时就可以设置离家模式，开启安防状态，手机里同时能看到家里情况的实时视频。

　　理论上讲，我们身边的任何物品（包括人、动物、植物、非生物物品等）只要嵌入传感器、贴上 RFID 标签，这件物品的任何信息都能被探测到，我们可以根据这些信息做出各种各样的处理；这些物品也能接收各种命令，做出各种动作。目前，由于技术、标准、成本、安全等因素，还没达到这样高级的程度，这个时间表有多个机构和专家认为到 2020 年能达到。那时，我们的社会和生活将会发生翻天覆地的变化，很多在科幻片中出现的场景，将成为人们现实生活的一部分。

6.1.3　传感器网络的应用前景

　　利用多种类型的传感器和分布广泛的传感器网络，实现对某个对象的实时状态的获取和特定对象行为的监控，将被应用在城市管理、环境监控、农业园林、医疗保健、智能楼宇、交通运输等诸多领域。例如，使用分布在市区的各个噪声探头监测噪声污染；通过二氧化碳传感器监控大气中二氧化碳的浓度；通过 GPS 标签跟踪车辆位置；通过交通路口的摄像头捕捉实时交通流量等。

城市市政管理方面，城域物联网是利用射频识别技术（RFID）、无线传感技术（WSN）、互联网技术（Web 2.0）、电子支付技术等一系列物联网的核心技术，在城市的公共区域内，通过架设特定信号传感接收设备，对人、车、物等进行信息采集、交换和通信，使之达到智能化识别、定位、跟踪、监控和管理以及统计分析的目的。该系统由感知层、网络层和应用层 3 个部分组成。通过 RFID 技术接收信息，通过 Wi-Fi 将信息传送至相关管理部门总控/分控中心，将前端感应装置编码、编号和位置信息与 GIS 地图结合，迅速判断位置与状态并进行报警，报警将通知管理部门报警中心及相关人员手持终端，可及时迅速地调动公安、市政、城管等部门人员，实施联动调度。

农业园林方面，将物联网布设于农田、园林、温室等目标区域，网络节点大量实时地采集温度、湿度、光照、气体浓度等环境信息，精准地获取土壤水分、压实程度、电导率、pH 值、氮素等土壤信息，这些信息在数据汇聚节点汇集，为精确调控提供了可靠依据。网络对汇集的数据进行分析，帮助生产者有针对地投放农业生产资料，智能地控制温度、光照、换气等动作，从而更好地实现耕地资源的合理高效利用和农业的现代化精准管理，推进我国耕地资源的高效管理和利用、农田管理水平和农业生产效能的提升。

医疗保健方面，通过建立医疗保健信息交换平台，实现医疗保健信息资源共享，降低药品库存和成本并提高效率；增加医生对患者以往病史和治疗记录的了解，提高诊断质量和服务质量；同时，推动各医院之间的服务共享和灵活转账，形成一种新的管理系统，使开支和流程更加透明化。实现药品供应链的全程追踪和溯源，保证药品的安全，实现药品重要物资的准确标识，实现管理的透明化，为药品安全、防伪打假提供法律依据，实现药品、物流供应的追踪，提高重大疾病防控能力和水平，促进行业持续健康发展。

智能楼宇方面，面向大型公共建筑监控与应急管理的重大需求，研究大型公共建筑复杂环境监控与应急管理系统关键技术，建立产业化应用示范，为大型建筑监控与应急管理的产业化提供技术支撑与应用示范。

交通运输方面，实现公共交通工具全程追踪和溯源，保证运输的安全；实现城市公共交通、轨道交通等重要设备的准确标识，实现管理的透明化，为运输安全、保障交通设施设备安全提供法律依据；实现车辆、列车等运营全程的追踪，提高事故防控能力和水平，增强实时调度监控和应急事件处理能力，促进交通运输持续健康发展。

此外，还可以依据传感器网络获取的数据进行决策，改变对象的行为，进行相应的控制和反馈。例如在个人保健方面，人身上可以安装不同的传感器，对人的健康参数进行监控，并且实时传送到相关的医疗保健中心，如果有异常，保健中心通过手机提醒人们去医院检查身体。还可以根据光线的强弱调整路灯的亮度；根据车辆的流量自动调整红绿灯间隔等。

6.1.4 我国物联网重点建设领域

物联网一方面可以提高经济效益，大大节约成本；另一方面可以为全球经济的复苏提供技术动力。目前，美国、欧盟等都在投入巨资深入研究探索物联网，我国也正在高度关注、重视物联网的研究。

"十二五"期间，我国物联网建设将重点投资智能电网、智能交通、智能物流、智能家居、环境与安全检测、工业与自动化控制、医疗健康、精细农牧业、金融与服务业、国防军事十大领域。

智能电网的总投资位居十大领域之首，到 2016 年我国将建成一个统一、强大的智能电网。物联网在整个电网的发、出、变、配、调、用都可以得到极大的应用。比如用电环节，智能电网的电价是实时变动的，电厂、电力公司根据用电的高峰期和低谷期来定制电价。智能变电站通过物联网技术建立传感测控网络，实现真正意义上的"无人值守和巡检"。不久的将来，人们熟悉的水、电、气抄表员这一职业将成为历史，各种计量表上跳动的数字，都可以自动传送到一个数据采集器中，通过无线网络，将数据传送到水、电、气公司。只要登录网络，各家各户的水电气用量便一目了然。物联网的推广将会成为推进经济发展的又一个驱动器，为产业开拓了又一个潜力无穷的发展机会。按照目前对物联网的需求，在近年内就需要按亿计的传感器和电子标签，这将大大推进信息技术元件的生产，同时增加大量的就业机会。

智能家居方面，物联网可以将洗衣机、电视、碎纸机、电灯、微波炉等家用电器连接成网，并能通过网络对这些电器进行远程操作。比如，在炎热的夏天，到家之前，只要发一条简单的短信，家中的空调收到短信指令，就能提前开启，让你进门就能享受到凉爽的感觉；走出家门，只要拿着手机拨弄一下，就将屋内所有的照明和电器全部关闭；人在上班过程中，可通过手机或者电脑实时查看家里的安防状况，只要有人非法闯入，就会传来照片和提示短信；下班驾车回家时，在小区门口，地下车库就会徐徐开启，腾出停车位。

智能医疗方面，人体佩戴的小型传感器可收集心电图、脑电波、心率、体温、血压、呼吸以及脉搏等各种健康相关数据，通过无线通信将数据传给数据中心，从而达到实时监测的目的。医生还能据此分析一个人的健康状况，并建议其采取有针对性的预防措施。传感网还可将乡村医院的 CT、MRI 等电子诊断结果无线传输至千里之外的大型医疗中心，以便专家进行会诊。将腕式 RFID 标签佩戴于工作人员和病人手腕上，可实现对手术病人、精神病人和智障患者等的 24h 实时状态监护。

如图 6-5 所示，佩戴了生理传感器的被监控人借助于智能终端向医院传送自己的生理数据，包括体温、血压、心电图和血氧饱和度等参数，由医护人员的介入，将被监控人不同参数的值与标准值作比较，然后按照临床诊断的情况，向被监控人给出以下建议：体温偏高，要注意多休息；血压过高，请吃降血压的药物；心电图异常，请及时到医院就诊；血氧饱和度较低，请注意平时多锻炼。

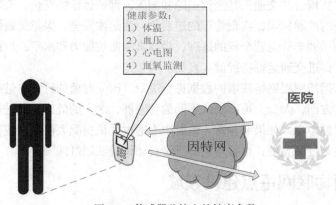

图 6-5　传感器监控人的健康参数

智能交通方面，可以为交通参与者提供多样性的服务。在该系统中，车辆靠自己的智能在道路上自由行驶，公路靠自身的智能将交通流量调整至最佳状态，借助于这个系统，管理人员对道路、车辆的行踪将掌握得一清二楚。

农业精细管理方面，传感器节点被布设在农田内，每隔一定时间检测一次信息，以开展有效的灌溉和喷洒农药工作，降低成本和提高收益。

军事应用方面，信息化战争要求作战系统"看得明、反应快、打得准"，谁在信息的获取、传输、处理上占据优势（取得信息控制权），谁就能掌握战争的主动权。物联网以其独特的优势，能在多种场合满足军事信息获取的实时性、准确性、全面性等需求。它可以用飞行器将大量微传感器节点散布在战场的广阔地域，这些节点自组成网，将战场信息边收集、边传输、边融合，为各参战单位提供"各取所需"的情报服务。

此外，通过关键技术研究，在手机 SIM 卡中集成 RFID、天线及安全芯片，从而达到无需更换手机即可使用移动电子商务相关业务，如手机现场支付、远程支付、手机票、手机一卡通等功能。

要真正建立一个有效的物联网，有两个重要因素。一是规模性，只有具备了规模，才能使物品的智能发挥作用。二是流动性，物品通常都不是静止的，而是处于运动的状态，必须保持物品在运动状态，甚至高速运动状态下都能随时实现对话。美国权威咨询机构 Forrester 预测，到 2020 年，世界上物物互联的业务，跟人与人通信的业务相比，将达到 30∶1，因此，"物联网"被称为是下一个万亿级的通信业务。

6.2　物联网面临的挑战及应对策略

6.2.1　物联网面临的挑战

尽管世界各国在发展物联网方面取得了可喜成果，但全球在物联网领域的研发仍存在许多问题。

1. 缺乏行业标准规范

以物联网在家电上的应用为例，从物联网的应用来看，并不仅仅只是简单停留于家电产品之间的应用，而是横跨了安防、广电、通信网络等多个网络、多个产业之间的联动和互动，随着物联网技术的推广，家电产品的智能化程度无疑将得到质的提高，信息技术与传统家电行业的融合将深刻改变人们的生活方式。而对于家电行业来说，物联网的出现让家电厂商看到了新的发展机会和增长点，对于发展较为缓慢的家电行业将起到显著的提振作用。

物联网在家电中的推广，虽然从应用前景看有着无限的吸引力，但是首先要跨越的门槛便是标准的统一。不同品类、不同用途的家电产品，需要融入同一个网络，需要实现通信设置控制，必然需要可以互相衔接的标准接口，相关通信协议的标准，这些标准的统一对于家电物联网推广速度至关重要。

2. 核心技术尚在发展阶段

物联网大多数领域的核心技术尚在发展中，距产业化应用有较大距离，特别是传感器网络，基本不具备大规模产业化应用的条件。而技术和产业化的不足又导致物联网应用成本高，加之物联网本身具有应用跨度大、产业链长和技术集成性高的特点，使得规模化应用的建设周期长。

3. 缺乏成熟的商业模式

一个成熟的商业模式有它的投入、产出和组件，它们以某种方式组合提供产出。物联网产业的商业模式更是如此，原有的商业模式需要更新升级来适应规模化、快速化、跨领域化的应用。而更关键的是要真正建立一个多方共赢的商业模式，这才是推动物联网能够长远有效发展的核心动力。要实现多方共赢，就必须让物联网真正成为一种商业的驱动力，让产业链所有参与物联网建设的各个参与方都能从中获益。虽然物联网市场前景广阔，但是整个行业目前尚未出现稳定和有利可图的商业模式，也没有任何产业可以在这一点上引领物联网发展。

未来物联网产业应该有一个清晰的商业模式，政府主导的发展模式不可能作为一个成熟产业的长期性主要动力，随着政府经济和社会管理模式的变革，物联网应用的发展将进入市场需求驱动阶段。物联网的产业生态系统十分复杂，无论终端生产商、网络运营商、软件制造商、系统集成商、应用服务商，都需要在新的一轮竞争中寻找各自的新定位，在一种开放的模式中实现合作与共赢，进而推动商业模式的创新，这对整个产业发展将具有十分重大的意义。

4．物联网的安全问题尚未解决

物联网使用大量的无线采集和传感设备，容易遭受截取和攻击，安全和隐私面临巨大威胁，但目前物联网的安全保障技术尚不成熟。物联网的安全和互联网的安全问题一样，永远都会是一个被广泛关注的话题。由于物联网连接和处理的对象主要是机器或物以及相关的数据，其"所有权"特性导致物联网信息安全要求比以处理"文本"为主的互联网要高，对"隐私权"保护的要求也更高（如 ITU 物联网报告中指出的）。物联网还有可信度（Trust）问题，包括"防伪"和拒绝服务攻击（即用伪造的末端冒充替换侵入系统，造成真正的末端无法使用等），由此有很多人呼吁要特别关注物联网的安全问题。

国内外目前对物联网的安全都还处于起步阶段，在 WSN 和 RFID 领域有一些针对性的研发工作，统一标准的物联网安全体系的问题目前还没提上议事日程，比物联网统一数据标准的问题更滞后。这两个标准密切相关，甚至合并到一起统筹考虑，其重要性不言而喻。

除存在上述问题外，国内的物联网研发还受两大因素制约，一是核心技术薄弱，二是缺乏统筹规划和管理。我国在物联网核心技术方面远远落后于美欧等发达国家，技术上缺少从无到有的创新，大量采用国外技术，导致受制于人，成本过高，限制物联网的发展。同时，部门之间、地区之间、行业之间存在分割，产业缺乏顶层设计，资源共享不足，导致重复建设、研究成本高、难以形成产业规划等问题。

6.2.2 应对策略

针对上述挑战，应从以下几方面来解决。

1．制定标准

目前国内对物联网应用较为分散与多样，想制定出统一的标准很难；但是广泛的物联网应用需求必将积极推动物联网标准体系的构建，建立跨行业、跨领域的物联网标准化协作机制，鼓励和支持企业积极参与国际标准化工作，推动我国具有自主知识产权的技术成为国际标准。针对技术突破问题，目前我国乃至全球的物联网研究还处于初期探索与试验阶段，没有完善的核心技术体系；如无线通信技术、传感器生产制造技术、RFID 制造技术、嵌入式技术、网络技术等都面临着很多的问题亟待解决。由于标准的不统一，应用范围的分散，导致大多数物联网开发商都是在做小范围的试验系统，没有合力去发展真正的物联网核心技术，为此应加强产业界、学术界的交流与合作，共同发展国内物联网技术，让物流网产业技术在我国发展更强。

2．国家主导示范项目

随着世界各国对物联网技术、标准和应用的不断推进，物联网在各行业领域中的规模将逐步扩大，尤其是一些政府推动的国家性项目，如智能电网、智能交通、环保、节能，将吸引大批有实力的企业进入物联网领域，大大推进物联网应用进程，为扩大物联网产业规模产生巨大示范作用，必将引领更多企业进入。

3．协同化发展

随着产业和标准的不断完善，物联网将朝协同化方向发展，形成不同物体间、不同企业间、不同行业乃至不同地区或国家间的物联网信息的互联互通互操作，应用模式从闭环走向开环，最终形成可服务于不同行业和领域的全球化物联网应用体系。

4．重点扶持优势产业

物联网将从目前简单的物体识别和信息采集，走向真正意义上的物联网，实时感知、网络交互和应用平台可控可用，实现信息在真实世界和虚拟空间之间的智能化流动。结合本国优势、优先发展重点行业应用以带动物联网产业。物联网仍处于起步阶段，物联网产业支撑力度不足，行业需求需要引导，距离成熟应用还需要多年的培育和扶持，发展还需要各国政府通过政策加以引导和扶持，因此未来几年各国将结合本国的优势产业，确定重点发展物联网应用的行业领域，尤其是电力、交通、物流等战略性基础设施以及能够大幅度促进经济发展的重点领域，将成为物联网规模发展的主要应用领域。

5．普及基本概念

近年来物联网虽然在国内成为热点话题，但是由于业内人士的认识尚不清晰，导致公众的认识更加模糊不清，甚至发展对物联网概念扭曲、误解、盲从；要对物联网有正确的认识需要有一定的技术门槛，所以要想使公众更加清晰地认识物联网这个新概念，必须加强多层次的物联网知识普及。

6．加强国际合作

互联网的发展离不开世界，物联网也将是共享开放的平台，各国的物联网发展都很难独立于世界物联网之外。我国物联网建设也是如此，只有与其他国家进行合作互联，才能更好地发挥物联网的作用；因此，在物联网的起步阶段，加强国际间合作不仅为各国物联网的发展提供机遇，也带来巨大的挑战和竞争。

7．尽早解决安全问题

从技术构架上来说，物联网可以分为感知层、传输层和应用层，这三个层面都存在一定的安全问题。物联网的感知层存在的安全问题主要包括终端设备和感知设备的物理安全；物联网的传输层和应用层的安全问题包括数据传输链路具有脆弱性和数据传输协议标准不同等。此外，数量庞大的用户个人信息被集中在物联网的信息中心或数据中心，如何确保这些数据不被泄露也是非常重要的安全问题，这些安全都必须尽早解决。

6.3 物联网的未来

1．前景十分诱人

物联网将成为全球信息通信行业的万亿元级新兴产业。到 2020 年之前，全球接入物联网的终端将达到 500 亿个。据思科最新报告称，未来 10 年，物联网将带来一个价值 14.4 万亿美元的巨大市场，未来 1/3 的物联网市场机会在美国，30%在欧洲，而中国和日本将分别占据 12%和 5%。我国作为全球互联网大国，未来将围绕物联网产业链，在政策市场、技术标准、商业应用等方面重点突破，打造全球产业高地。物联网是继计算机、互联网和移动通信之后的又一次信息产业的革命性发展。目前物联网被正式列为国家重点发展的战略性新兴产业之一。物联网产业具有产业链长、涉及多个产业群的特点，其应用范围几乎覆盖了各行各业。

中国近年来互联网产业迅速发展，网民数量全球第一，在未来物联网产业发展中已具备基础。物联网连接物品网，达到远程控制的目的，或实现人和物或物和物之间的信息交换。当前物联网行业的应用需求和领域非常广泛，潜在市场规模巨大。物联网产业在发展的同时还将带动传感器、微电子、视频识别系统等一系列产业的同步发展，带来巨大的产业集群生产效益。

物联网是当前最具发展潜力的产业之一，将有力带动传统产业转型升级，引领战略性新兴产业的发展，实现经济结构和战略性调整，引发社会生产和经济发展方式的深度变革，具有巨大的战略增长潜能，是后危机时代经济发展和科技创新的战略制高点，已经成为各个国家构建社会新模式和重塑国家长期竞争力的先导力。中国必须牢牢把握产业创新方向和机遇，加快物联网产业的发展。

在信息技术的支撑下，物联网正在引发新一轮的生活方式变革，已成为一个发展迅速规模巨大的市场。以中国国内 RFID 及相关产品为例，在 2010 年就达到了 85 亿人民币，在全球居第三位，仅次于英国和美国，未来更加安全稳定的有线无线数据的传输网络，将成为我国物联网快速发展的关键。

物联网一方面可以提高经济效益，大大节约成本；另一方面可以为全球经济的复苏提供技术动力。目前，美国、欧盟等都在投入巨资深入研究探索物联网。我国也正在高度关注、重视物联网的研究。我国早在 1999 年就启动了物联网核心传感网技术研究，研发水平处于世界前列，在世界传感网领域，我国是标准主导国之一。专利拥有量高，我国是目前能够实现物联网完整产业链的国家之一。我国无线通信网络和宽带覆盖率高，为物联网的发展提供了坚实的基础设施支持，我国已经成为世界第二大经济体，有较为雄厚的经济实力支持物联网发展。目前，工业和信息化部会同有关部门，在新一代信息技术方面正在开展研究，以形成支持新一代信息技术发展的政策措施。

物联网将会成为中国移动通信产业未来的发展重点。在上海世博会期间，"车务通"将全面运用于上海公共交通系统，以最先进的技术保障世博园区周边大流量交通的顺畅；面向物流企业运输管理的"e物流"，将为用户提供实时准确的货况信息、车辆跟踪定位、运输路径选择、物流网络设计与优化等服务，大大提升物流企业综合竞争能力。

此外，在物联网普及以后，用于动物、植物和机器、物品的传感器与电子标签及配套的接口装置的数量将大大超过手机的数量。物联网的推广将会成为推进经济发展的又一个驱动器，为产业开拓了又一个潜力无穷的发展机会。按照目前对物联网的需求，在近年内就需要按亿计的传感器和电子标签，这将大大推进信息技术元件的生产，同时增加大量的就业机会。

2. 挑战巨大

我们以电力行业为例，来简单分析一下物联网在电力行业所面对的挑战。"物物互联"使得机器不再是一个独立的个体，而是能实时向人们汇报状态的主体，从而可以大大促进电力行业向"绿色、安全、智能"的电力行业转型。

首先，物联网技术可以从生产的全流程进行监控，从煤炭堆场的环境监测到机组内部燃烧状态监测，再到排放环节的脱硫脱硝有害化学成分检测，从而大大加强节能减排、环境保护的效果。其次，从发电企业发电设备的监控到电网企业输电设备的监控，物联网技术可以帮助发电企业和电网企业提升安全生产的管控能力，针对隐患及时响应。最后，物联网技术最核心的提升是智能化。电力企业海量数据收集之后，利用决策支持系统进行分析处理，帮助企业实现智能化思考，做出最合理的应对措施。

但物联网技术也是一把双刃剑，在电力行业充分应用时，也应考虑到其可能的危害性。首先，把感应器嵌入企业每个设备与设施中，使每个物品都切实互联起来，这直接带来了对企业的安全和隐私的保护问题。例如病毒，在互联网上即使是感染了病毒，受害的最多也只是几万台计算机，切断网络后可以慢慢消灭病毒。但在物联网上传播病毒，受感染的就不只是计算机，还有众多现实物品，直接会影响到企业的生产运营。尤其是作为国家基础性行业的电力行业，其安全的重要性不言而喻。

其次，物联网设备的核心技术并不在我国，关键电子元器件、基础软件、操作系统、骨干路由、数据库系统、大型存储设备等方面，美国都占据全球垄断地位。而在我国，半导体专利外国企业占 85%，电子元器件、专用设备、仪器和器材专利外国企业占 70%，无线电传输外国企业占 93%，移动通信和传输设备外国企业占 90%。如果某些外国设备留有"后门"，被外国企业或政府操纵，后果将不堪设想。

在"十二五"期间随着两化融合战略的深入推进，物联网技术必将会大大推动传统电力行业的转型发展，提高产业竞争力，实现产业的跨越式升级。但在发展的同时也要审慎推进，有选择性地逐步推进核心设备的物联网应用，实现电力企业与物联网产业的协同发展。

欧盟估计，物联网目前还不成熟，只是一些充满前景的技术的展望，预计在今后的 5～15 年中会极大地改变我们的社会。中国媒体认为物联网作为信息化的第三波潮流，将在未来几年刺激经济发展，带来相关行业的巨额投资。但中国物联网的标准仍在制定中，相关技术并未发展成熟。一位 RFID 厂商负责人说："热炒的物联网仍只是一个理想的状态，3 年甚至 5 年之后也未必能普遍应用。"它绝大部分的业务仍然会是数据采集应用的扩展，难以实现更加"智能"，很难实现"物与物对话"的"真正物联网"。

6.4　小　　结

在介绍完物联网的由来、定义、架构和发展动力之后，本书详细介绍了物联网的感知层，网络层和应用层以及各层涉及的基本知识、关键技术及应用行业。经过上述章节的学习，读者对物联网有了一个初步的认识，物联网作为一个智能项目，世界各国都极为重视。物联网技术的应用可以使电子商务变得更强大。但同时仍存在成本、技术标准、关键核心技术攻关、成熟商业模式建立等问题，相信当"物联网"的构想成为现实的时候，世界上的万事万物无论何时、何地都能够彼此相关、互相"交流"，整个世界的面貌就会为之焕然一新。更重要的是，物联网将给人类与事物之间的关系带来深刻的变化，将人们从许多简单而枯燥的劳动中解脱出来，并赋予人类更强的创造力，去探索和开发"物的世界"。

"物联网"从概念的提出，到近两年的高速发展，已走过了 10 年的历程。在这期间，数字地球、智慧地球、感知中国、普适计算等先进理念、科技创新不断涌现，然而，当人们回首思考时，发现这一切就是物联网，物联网囊括了上述思想和技术。

当前，物联网的产生是社会发展的必然产物，物联网的全球发展形势将可能提前推动人类进入"智能时代"（也称"物连时代"），物连时代的到来将给人类社会带来翻天覆地的变化，任何事物可以在任何时间、任何地点互联，实现智能互动，对人类的健康、安全有着不可估量的现实意义和社会意义。

越来越多的证据和事实向人们展示了物联网诱人的光辉前景。物联网的提出预示着信息科技成果的产业化、规模化应用开端和契机。应该积极抓住这次难得的物联网发展机遇，促进信息成果产业化，才能在日新月异、高速发展的新世纪拥有一席之地，以此加快社会主义经济建设，早日实现国家强大、人民富裕的目标。

尽管物联网的广泛应用还存在诸多挑战，但其前景相当诱人。物联网的推广将会成为解决这些问题强大的动力，迎接上述挑战将会为产业开拓又一个潜力无穷的发展机会，让我们贡献自己绵薄之力并融入到物联网产业化的浪潮中。

习题六

一、选择题

1. 在（　　　　）大背景下，各国政府大力推动物联网发展的动力在于寻找新的经济增长点和创造就业。

　A. 全球金融危机　　　　B. 信息技术革命　　　　C. 智慧地球　　　　D. 感知中国

2. 中国物联网产业的发展是（　　　　），存在着从公共管理和服务市场，到企业、行业应用市场，再到个人家庭市场逐步发展成熟的细分市场递进趋势。

　A. 以应用为先导　　　　B. 以技术为先导　　　　C. 以标准为先导　　　　D. 以安全为先导

3. 标准的（　　　　）和所面对的市场的大小是其持续下去的关键和核心问题。

　A. 开放性　　　　　　　B. 一致性　　　　　　　C. 认可性　　　　　　　D. 普适性

4. 借助基于 RFID 的（　　　　），智能物流使配送中的物资可被跟踪、监控，为用户提供货物的全程实时跟踪查询。

　A. 应用管理系统　　　　B. 配送系统　　　　　　C. 电子识别系统　　　　D. 物流运输系统

5. 高速公路（　　　　）是目前最先进的电子自动收费系统。

　A. GPS　　　　　　　　B. ETC　　　　　　　　C. RFID　　　　　　　　D. ITS

6. 由于物联网涉及多种学科和技术，且涉及多层次的多个标准，目前尚未有一个（　　　　）出台。

　A. 统一的架构　　　　　B. 统一的协议　　　　　C. 统一的标准　　　　　D. 统一的标准体系

7. （　　　　）的优化，是整个通信业界尚未解决的问题。

　A. 通信协议　　　　　　B. 基础网络　　　　　　C. RFID 技术　　　　　D. 数据传输速度

8. 要实现多方共赢，就必须让物联网真正成为一种商业的（　　　　），让产业链所有参与物联网建设的各个环节都能从中获益。

　A. 驱动力　　　　　　　B. 新兴技术　　　　　　C. 新兴产品　　　　　　D. 盈利模式

9. 在（　　　　）的支撑下，物联网正在引发新一轮的生活方式变革，已成为一个发展迅速规模巨大的市场。

　A. 信息技术　　　　　　B. 物联网技术　　　　　C. 传感器技术　　　　　D. 网络技术

10. 物联网设备的（　　　　）并不在我国手中，关键电子元器件、基础软件、操作系统、骨干路由、数据库系统、大型存储设备等方面，美国都占据全球垄断地位。

　A. 核心技术　　　　　　B. 感知技术　　　　　　C. 网络技术　　　　　　D. 传输技术

二、填空题

1. 物联网的应用涵盖了国民经济和社会的各个领域，包括＿＿＿＿、农业、＿＿＿＿、城市管理、＿＿＿＿、银行、环保、＿＿＿＿、医疗、家居生活等，其功能可包括＿＿＿＿、监控、支付、＿＿＿＿、盘点、预测等，可用于政府、＿＿＿＿、社会组织、＿＿＿＿、个人等。

2. 国内 PC 使用量在_____的数量级，而物联网终端需求量远大于此，它将包括_____量级的信息设备、_____量级的智能电子设备、_____级的微处理器和_____以上传感器需求。

3. 物联网规范的制订应以_____支撑平台为核心，重点是在_____与终端的接口、平台与_____接口的_____。

4. 物联网的感知层存在的安全问题主要包括_____和_____的物理安全；物联网的传输层和应用层的安全问题包括_____具有脆弱性和_____不同等。

5. 我国早在 1999 年就启动了_____研究，研发水平处于世界前列，在世界传感网领域，我国是_____之一，专利拥有量高，我国是目前能够实现物联网_____的国家之一，我国无线通信网络和宽带覆盖率高，为物联网的发展提供了坚实的_____支持，我国已经成为世界第二大经济体，有较为雄厚的经济实力支持_____。

三、简答题

1. 物联网的应用前景如何？
2. 物联网应用的主要挑战是什么？
3. 你如何看待物联网的未来？

第7章
物联网实验

本章包括 8 个物联网实验，可供有实验条件的学校开展物联网课程的实验教学。本章从观看智能家居这一物联网在家庭日常生活中的应用视频开始，然后以大唐移动通信设备有限公司推出的物联网教学设备 E-Box300 为基础，分别介绍了实验箱及实验环境搭建的步骤，RFID、传感器、ZigBee 的基本实验，最后介绍了 Python 的基础实验和高级实验。

7.1 实验一 感受智能家居

一、实验目的

1. 了解物联网、智能家居概念。
2. 了解大唐移动通信设备有限公司智能家居方案。

二、实验设备

大唐移动物联网智能家居体验厅。

三、实验内容

本实验内容，通过观看大唐移动通信设备有限公司提供的视频，了解物联网以及智能家居的概念和应用，了解大唐移动通信设备有限公司提供的智能家居方案的具体实现。

四、实验原理

物联网是新一代信息技术的重要组成部分，其英文名称是"The Internet of things"。物联网通过智能感知、识别技术与普适计算、泛在网络的融合应用，被称为继计算机、互联网之后世界信息产业发展的第三次浪潮。

在 2012 年，中国物联网产业市场规模达到 3650 亿元，《物联网"十二五"发展规划》圈定 9 大领域重点示范工程，智能家居便是其中之一。

智能家居，又称智能住宅，在国外常用 Smart Home 表示。它是以住宅为平台，利用综合布线技术、网络通信技术、安全防范技术、自动控制技术、音视频技术将家居生活有关的设施集成，构建高效的住宅设施与家庭日程事务的管理系统，提升家居安全性、便利性、舒适性、艺术性，并实现环保节能的居住环境。

与智能家居含义近似的有家庭自动化（Home Automation）、电子家庭（Electronic Home、E-home）、数字家园（Digital Family）、家庭网络（Home Net/Networks for Home）、网络家居（Network Home）、智能家庭/建筑（Intelligent Home/Building），在我国香港和台湾等地区，还有数码家庭、数码家居等称法。

　　随着信息社会的发展，网络和信息家电已越来越多地出现在人们的生活之中，而这一切发展的最终目标都是给人类提供一个舒适、便捷、高效、安全的生活环境。如何建立一个高效率、低成本的智能家居系统已成为当今世界的一个热点问题。

　　大唐移动通信有限公司凭借其自身的技术优势，开创性地提出并实现了其独特的智能家居方案。我们现在来看看大唐移动是怎么基于物联网这一技术实现 Smart Home。

五、实验步骤

实验场景：下班回家

　　1. 忙碌了一天，下班之后最想做的事情是回到温暖的家里尽情地放松。在回到家门前，系统会自动识别 RFID 标签，进行身份认证，如图 7-1 所示。

　　2. 身份认证成功后，门自动打开，如图 7-2 所示。

图 7-1　进门刷卡

图 7-2　门自动打开

　　3. 主人进门后，也不再用去找电灯开关，系统会检测到主人回来了，自动将窗帘徐徐拉开，如图 7-3 所示。

　　4. 若传感器检测到室内的光线仍不够，还会自动将屋内的电灯打开并调整到合适的亮度。若检测到室内温度过高，空调此时也开始工作，自动将房间的温度调到最佳。图 7-4 所示为电视背景墙灯自动打开。

　　5. 当主人坐在沙发上，电视会自动打开并切换到主人喜欢看的频道上开始播放节目，图 7-5 所示为电视自动打开。这时主人可以把绷紧的神经放松下来，好好享受一下了。

图 7-3　窗帘自动拉开

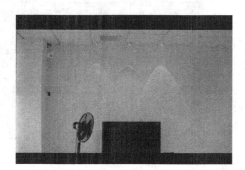

图 7-4　电视背景墙灯自动打开

图 7-5　电视自动打开

六、拓展思考

1. 什么是智能家居，实现了哪些功能？
2. 智能家居具有什么样的特点，应用了哪些关键技术？

7.2 实验二 认识 E–Box300 实验箱

一、实验目的

1. 了解物联网教学科研平台 E-Box300 实验箱的构成。
2. 掌握教学科研平台 E-Box300 实验箱的基本操作方法。

二、实验设备

大唐移动物联网实验平台、E-Box300 实验箱、ZigBee 射频读写模块、智能网关、RFID 电子卡。

三、实验内容

本实验内容是了解物联网教学科研平台 E-Box300 实验箱的组成部分，包括智能网关、ZigBee 无线传感模块、RFID 射频识别模块及 E-Box300 实验箱板卡英文缩略词表，在实际操作中加深对这一实验箱的认识。

四、实验原理

物联网教学科研平台（E-Box300）是大唐移动新推出的，整合近年来物联网技术方向总体软硬件的资源，面向高校物联网专业应用和物联网相关实验室建设的综合实验平台。该系统以强大的 ARM11 网关为核心，板载丰富的主流物联网技术通信模块资源，包括 ZigBee 无线传感器网络模块、RFID 射频读卡模块、GSM/GPRS 通信模块、Wi-Fi 等，另可直接外扩 CMOS 摄像头等设备。科研平台软件配套丰富的网关和模块基础实验以及生动的功能演示应用案例。

射频识别即 RFID（Radio Frequency Identification），又称电子标签、无线射频识别，是一种通信技术，可通过无线电信号识别特定目标并读写相关数据，而无须识别系统与特定目标之间建立机械或光学接触。RFID 对于计算机自动识别技术而言是一场革命，极大地提高了信息处理效率和准确度。RFID 利用射频信号通过空间耦合（交变磁场或电磁场）实现无接触信息传递并通过所传递的信息达到识别目的。射频识别技术改变了条形码依靠"有形"的一维或二维几何图案来提供信息的方式，通过芯片来提供存储在其中的数量巨大的"无形"信息。

五、实验步骤

实验二的实验步骤可粗略分为五个大的步骤。

步骤 1：认识 E-Box300 实验箱（具体步骤如下）

步骤 2：认识智能网关（具体步骤见 7.2.1 小节）

步骤 3：认识 ZigBee 无线传感模块（见 7.2.2 小节）

步骤 4：认识 RFID 射频识别技术（见 7.2.3 小节）

步骤 5：了解 E-Box300 实验箱板卡英文缩略词表（见 7.2.4 小节）

打开 E-Box300 实验箱，图 7-6 所示为 E-Box300 实验箱的实物图。

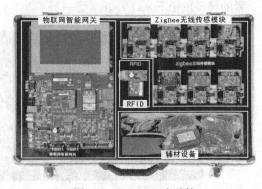

图 7-6 E-Box300 实验箱

　　E-Box300 物联网教学实验套件包括硬件设备、软件资源、实验资源三大部分。硬件设备包括 1 个物联网智能网关、7 个 ZigBee 无线传感模块、6 个传感器模块、1 个 RFID 模块和其他配套辅材设备。其中物联网智能网关、ZigBee 无线传感模块和 RFID 模块将在 7.2.1 至 7.2.3 小节中进行详细介绍，辅材设备如表 7-1 所示。ZigBee 无线传感模块采用德州仪器（TI）主流射频芯片 CC2531，支持 ZigBee2007/PRO 标准，配套扩展温湿度、光感、烟雾、压力、霍尔等多种常用传感器，并支持传感器二次开发。软件资源主要包括嵌入式网关软件、无线传感器网络软件和 PC Server 端软件，同时提供 Python 图形化二次开发接口。实验资源采用由简单到复杂的设计模式，集趣味演示、教学实验、应用开发、科学研究于一体，界面精美，易于操作。强大的实验资源体系综合运用物联网在智能感知、网络传输和智能处理等方面的技术特征，引导学生更好地掌握物联网开发要领，为物联网工程应用打下坚实的基础，并能通过不同传感器的特性、不同网络的组成形式以及 RFID 技术，开发出更多实用性强的物联网应用模式，而且 Python 图形化二次开发资源能够更好地培养学生的创新思维。

表 7-1　　　　　　　　　　　　　　　辅材设备清单

序号	辅材名称	单位	数量	示意图
1	智能网关电源适配器 5V5A	个	1	
2	ZigBee 模块电源适配器 5V1A	个	4	
3	ZigBee 天线 2.4GHz	根	9	
4	RFID 电子卡	个	1	
5	网线	根	1	
6	直流串口线	根	1	

续表

序号	辅材名称	单位	数量	示意图
7	交叉串口线	根	1	
8	ZigBee 仿真器	套	1	

注：本教程所配套的实验只需使用前 5 种辅材设备。

7.2.1　智能网关

E-Box300 实验箱提供的智能网关管理整个传感网络，网络协调器将传感器节点的信息发送给智能网关，智能网关将存储网络中所有传感器节点的类型、物理地址和网络地址，便于同 PC 进行命令控制和数据传输。智能网关实物如图 7-7 所示。

智能网关与 PC 建立通信，接收 PC 发送的请求并将传感器节点的信息发送给 PC，这样在 PC 软件平台上就可以显示整个网络内传感器节点的全部信息。

在没有 PC 的情况下，智能网关系统自带查询传感器即时信息的功能，可以通过手动选择传感器类型进行查询，查询结果会即时显示在智能网关系统界面中。

图 7-7　智能网关

7.2.2　ZigBee 无线传感模块

E-Box300 实验箱提供的 ZigBee 无线传感模块包括 ZigBee 温湿度+光感传感器模块，ZigBee 加速度传感器模块，ZigBee 霍尔传感器模块，ZigBee 继电器传感器模块，ZigBee 气压传感器模块，ZigBee 烟雾传感器模块。这些模块分布于实验箱体中的"ZigBee 无线传感模块"区域中，如图 7-6 所示。注意 ZigBee 传感模块摆放没有先后顺序，其相应模块图形及识别方法请参考 7.2.4 小节 E-Box 实验箱板卡英文缩略词表。

ZigBee 温湿度+光感传感器模块，用于室内湿度、温度和接近式光感数据采集，测温范围为-40 ~ 123.8℃，完全校准，数字输出。

ZigBee 加速度传感器模块，3 个运动检测嵌入式通道：1 通道自由落体或运动检测；1 通道脉冲检测；1 通道震动检测。可用于物体移位监测，实时运动分析。

ZigBee 霍尔传感器模块，用于检测磁场，检测铁磁物质，测量电流、磁感应强度、磁场方向。固定电流。通过检测霍尔电压的大小判断磁钢与霍尔器件是否接近。可用于保安监控、安全防范系统中。

ZigBee 继电器传感器模块，继电器是具有隔离功能的自动开关元件，广泛应用于遥控、遥测、通信、自动控制、机电一体化及电力电子设备中，是最重要的控制元件之一。

ZigBee 气压传感器模块，压力测量范围 20～110kPa。可应用于高精度高度计、智能手机、导航和气象站装备。

ZigBee 烟雾传感器模块，可用于家庭和工厂的气体泄漏监测装置，适宜于液化气、丁烷、丙烷、甲烷、酒精、氢气、烟雾等的探测。

7.2.3 RFID 射频识别技术

E-Box300 实验箱提供的 ZigBee 射频读写模块如图 7-8 所示，可以完成寻卡、读取、写入、初始化电子钱包以及增值、减值、查询余额等基本功能，全面支持校园一卡通，公交一卡通，非接触智能水，电、气三表，考勤机，各种防伪系统等二次开发。

图 7-8 ZigBee 射频读写模块

（1）RFID 的基本组成

RFID 系统由 5 个组件构成，包括传送器、接收器、微处理器、天线、标签。传送器、接收器和微处理器通常都被封装在一起，又统称阅读器（Reader），所以工业界经常将 RFID 系统分为阅读器、天线和标签三大组件。

● 阅读器（Reader）

读取（有时还可以写入）标签信息的设备，可设计为手持式或固定式，因其工作模式一般是主动向标签询问标识信息，所以有时又被称为询问器（Interrogator），如图 7-9 所示。

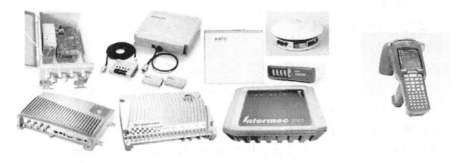

图 7-9 阅读器

● 天线（Antenna）

在标签和阅读器之间传递射频信号，如图 7-10 所示。

图 7-10　天线

● 标签（Tag）

由耦合元件及芯片组成，每个标签具有唯一的电子编码，附着在物体上标识目标对象，有时又称为应答器，如图 7-11 所示。

  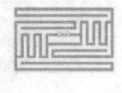

图 7-11　标签

（2）RFID 的工作原理

RFID 技术的基本工作原理并不复杂：阅读器通过天线发送电子信号，标签接收到信号后发射内部存储的标识信息，阅读器再通过天线接收并识别标签发回的信息，最后阅读器将识别结果发送给主机。以 RFID 电子卡片阅读器以及电子标签之间的通信及能量感应方式来看，大致上可以分成感应耦合（Inductive Coupling）及后向散射耦合（Backscatter Coupling）两种。一般低频的 RFID 大都采用第一种方式，而较高频大多采用第二种方式。

（3）RFID 标签的分类

按工作方式把标签分为以下几类。

● 被动式标签（Passive Tag）

因标签内部没有电源设备，又被称为无源标签。被动式标签内部的集成电路通过接收由阅读器发出的电磁波进行驱动，向阅读器发送数据。目前市场上的标签主要是被动式的。

● 主动标签（Active Tag）

因标签内部携带电源，又被称为有源标签。电源设备和与其相关的电路决定了主动式标签要比被动式标签体积大、价格昂贵。但主动式标签通信距离更远，可达上百米远。

● 半主动标签（Semi-active Tag）

这种标签兼有被动式标签和主动式标签的所有优点，内部携带电池，能够为标签内部计算提供电源。这种标签可以提供携带传感器，可用于检测环境参数，如温度、湿度、是否移动等。然而和主动式标签不同的是，它们的通信并不需要电池提供能量，而是像被动式标签一样通过阅读器发射的电磁波获取通信能量。又称半被动标签。

（4）RFID 的特点

RFID 是未来物联网技术的发展趋势，其特点可以概括为以下几种。

● 体积小且形状多

RFID 标签在读取上并不受尺寸大小与形状限制，不需要为了读取精度而配合纸张的固定尺寸和印刷品质。

● 可重复使用

标签具有读写功能，电子数据可被反复覆盖，因此可以被回收而重复使用。

● 穿透性强

标签在被纸张、木材和塑料等非金属或非透明的材质包裹的情况下也可以进行穿透性通信。

● 数据安全性

标签内的数据通过循环冗余校验的方法来保证标签发送的数据准确性。

7.2.4　E-Box300 实验箱板卡英文缩略词表

E-Box300 实验箱板卡英文缩略词表如表 7-2 所示。

表 7-2　　　　　　　　　　　　板卡英文缩略词表

序号	板卡名称	英文缩写名称	板卡示意图
1	智能网关	EBA	
2	ZigBee 底板	EBZ25	
3	ZigBee 数据传输模块	EBM_TM	
4	ZigBee 温湿度+光感传感器模块	EBS-T(temperature)	
5	ZigBee 加速度传感器模块	EBS-A（acceleration）	

续表

序号	板卡名称	英文缩写名称	板卡示意图
6	ZigBee 霍尔传感器模块	EBS-HALL	
7	ZigBee 继电器传感器模块	EBS-R(relay)	
8	ZigBee 气压传感器模块	EBS-PR（pressure）	
9	ZigBee 烟雾传感器模块	EBS-MQ	
10	ZigBee 射频读写模块	EBS-RF	

注：每块传感器模块背面都有英文缩写名称的缩印，可通过此方法辨别每块传感器模块。图 7-12 所示为 ZigBee 温湿度+光感传感器模块，其板卡背面的缩印为 EBS-T。

六、拓展思考

1. 思考智能网关的通信机制。
2. 思考 ZigBee 加速度无线传感器模块的原理。
3. RFID 中有哪些关键技术？如何改进？

图 7-12 ZigBee 温湿度+光感传感器模块

7.3 实验三 实验箱环境搭建

一、实验目的

1. 了解实验箱环境搭建和上位机环境配置。
2. 掌握实验箱整体调试方法。

二、实验设备

大唐移动物联网实验平台、E-Box300 实验箱、ZigBee 射频读写模块、智能网关、RFID 电子卡。

三、实验内容

本实验内容是了解并掌握实验箱的环境搭建和整体调试方法，包括 ZigBee 无线传感网络、智能网关、上位机环境配置及实验箱整体调试方法，学会操作实验箱。

四、实验原理

无。

五、实验步骤

实验 3 的实验步骤可粗略分为四个大的步骤。

步骤 1：ZigBee 无线传感模块的连接（具体步骤见 7.3.1 小节）

步骤 2：智能网关的连接和校准（见 7.3.2 小节）

步骤 3：上位机环境的配置（见 7.3.3 小节）

步骤 4：实验箱整体调试（见 7.3.4 小节）

7.3.1 ZigBee 无线传感网络

E-Box300 实验箱提供所有模块均烧写好程序，如 ZigBee 无线传感模块已经烧写好实验所需的组网代码，使用时只要连接好线路打开电源即可。在上电之前，要注意 ZigBee 无线传感模块的一些基本设置。

注意：所有传感器模块及 RFID 射频读写模块的连接方法都一样，下面以烟雾传感器为例。具体操作如下：

步骤 1：观察 ZigBee 底板、ZigBee 数据传输模块、传感器模块（例如烟雾传感器）三者之间的特点，图 7-13 所示为正面视图，三块板卡连接时箭头方向要一致，定位孔与定位针要对插。图 7-14 所示为背面视图，ZigBee 数据传输模块的插针与 ZigBee 底板的插排对插，传感器模块的插针与 ZigBee 底板的插排对插。

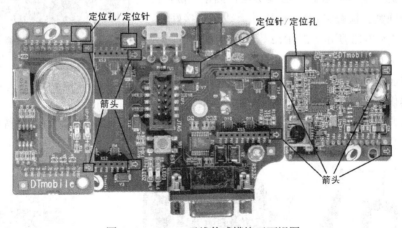

图 7-13　ZigBee 无线传感模块正面视图

步骤 2：将 ZigBee 数据传输模块插到 ZigBee 底板上，注意箭头方向一致，插针与插排对应，定位针与定位孔对应，如图 7-15 所示。

步骤 3：将传感器模块插到 ZigBee 底板上，注意箭头方向一致，插针与插排对应，定位针与定位孔对应，如图 7-16 所示。

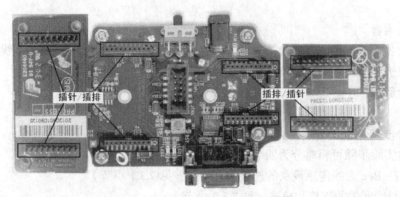

图 7-14　ZigBee 无线传感模块背面视图

图 7-15　ZigBee 数据传输模块插到 ZigBee 底板视图　　图 7-16　传感器模块插到 ZigBee 底板视图

步骤 4：将天线插入 ZigBee 数据传输模块的天线接口处，并拧紧，如图 7-17 所示。

步骤 5：检查 ZigBee 数据传输模块是否插紧，检查传感器模块是否插紧，检查 ZigBee 模块的天线是否接好。

步骤 6：如图 7-18 所示，ZigBee 模块所需的适配器为 5V-1A，每个 ZigBee 模块都有单独的电源开关（位号为 SB4），开关 SB4 拨向管脚 A 一侧时，是 XP4 供电（即外接电源适配器供电），开关 SB4 拨向管脚 B 一侧时，是 XP2

图 7-17　插入天线

供电（在板卡背面，即电池供电 Battery）。将适配器插头插入 ZigBee 模块的适配器接口上，如图 7-19 所示。这样 ZigBee 无线传感模块的连接就完成了。

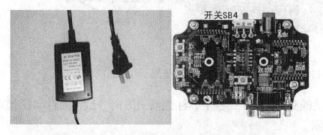

图 7-18　ZigBee 模块适配器与电源开关指示图　　　　图 7-19　连接适配器

7.3.2　智能网关

E-Box300 实验箱提供的智能网关已经烧写好系统文件，使用时只要连接电源适配器、打开电源开关即可。在上电之前，要注意检查智能网关的一些基本设置。具体操作如下。

步骤 1：插入核心板，核心板插入位置为智能网关上的 CORE 区域，如图 7-20 所示。注意核心板的插入方向，箭头指向需一致。

步骤 2：拨码开关设置。智能网关共有两个 8 位拨码开关，包括系统控制模块的 SB1 和 Wi-Fi 模块的 SB11，需要设置的是前者 SB1，拨码开关设置如图 7-21 所示，4、5、8 设置为开，1、2、3、6、7 为关。在拨动开关时，务必把开关拨到底。如果没有拨到底，会发生接触不良，导致智能网关启动失败。

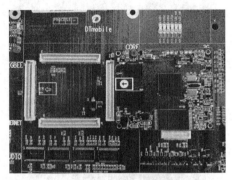

图 7-20　插入核心板

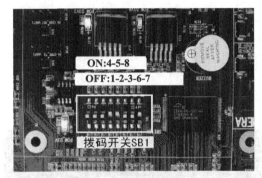

图 7-21　拨码开关设置

步骤 3：智能网关的液晶屏默认出厂状态为触摸控制，插入 USB 键盘可通过键盘控制。注意该步骤可以忽略。

步骤 4：将智能网关模块 ZigBee 区域部分的天线连接好，如图 7-22 所示。

步骤 5：用网线连接智能网关与 PC。

步骤 6：将智能网关适配器（5V-5A）插入板卡左下方电源插口，并打开电源开关（开关向下表示打开，请注意智能网关上电源开关左侧下方的"ON"表示打开，插入电源适配器时一定要保证电源开关是关闭状态），如图 7-23 所示。

图 7-22　ZigBee 天线

图 7-23　智能网关电源适配器与电源模块

步骤 7：智能网关每次上电之后或复位重启时，系统都会启动校准程序，图 7-24 所示为 tslib 校准界面。

校准方法：使用触摸笔依次点击屏幕中的██正中央。根据引导一共点击五次，每次触摸的点位置都不一样。五点点击完毕后，tslib 会在根文件系统/etc 中生成校准信息文件。

校准注意事项：在校准时，尽可能准确的使用触摸笔依次点击屏幕中的正中央。如果随意点击五次也是可以通过校准，但是校准信息文件中的校准数据是错误的。如果发现校准错误可重启系统，重新进入校准。

校准完毕之后则进入系统主界面，观察智能网关各个模块的电源指示灯亮的情况，液晶屏情况，如图 7-25 所示，表示系统启动完成。表 7-3 所示为智能网关上指示灯对于区域模块的功能。

图 7-24　校准界面

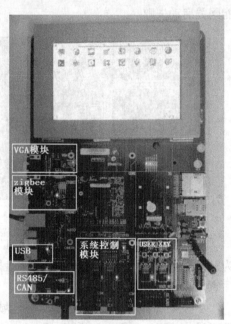

图 7-25　智能网关上电显示图

表 7-3　　　　　　　　　　　　　　　智能网关各模块指示灯

各个模块	电源指示灯
VGA 模块	POW_D2V5(HL8)
ZIGBEE 模块	POW_D3V3(HL16)
USB 模块	POW_D3V3(HL18)
RS485/CAN 模块	POW_D3V3(HL16)
USER_KEY 模块	POW_D3V3(HL7)、POW_D3V8(HL15)
系统控制模块	POW_D1V8(HL20)、POW_D3V8(HL17)

7.3.3　上位机环境配置

步骤 1：设置 PC IP 地址为：192.168.1.120（智能网关默认的 IP 地址），子网掩码为：255.255.255.0，如图 7-26 所示。

步骤 2：智能网关网口灯亮，PC 右下角如图 7-27 所示，表示智能网关与 PC 机连接成功。

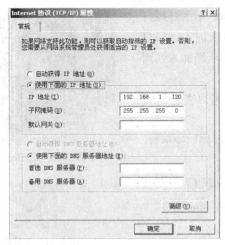

图 7-26　设置 PC 的 IP 地址　　　　　　　　　　图 7-27　网络连接

7.3.4　实验箱整体调试方法

步骤 1：根据 7.3.1 至 7.3.3 小节的步骤操作，保证各个模块线缆连接无误。

步骤 2：启动智能网关进入系统，启动成功后在液晶屏上单击 DTmobile 标签下的 ARMGATEWAY 应用程序，如图 7-28 所示。

步骤 3：待 ARMGATEWAY 应用程序启动成功后，单击按钮 "RUN"，显示打印信息，如图 7-29 所示。启动程序时打印信息的具体含义如表 7-4 所示。

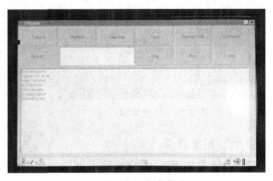

图 7-28　网关应用程序　　　　　　　　　　图 7-29　打印信息

表 7-4　　　　　　　　　　　　　　　启动程序打印信息表

打印信息	表达含义
In hotplugcom	串口热插拔线程启动，发起与 ZigBee 协调器的连接
Com init success	串口初始化成功
ZigBee link in ok	智能网关与 ZigBee 协调器连接成功
Login in success!	智能网关与 PC 网络连接成功
In read zigbee	监听 ZigBee 协调器数据线程启动
In read socket	监听 PC 网络数据线程启动

步骤 4：打开 ZigBee 模块电源开关，ZigBee 指示灯绿灯（HL6）不停闪烁表示此模块正在寻找网络并请求加入。绿灯（HL6）停止闪烁，红灯（HL7）亮，表示此模块已经加入到网络中，如图 7-30 所示。

如果有某个模块长时间未加入到网络中，可以查看是否接触不良并重新上电。

步骤 5：登录 PC 上位机软件，即大唐移动物联网实验平台。双击桌面 Emp-Iot 快捷图标，如图 7-31 所示。

步骤 6：进入登录界面，如图 7-32 所示，并按如下示例登录。注意普通用户可以使用任何用户名进行登录，但密码统一为 admin。

类型：普通用户

用户：zhangsan

密码：admin

图 7-30　ZigBee 模块

图 7-31　快捷图标

步骤 7：单击"登录"按钮，进入大唐移动物联网实验平台主界面，如图 7-33 所示。

图 7-32　登录界面

图 7-33　大唐移动物联网实验平台主界面

六、拓展思考

1. 思考 ZigBee 无线传感器网络通信时防止丢包的策略。

2. 为何智能网关需要校准？智能网关和 PC 机连接的意义何在？

3. 物联网实验平台如何与实验箱进行数据交互？

7.4　实验四　RFID 基础实验

一、实验目的

1. 了解 RFID 射频读写的原理。

2. 掌握实验平台对 RFID 电子卡注册及删除的操作方法。

二、实验设备

大唐移动物联网实验平台、E-Box300 实验箱、ZigBee 射频读写模块、智能网关、RFID 电子卡。

三、实验内容

本实验通过大唐移动物联网平台完成对 RFID 电子卡进行相关信息的读写，完成 RFID 电子卡的刷卡操作，以及对 RFID 电子卡的充值和消费操作，在实际应用中加深对 RFID 射频技术的理解。

四、实验原理

1. 硬件系统组成

RFID 读写模块由主控 MCU、射频读写芯片、天线及匹配电路三大部分组成，如图 7-34 所示。

（1）主控 MCU，主要提供对射频读写芯片的控制操作。MCU 通过 SPI 控制接口与射频读写芯片连接，控制射频读写芯片的正常工作，实现与 RFID 电子卡的通信。主控 MCU 通过串行通信接口与 PC 方进行通信。

（2）射频读写芯片，负责接收主控 MCU 的控制信息并完成与 RFID 电子卡的通信操作。为了正常工作，

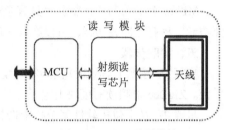

图 7-34 RFID 读写模块

射频读写芯片须选用合适的并行接口与 MCU 连接。而为了发送、接收稳定的高频信号，射频读写芯片要通过高频滤波电路与天线部分连接。

（3）天线部分，包括线圈及匹配电路，这是读写模块实现射频通信必不可少的一部分。读写模块要依靠天线产生的磁通量为 RFID 电子卡提供电源，在读写模块与 RFID 电子卡之间传送信息。为使天线正常工作，天线线圈要通过无源的匹配电路连接射频读写芯片的天线引脚。

2. 射频读写芯片

不同类型的 RFID 电子卡，由于采用的通信协议不同，相应的射频读写芯片也不同。目前在中国的市场上，RFID 电子卡主要的厂商有中国的华虹、复旦微电子以及荷兰 Philips、瑞士 LEGIC、法国意法半导体（ST）、日本索尼等，其中基于 Philips 公司 Mifare 芯片的产品在市场上占有绝对的优势。鉴于国内市场上使用 Mifare 芯片的 RFID 电子卡应用广泛，我们采用 Philips 公司生产的射频处理基站芯片 MF RC522。

MF RC522 是 ISO/IEC 14443 标准下低成本、高集成、高性能的 Mifare 非接触式读写芯片，基于 13.56MHz 的非接触通信模式。MF RC522 内部有高集成的调制解调模块，内部发射器可直接驱动基于 13.56MHz 的非接触式天线，最大距离可达 10cm。主要应用于各种基于 ISO/IEC 14443 标准的非接触式通信的应用场合，如公共交通终端、手持终端、计量设备、非接触式公用电话等。

3. 天线及相关电路

MF RC522 根据其寄存器的设定对发送数据进行调制得到发送的信号，通过由驱动引脚 TX1 和 TX2 驱动的天线以 13.56MHz 的电磁波形式发送出去。在其射频范围内的 RFID 电子卡采用 RF 场的负载调制进行响应。天线接收到卡的响应信号经过天线匹配电路送到 MF RC522 的接收引脚 RX，芯片内部的接收器对接收信号进行解调、译码，并根据寄存器的设定进行处理，最后将数据发送到 SPI 接口由处理器读取。

4. RFID 电子卡——Mifare

RFID 读写模块的操作对象是 RFID 电子卡片。Philips 是世界上最早研制 RFID 电子卡片的公司，其 Mifare 技术已经被制定为 ISO／IEC 14443 TYPE A 国际标准。使用 Mifare 芯片的 RFID 电子卡占世界范围同类智能卡销量的 60% 以上，在我国市场也占据着绝对优势。

　　Mifare 1 卡片除了微型芯片 IC 及一个高效率天线外，无任何其他元件。卡片电路不用任何电池供电，工作时的能量由读写器天线发送频率为 13.56MHz 无线电载波信号，以非接触方式耦合到卡片天线上而产生电能，通常可达 2V 以上。标准操作距离最远为 10cm，卡与读写器之间的通信速率最高为 106kbit/s。芯片设计有增／减值的专项数学运算电路，非常适合公共交通、地铁车站等行业的检票／收费系统，或充值钱包等多项应用，其典型交易时间最长不超过 100ms。

　　芯片内建 8KB 的 E^2PROM 存储器。其空间被划分为可由用户单独使用的 16 个扇区。数据的擦写能力超过 10 万次，数据保存期大于 10 年，抗静电保护能力达 2kV。

　　Mifare 1 卡的芯片在制造时具有全球唯一的序列号，具有先进的数据通信加密和双向密码验证功能，具有防冲突功能，可以在同一时间处理重叠在读写器天线有效工作距离内的多张卡片。

五、实验步骤

　　步骤 1：按照 E-Box300 实验箱环境搭建方法，搭建好实验箱环境。登录大唐移动物联网实验平台。ZigBee 射频读写模块上电。

　　步骤 2：从上位机软件菜单栏中选择"网络拓扑"，如图 7-35 所示。

图 7-35　菜单栏-网络拓扑

　　步骤 3：进入网络拓扑图界面，如图 7-36 所示，观察网络中是否得到 ZigBee 射频读写模块节点信息。

　　步骤 4：选中 RFID 节点后右击鼠标，选中弹出的"查看 RFID 信息"选项，如图 7-37 所示。

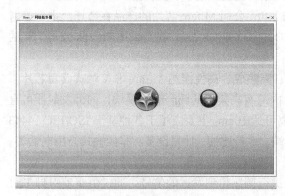

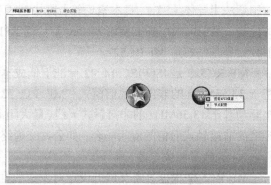

图 7-36　网络拓扑图　　　　　　　　　　图 7-37　网络拓扑图操作界面

　　步骤 5：进入 RFID 实验界面，如图 7-38 所示。

　　步骤 6：获取 RFID 电子卡卡号，如图 7-39 所示，单击"获取卡号"按钮，PC 通过协调器会向 ZigBee 射频读写模块请求 RFID 电子卡的卡号，ZigBee 射频读写模块收到卡号数据请求后，红灯常亮，黄灯灭；当把 RFID 电子卡放到 ZigBee 射频读写模块的射频天线处，ZigBee 射频读写模块会读取到 RFID 电子卡的卡号，然后会上发 RFID 电子卡卡号给协调器并通过 PC 机显示出来，ZigBee 射频读写模块成功读取卡号并发送出数据后，蜂鸣器会响一声并且红灯和黄灯都是关闭状态。

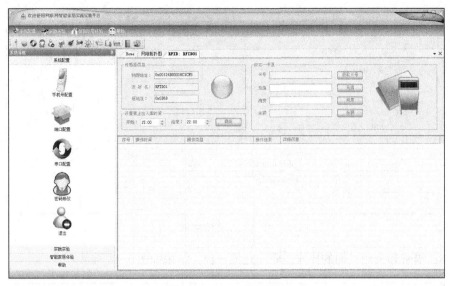

图 7-38　RFID 实验界面

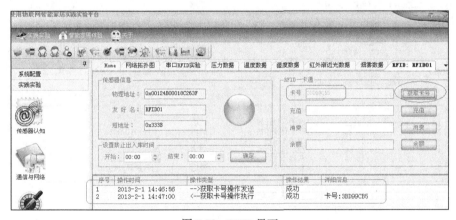

图 7-39　RFID 界面

步骤 7：在"充值"框中输入要给 RFID 电子卡充值的金额，然后单击"充值"按钮，待 ZigBee 射频读写模块收到充值请求后（模块上红色指示灯亮），将 RFID 电子卡贴近（相距约 1~2cm）ZigBee 射频读写模块的射频线圈处，如图 7-40 所示，待红灯灭且蜂鸣器响一声后，再将 RFID 电子卡拿开，充值结果如图 7-41 所示。

图 7-40　刷卡操作示意图

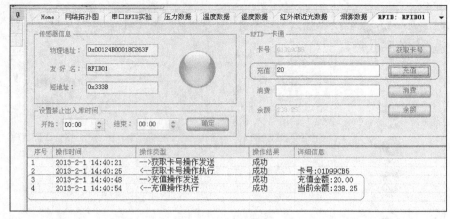

图 7-41　充值结果

步骤 8：消费和余额查询的操作步骤同充值一样，结果如图 7-42 所示。

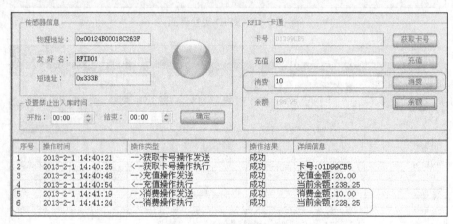

图 7-42　消费和余额查询

六、拓展思考

1. 思考生活中有哪些地方应用了 RFID 射频技术，并简述其操作原理。

2. 如何解决 RFID 的安全问题?

7.5　实验五　传感器基础实验

传感器是一种物理装置或生物器官，能够探测、感受外界的信号、物理条件（如光、热、湿度）或化学组成（如烟雾），并将探知的信息传递给其他装置或器官。传感器是通过敏感元件把外部物理世界的信息按适当比例变换成电信号的一种重要的电子部件。它是实现自动检测和自动控制的首要环节。

传感器是智能家居实验室感知层中最重要的元素，通过不同功能的传感器可以实时得到室内的各种物理信息。E-Box300 实验箱集成了多种传感器模型，在室内组成环境监测传感网络，负责室内环境参数的采集，主要包括温度、湿度、光感、烟雾、压力以及三轴加速度等传感数据的采集，同时支持传感器模块扩展。

在本实验中，首先让学生对传感器的性能指标以及工作原理有一个初步的了解，单击相应的传感器，在显示区会播放相应的传感器工作原理动画。有了这个模块作为基础，学生在智能家居体验列表下的房间监控中可以实时地对各类传感器进行设置和监控，通过改变外界条件，感知数据曲线的变化，让学生有一个比较直观的认识。下面以温度传感器为例介绍本实验。

一、实验目的

1. 了解热敏电阻热-电转换特性。
2. 掌握温度传感器的工作原理。

二、实验设备

大唐移动物联网实验平台、E-Box300 实验箱、ZigBee 温湿度+光感传感器模块、智能网关。

三、实验内容

本实验通过操作软件平台播放 Flash 动画，让学生了解温度传感器的工作原理，并通过对周围环境温度的监测、观察，使其对传感器有进一步认识。

四、实验原理

1. 温度传感器工作原理

温度传感器的敏感元件是热敏电阻。热敏电阻是一种半导体材料制成的敏感元件，其特点是电阻随温度变化而显著变化，能直接将温度的变化转换为电量的变化。热敏电阻的温度系数有正有负，因此分为两类：负温度系数热敏电阻（NTC）和正温度系数热敏电阻（PTC）。NTC 热敏电阻表现为随温度的上升，其电阻值下降；而 PTC 热敏电阻正好相反。一般 NTC 热敏电阻测量范围较宽，主要用于温度测量；而 PTC 突变型热敏电阻的测温范围较窄，一般用于恒温加热控制或温度开关，也用于彩电中作自动消磁元件。

本实验的温度传感器芯片采用 NTC 热敏电阻,利用热敏电阻的特性,将温度转换为电量变化。

注意：本实验传感器采用的是 SHT10 芯片，是集成了温度和湿度测量于一体的数字温湿度传感器芯片，可以同时测量温度值和湿度值。ZigBee 温湿度传感器模块如图 7-43 所示。

2. 数字温湿度传感器芯片 SHT10

SHT10 属于 Sensirion 温湿度传感器家族中的贴片封装系列，如图 7-44 所示。传感器将传感元件和信号处理电路集成在一块微型电路板上，输出完全标定的数字信号。传感器采用先进的 CMOSens 技术，确保芯片具有极高的可靠性与卓越的长期稳定性。传感器包括一个电容性聚合体测湿敏感元件、一个用能隙材料制成的测温元件，并在同一芯片上，与 14 位的 A/D 转换器以及串行接口电路实现无缝连接。

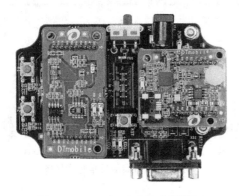

图 7-43　温湿度+光感传感器模块

图 7-44　数字温湿度传感器芯片 SHT10

五、实验步骤

步骤1：按照 E-Box300 实验箱环境搭建方法，搭建好实验箱环境。登录大唐移动物联网实验平台。ZigBee 温湿度传感器模块上电。

步骤2：从上位机软件菜单栏中选择"传感器认知"，如图 7-45 所示。注意如果不观看传感器实验原理，可以直接从步骤5开始操作，步骤2～步骤4不影响温度传感器实验操作。

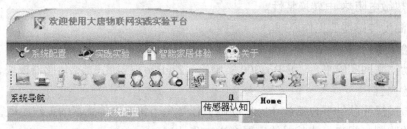

图 7-45 传感器认知

步骤3：进入传感器认知界面，单击温度图标，在显示区域出现相应的传感器原理课件。课件分为基础认知和拓展研究两部分，根据需要选择不同的播放内容，学生可通过观看播放课件了解温度传感器工作原理，如图 7-46 所示。

步骤4：观看温度传感器工作原理，单击显示区域，按顺序播放。在播放的最后一页单击"Replay"按钮，可以重新观看，如图 7-47 所示。

步骤5：在大唐移动物联网实验平台中打开网络拓扑图，从网络拓扑图中，选中温湿度传感器图标，右击鼠标，在弹出的菜单中选择"查看温度信息"，如图 7-48 所示。显示的温度实时曲线图如图 7-49 所示。

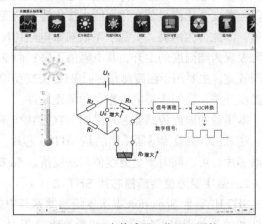

图 7-46 温度传感器工作原理课件

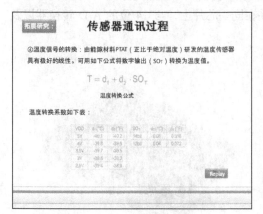

图 7-47 单击"Replay"重新播放

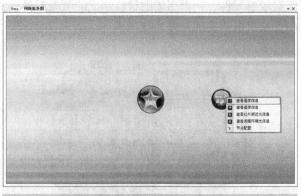

图 7-48 查看温度信息操作图

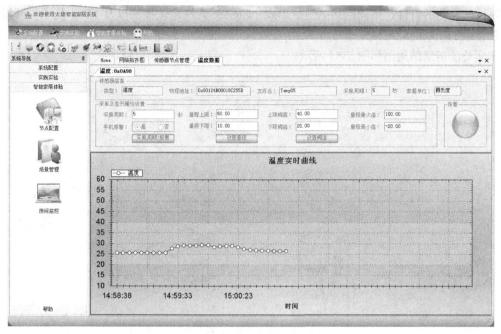

图 7-49　温度实时曲线图

步骤 6：用手碰触 ZigBee 温湿度传感器模块的温度芯片，如图 7-50 所示。观察此时温度实时曲线的变化。

六、拓展思考

1. 结合本实验原理以及软件平台的动画内容总结温度传感器的工作原理。

2. 了解其他类型的温度传感器敏感元件以及工作原理。

3. 了解温度传感器的具体应用。

图 7-50　手触碰温度芯片位置

7.6　实验六　ZigBee 基础实验

ZigBee 是 IEEE 802.15.4 协议的代名词，可工作在 2.4GHz（全球流行）、868MHz（欧洲流行）和 915 MHz（美国流行）3 个频段上，分别具有最高 250kbit/s、20kbit/s 和 40kbit/s 的传输速率，它的传输距离在 10～75m 的范围内且可以继续增加。ZigBee 这一名称来源于蜜蜂的八字舞，由于蜜蜂（bee）是靠飞翔和"嗡嗡"（zig）地抖动翅膀的"舞蹈"来与同伴传递花粉所在方位信息，也就是说蜜蜂依靠这样的方式构成了群体中的通信网络。ZigBee 适用于数据流量小、需要数据采集或监控的网点多、地形复杂、低成本和可靠性高的业务中；用于自动控制和远程控制领域，可以嵌入各种设备。它是近几年研究和应用较多的协议，在无线传感器网络领域占有重要地位。

E-Box300 实验箱提供的 ZigBee 无线节点模块，是目前市场上主流使用的 CC2531 芯片，能通过不同传感器的特性、不同网络的组成形式、ZigBee 无线定位技术以及 RFID 技术，开发出更多实用性强的互联网应用模式。

本实验的网络结构图如图 7-51 所示。

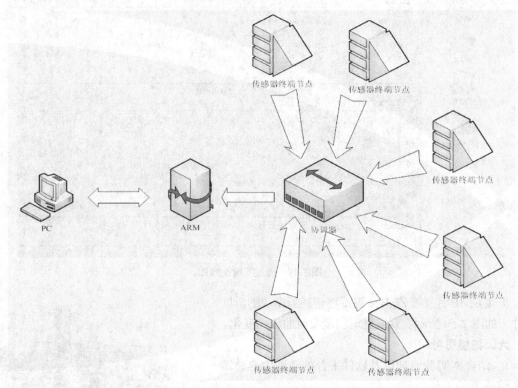

图 7-51　网络结构图

实验中有两种设备被配置：ZigBee 协调器和 ZigBee 传感器终端。

整个实验流程是：ZigBee 传感器终端节点加入到 ZigBee 网络并正常工作后，采集各种传感数据，并将它们发送到协调器进行处理。这里为了实验简单，设置一个协调器收集这些信息，处理后通过串口发送给 ARM 智能网关，继而传输到计算机。

这个实验实现了以下两个效果。

（1）多个 ZigBee 模块自动形成一个 ZigBee 无线传感网络。

（2）各个 ZigBee 传感器终端模块能够正常进行相应传感数据的采集并通过 ZigBee 网络上报给 ZigBee 协调器。

一、实验目的

了解 ZigBee 无线传感网络拓扑结构。

二、实验设备

大唐移动物联网实验平台、E-Box300 实验箱。

三、实验内容

本实验通过搭建智能家居实验环境，操作软件平台，让学生对无线传输网络有一个感性的认识，可以在软件平台的网络拓扑中得到各个传感器节点的信息，从而易于学生对无线传感网络有更深入的理解。

四、实验原理

ZigBee 支持包含有主从设备的星形、数簇形和对等拓扑结构。虽然每一个 ZigBee 设备都有一个唯一的 64 位 IEEE 地址，并可以用这个地址在 PAN（Personal Area Network Identify，即个人局域网络）中进行通信，但在从设备和网络协调器建立连接后会为它分配 16 位的短地址，此后可以用这个短地址在 PAN 内进行通信。64 位的 IEEE 地址是唯一的绝对地址，而 16 位的短地址是相对地址。从设备在网络中的地址来看，ZigBee 网络中的设备分为 3 种。第一种结构和功能最简单，用电池供电，大部分时间处于睡眠之中，以最大限度地节约电能，延长电池寿命，它们称为终端设备（End Device）。每一个终端设备中最多可以有 240 个端点，这些端点共享同一个无线收发器，但执行不同的应用任务。ZigBee 网络中这种设备的数量最多。处于中间层次的是路由器，它们必须具备数据的存储和转发能力、路由发现能力。除了完成应用任务外，路由器还必须支持其子设备的连接、路由表的维护、数据的转发等。路由器必须是全功能设备（FFD）。在网络结构最顶层的是 ZigBee 协调器。协调器总是处在工作状态，因此它必须有稳定、可靠的电源供给。它除了可以完成路由器的一些功能外，还制定网络规则，选择合适的信道，启动 PAN 等。协调器也必须是全功能设备。一般说来，路由器和协调器在结构上比较相似。

本实验传感网络采用的是星形拓扑结构。

在星形拓扑结构的网络中有一个称为网络协调器的中央控制器和若干个从设备。协调器负责网络的建立和维护，它必须是全功能设备，而且一般来说应该有稳定的电能供给，不需要考虑耗能问题。从设备可以是全功能设备，也可以是采用电池供电的精简功能设备，它只能直接与网络协调器进行数据通信，而与其他从设备之间的通信必须经过网络协调器转发。在一个网络中哪一个设备作为网络协调器一般来说是由上层规定的，不在 ZigBee 协议规定的范围之内。本实验已将智能网关上的 ZigBee 部分设置为网络协调器，当智能网关上电开始工作时，它就会检测周围的环境，选择合适的信道，通过确定的 PAN 标识符，建立起自己的网络。PAN 标识符用来唯一地确定本网络，以和其他的 PAN 相区分，网络内的从设备也是根据这个 PAN 标示符来确定自己和网络协调器的从属关系的。网络建立后，协调器就可以允许其他的设备与自己建立连接，从而加入到该网络中。至此，一个星形的 ZigBee 网络就建立起来了，如图 7-52 所示。

图 7-52　ZigBee 星形拓扑网络结构

五、实验步骤

步骤 1：按照 E-Box300 实验箱环境搭建方法，搭建好实验箱环境。将 ZigBee 传感网络节点全部上电（包括 ZigBee 温湿度+光感传感器模块，ZigBee 加速度传感器模块，ZigBee 霍尔传感器模块，ZigBee 继电器传感器模块，ZigBee 气压传感器模块，ZigBee 烟雾传感器模块）。

步骤 2：登录大唐移动物联网实验平台。进入网络拓扑界面，观察软件界面网络拓扑的变化情况。6 个 ZigBee 传感器模块均通电后的网络拓扑如图 7-53 所示。

观察 ZigBee 通电之后指示灯的变化情况。LED1 黄灯不停闪烁说明正在搜索并请求加入网络，LED2 红灯亮时说明已成功加入网络，且在拓扑图中能看见节点信息。比如，拓扑图中显示温湿度传感器节点，说明 ZigBee 温湿度传感器成功加入网络，并与协调器进行通信。

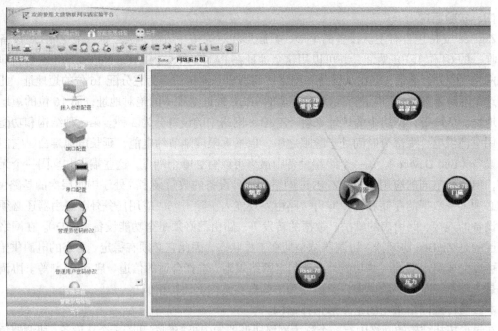

图 7-53　软件平台网络拓扑图 1

步骤 3：关闭 ZigBee 温湿度+光感传感器模块和 ZigBee 继电器传感器模块的电源，约过 25s，查看拓扑图，可以发现拓扑图上没有该传感器节点，即停止通信，如图 7-54 所示。

　E-Box300 实验箱出厂时，网络拓扑图默认每 25s 刷新一次，该周期可以根据实验需
注意　要进行配置。

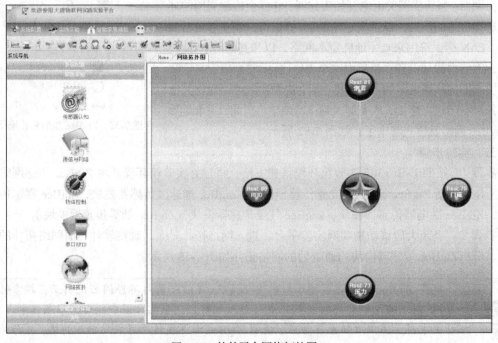

图 7-54　软件平台网络拓扑图 2

步骤 4：右击协调器图标可以查看当前网络的信道号、PAN 号以及此协调器的网络地址。

步骤 5：退出智能网关应用程序。单击智能网关液晶屏运行界面的"Stop"按钮，等待 5 ~ 10s后，智能网关打印信息，见表 7-5。等待打印信息全部输出后，"Stop"按钮不可用，如需再次运行，单击"Run"按钮。

表 7-5　　　　　　　　　　　退出程序打印信息表

打印信息	打印信息解释
exit hotplug	退出串口热插拔线程
exit read ZigBee	退出读取 ZigBee 数据
exit read socket	退出读取 socket 数据
Stop success	退出程序成功

六、拓展思考

1. 结合本节所述实验原理以及软件平台的动画内容总结温度传感器的工作原理。

2. 了解其他类型的温度传感器敏感元件以及工作原理。

3. 了解温度传感器的具体应用。

7.7　实验七　Python 基础实验

Python 是一种面向对象的解释性的计算机程序设计语言，也是一种功能强大而完善的通用型语言，已经具有十多年的发展历史，成熟且稳定。

E-Box300 实验箱提供的软件集成总体思想：以 Python 脚本语言实现为核心，图形化编写智能家居控制流程的 Python 脚本，实验平台软件加载运行 Python 脚本实现对多设备的联动控制，最终实现在脚本内部完成对智能家居系统的业务流程控制，如图 7-55 所示。

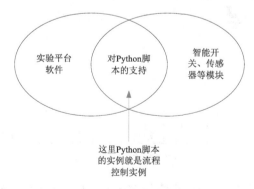

图 7-55　软件集成方案

一、实验目的

1. 熟悉软件平台 Python 综合实验。

2. 实现通过 Python 脚本控制传感器模块得到相应数据信息。

二、实验设备

大唐移动物联网实验平台、Python 软件、E-Box300 实验箱、ZigBee 温湿度+光感传感器模块。

三、实验内容

本实验通过大唐移动物联网实验平台的综合实验部分，执行 Python 脚本，得到相应的温度值信息。使学生了解 Python 语法及其功能，掌握关于 Python 的知识。

四、实验步骤

步骤 1：按照 E-Box300 实验箱环境搭建方法，搭建好实验箱环境。登录大唐移动物联网实验平台。ZigBee 温湿度+光感传感器模块上电。

步骤 2：从上位机软件菜单栏中选择"综合实验"，如图 7-56 所示。

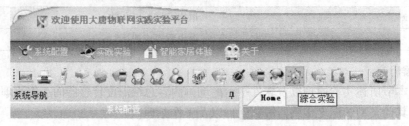

图 7-56　综合实验操作图

步骤 3：进入综合实验界面，如图 7-57 所示。

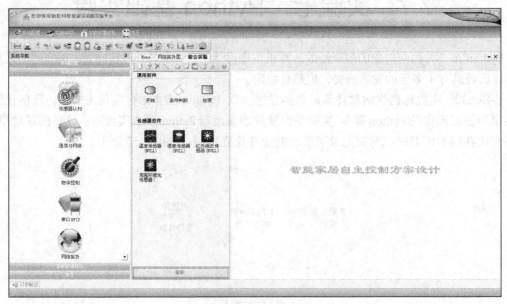

图 7-57　综合实验界面

通用控件一栏包含"开始"、"条件判读"、"结束"。传感器控件一栏包含"温度传感器"、"湿度传感器"、"红外渐进传感器"、"周围环境光传感器"。单击下方的"刷新"按钮，可以得到实时的全部在线传感器控件。

步骤 4：综合实验界面的 Python 菜单栏，如图 7-58 所示。

图 7-58　Python 菜单栏

从左到右的按钮及其功能描述见表 7-6。

表 7-6　　　　　　　　　　　　　　　Python 菜单功能描述

按钮名称	按钮功能
新建画布	可以把画布界面清空
属性栏	显示和设置传感器节点的相关属性，可以通过单击实现显示或者隐藏属性设置栏
删除	单击一个或者多个控件后，单击"删除"按钮可将其删除
连线	每个控件之间必须通过连线按钮将其连接起来，而且必须符合逻辑
编译流程图	画完 Python 流程图后，单击此按钮检查流程图连线是否正确，编译完成后，正确则可继续其他操作，若编译失败，请根据提示信息修改完成后再单击此按钮
生成 Python	已经编译成功的流程图可以单击此按钮，自动生成 Python 脚本并保存
直接运行脚本	直接运行当前画布内刚编译成功的流程图
打开 Xml 文件	可以将之前已保存的流程图打开，可重新设置传感器的相关属性，再重新编译和生成 Python
执行脚本	选择要执行的 Python 文件并执行
帮助	脚本示例

步骤 5：选择 Python 菜单栏中的"执行脚本"按钮，如图 7-59 所示。

步骤 6：在弹出的对话框中，选择"ReadTemp.py"文件，如图 7-60 所示，单击"打开"按钮。

图 7-59　执行脚本

步骤 7：进入 Python 执行窗口，简称为 Python 客户端，如图 7-61 所示。观察运行结果，记录温度值。

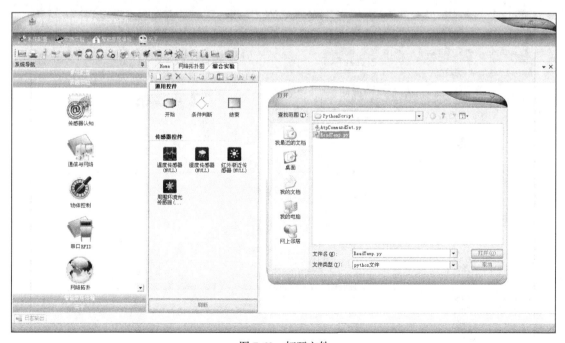

图 7-60　打开文件

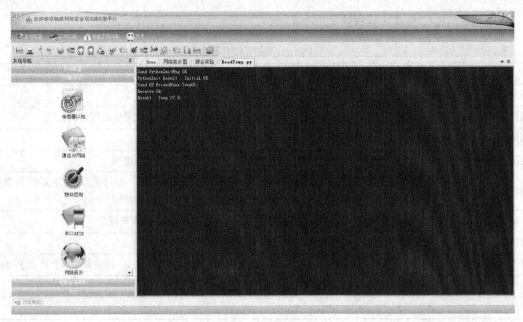

图 7-61　运行 Python

步骤 8：选择 Python 菜单栏中的"打开 Xml 文件"按钮，如图 7-62 所示。

图 7-62　打开 Xml 文件

步骤 9：在弹出的对话框中，选择"ReadTemp.xml"文件，如图 7-63 所示，单击"打开"按钮。

步骤 10：图 7-64 所示为"ReadTemp.py"文件所对应的流程图。

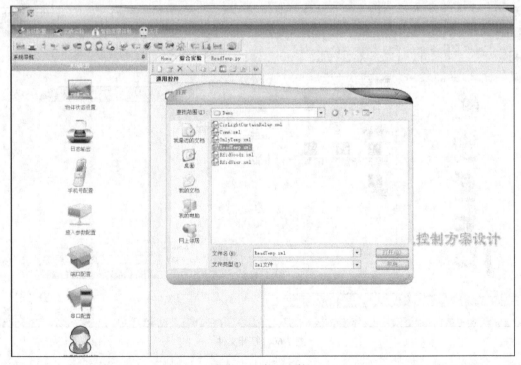

图 7-63　打开文件

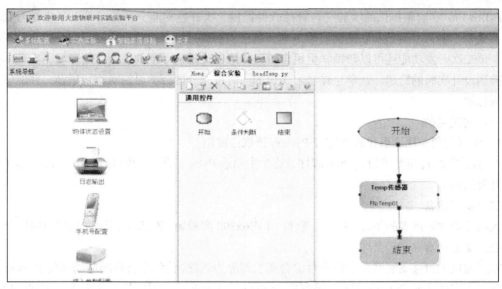

图 7-64　读取温度流程图

流程图解析如下。

开始：Python 客户端与上位机建立连接（上位机指大唐移动物联网实验平台软件），并下发初始化指令。上位机完成初始化后返回结果到 Python 客户端，此时 Python 客户端显示如下。

```
Send PythonInitMsg OK
PythonInit Result:Initial OK        （Python 初始化成功）
```

Temp 传感器：Python 客户端发送请求采集温度传感器值的命令，上位机解析请求命令，并通过智能网关下发采集命令到温湿度传感器，传感器采集数据并返回采集值。上位机将接收到的采集值发送给 Python 客户端。Python 客户端解析并显示采集结果。

```
Send PythonInitMsg OK
PythonInit Result:Initial OK        （Python 初始化成功）
Send OK FriendName : Temp01   （Python 向 ZigBee 温湿度传感器模块请求数据信息）
Receice OK              （Python 接收数据成功）
Result : Temp : 27.9         （显示温度值）
```

结束：流程结束。

五、拓展思考

1. 阅读自动生成的 Python 脚本，熟悉脚本代码编写规则，并可以读懂脚本。

2. ReadTemp.py 中，若要温度高于 37℃ 就报警，该如何实现？

7.8　实验八　Python 高级实验

为了方便学生灵活定制开发自己的智能家居系统，引入 Python 脚本语言作为控制程序的编写与运行的控件。使实验平台软件的功能更专注于基本功能的处理与基本过程的实现，而使 Python 控制程序拥有自己的逻辑、过程控制空间，使学生更关注于设备的过程控制及现场实施，以充分调动学生的积极性与创造性。

E-Box300 实验箱提供的实验平台管理软件提供二次开发功能,目的是帮助学生学习和掌握 Python 语言,深入参与到物联网的实验中来,自己动手编写脚本控制传感器,切身体会物联网的应用。该二次开发功能还可以帮助学生组合各类传感器,搭建一个物联网应用环境,实现学生从做实验到设计实验的跨越,让学生在学习知识的同时也充分体会学习物联网的乐趣,并能够激发其创新思维。

一、实验目的

1. 学习如何使用图形化软件完成 Python 读取湿度值。

2. 通过实验自动生成的 Python 程序,让学生熟悉 Python 语言,并掌握利用 Python 脚本进行二次开发的能力。

二、实验设备

大唐移动物联网实验平台、Python 软件、E-Box300 实验箱、ZigBee 温湿度+光感传感器模块。

三、实验内容

本实验以大唐移动物联网实验平台综合实验部分为基础,让学生自己绘制简单的 Python 流程图,并通过编译生成 Python 脚本,最终执行 Python 脚本来读取湿度值。使学生熟悉软件操作流程,培养使用 Python 进行二次开发的能力。

四、实验步骤

步骤 1:按照 E-Box300 实验箱环境搭建方法,搭建好实验箱环境。登录大唐移动物联网实验平台。ZigBee 温湿度+光感传感器模块上电。

步骤 2:从上位机软件菜单栏中选择"综合实验",进入综合实验界面。

步骤 3:画 Python 流程图。在通用控件中,选中"开始"控件,拖曳到右侧的空白画布上;在传感器控件中,选中"湿度传感器"控件拖曳到右侧的空白画布上;单击"连线"按钮,鼠标变成✛,从"开始"按钮的下连接点拉曳到"湿度传感器"的上连接点,如图 7-65 所示。用同样的方法将"结束"按钮连接起来。每个流程图必须从"开始"控件起始,经过对传感器进行一定的操作或者条件判断,最后到"结束"控件结束。

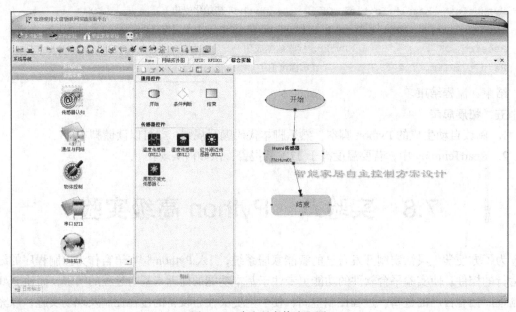

图 7-65   读取湿度值流程图

每次连线都要先单击"连线"按钮。

　　步骤 4：单击 Python 菜单栏中的"编译流程图"按钮，如图 7-66 所示，检查流程图逻辑是否正确。

　　步骤 5：如果编译正确，提示"流程图连线正确"信息，如图 7-67 所示。

　　步骤 6：单击 Python 菜单栏中的"生成 Python"按钮，如图 7-68 所示，将流程图保存成 Python 文件。

图 7-66　编译流程图

图 7-67　编译正确提示框

图 7-68　生成 Python

　　步骤 7：在弹出的"写 Python 文件"对话框中，将 Python 文件命名为"ReadHumi"。单击"保存"按钮，如图 7-69 所示。Python 文件必须保存在默认的 PythonScript 文件夹下。

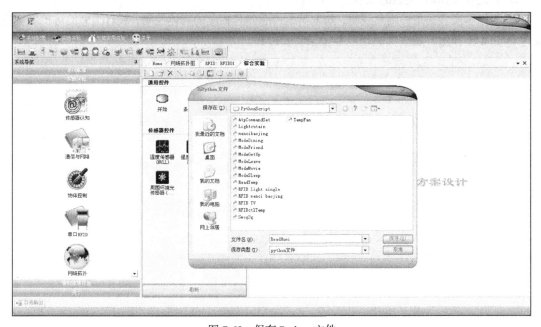

图 7-69　保存 Python 文件

　　步骤 8：单击 Python 菜单栏中的"直接运行刚生成的脚本"按钮，如图 7-70 所示，Python 会运行刚保存的 Python 文件，即"ReadHumi.py"文件。

　　步骤 9：进入 Python 执行界面，观察运行结果，读取湿度值，如图 7-71 所示。

图 7-70　直接运行刚生成的脚本

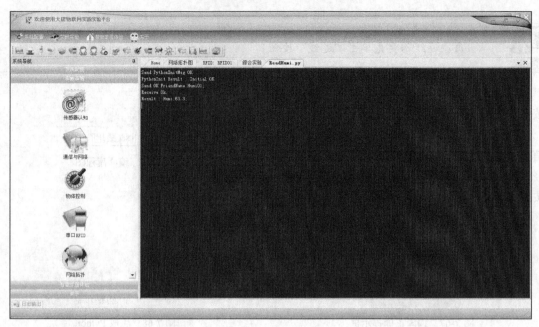

图 7-71　运行 Python

五、拓展思考

1. 概述本 Python 实验的流程。

2. 根据本实验的条件判断逻辑，选取其他传感器和相应的物体控制，设计类似的可扩展应用，设计 Python 流程图，观察实验现象并记录实验过程。